彩图 1　夏玉米苗期

彩图 2　夏玉米苗期（地膜覆盖）

彩图 3　夏玉米穗期

彩图 4　夏玉米花粒期

彩图 5　玉米缺氮症状

彩图 6　玉米缺磷症状

彩图 7　玉米缺钾症状

彩图 8　玉米缺钙症状

彩图 9　玉米缺镁症状

彩图 10　玉米缺硫症状

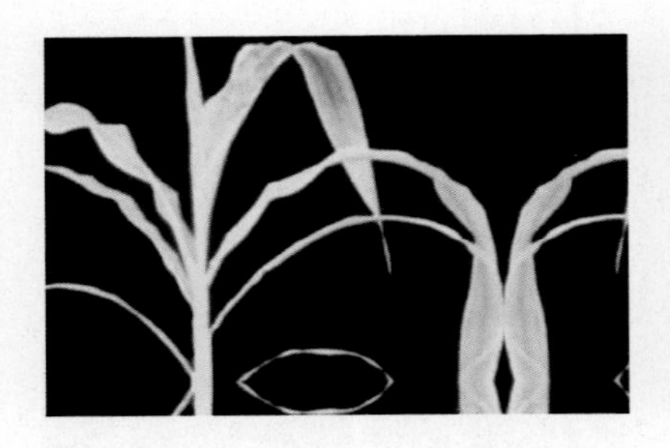

彩图 11　玉米缺铁症状

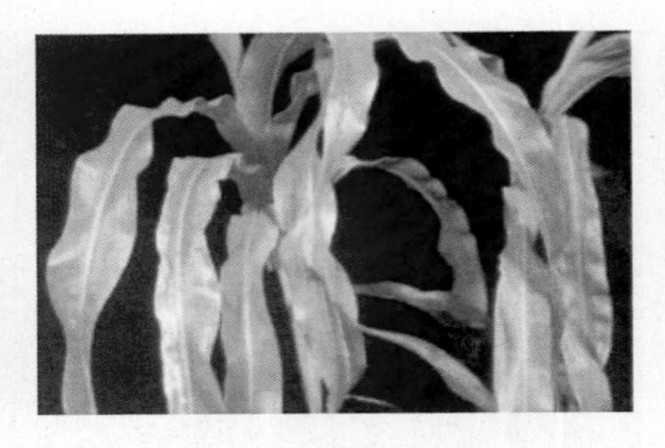

彩图 12　玉米缺锰症状

彩图 13　玉米缺锌导致的花白苗

彩图 14　玉米缺铜症状

彩图 15　玉米缺硼症状

彩图 16　玉米缺钼症状

彩图 17　绥江县玉米测土配方施肥技术田间试验

彩图 18　玉米滴灌水肥一体化技术的应用

彩图 19　东北地区春玉米水肥一体化技术的应用

彩图 20　新疆春玉米水肥一体化技术的应用

彩图 21　华南地区甜玉米水肥一体化技术的应用

彩图 22　玉米垄体施肥机

彩图 23　玉米秸秆粉碎还田技术

彩图 24　玉米秸秆粉碎覆盖还田技术

果蔬科学施肥技术丛书

玉米科学施肥

主　编　宋志伟　王德利

副主编　乔慧芳　孙　辉　张慧玲

参　编　程道全　张翠翠　李　平

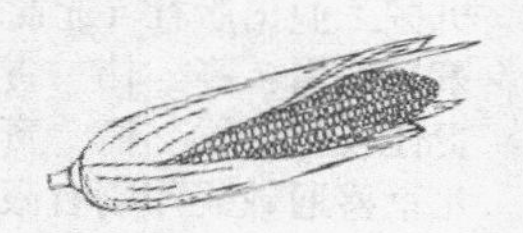

机械工业出版社

本书主要介绍了玉米的需肥规律、玉米生产的常用肥料、玉米科学施肥的原理及新技术等基本知识，重点阐述了玉米测土配方施肥技术、玉米营养套餐施肥技术、玉米水肥一体化技术等，并对我国不同区域类型的玉米及无公害玉米的科学施肥技术进行了详细介绍。书中穿插了“温馨提示”“施用歌谣”“身边案例”等栏目，体例新颖，方便读者理解。

本书内容针对性强、实用价值高、适宜操作，适合广大玉米种植户、肥料经销人员，以及各级农业技术推广部门、肥料生产企业的技术人员使用，也可供土壤肥料科研教学部门的科技人员、学生阅读参考。

图书在版编目（CIP）数据

玉米科学施肥/宋志伟，王德利主编. —北京：机械工业出版社，2020. 1（2024. 7 重印）

（果蔬科学施肥技术丛书）

ISBN 978-7-111-63654-0

Ⅰ. ①玉… Ⅱ. ①宋… ②王… Ⅲ. ①玉米-施肥 Ⅳ. ①S513. 062

中国版本图书馆 CIP 数据核字（2019）第 192514 号

机械工业出版社（北京市百万庄大街 22 号 邮政编码 100037）
策划编辑：高 伟 责任编辑：高 伟 陈 洁
责任校对：梁 倩 责任印制：邓 博
北京盛通数码印刷有限公司印刷
2024 年 7 月第 1 版第 4 次印刷
147mm×210mm · 7. 125 印张 · 2 插页 · 243 千字
标准书号：ISBN 978-7-111-63654-0
定价：29. 80 元

电话服务
客服电话：010-88361066
010-88379833
010-68326294

网络服务
机 工 官 网：www. cmpbook. com
机 工 官 博：weibo. com/cmp1952
金 书 网：www. golden-book. com
机工教育服务网：www. cmpedu. com

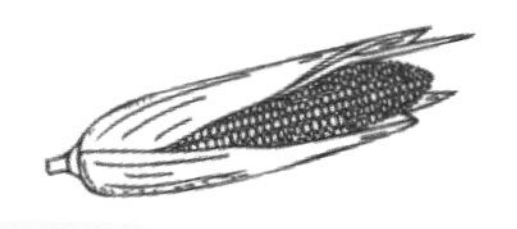

前言

玉米不仅是我国三大粮食作物之一，而且是粮、经、饲兼用的作物，其应用已渗透到工农业的各个方面。以种植春玉米为主的黑龙江、吉林、辽宁、内蒙古和以种植夏玉米为主的华北、西北、西南地区是我国玉米的主要栽培区，华南地区主要种植甜玉米和糯玉米。我国玉米平均单产水平不高，玉米生产中存在用种单一、栽培技术落后、施肥不科学、生产成本高、机械化程度不高、抗灾减灾能力较差等问题。

目前，我国玉米施肥主要存在亩均施用量偏高、施肥不均衡现象突出、有机肥料资源利用率低、施肥结构不平衡、氮肥用量偏多、基肥和前期施肥比例过大等问题。盲目施肥，会增加生产成本，浪费资源，导致耕地板结、土壤酸化，造成农业面源污染。这些与《到2020年化肥使用量零增长行动方案》的要求还有很大差距。实施化肥使用量零增长行动，是推进农业“转方式、调结构”的重大措施，也是促进节本增效、节能减排的现实需要，对保障国家粮食安全、农产品质量安全和农业生态安全具有十分重要的意义。在此背景下我们编写了本书，旨在把玉米科学施肥的相关知识传授给农民，改变其传统的玉米施肥观念，使其掌握玉米科学施肥技术，并自觉地运用于农业生产中，生产出更安全、更优质的农产品，满足人民群众的生活需要。

本书在阐述玉米的需肥规律、玉米生产的常用肥料、玉米科学施肥基础、玉米科学施肥新技术等基本知识的基础上，重点介绍了玉米测土配方施肥技术、玉米营养套餐施肥技术、玉米水肥一体化技术、小麦-玉米一体化高效施肥技术、玉米化肥深施机械化技术、玉米规模化生产秸秆还田技术等，并对我国不同区域类型的玉米，如北方春玉米、西北内陆灌溉春玉米、黄淮海平原夏玉米、西南地区玉米，以及南方地区甜、糯玉米和无公害玉米的科学施肥技术进行了详细介绍，使玉米科学施肥更具针对性、科学性、实用性，方便指导农民进行玉米科学施肥。

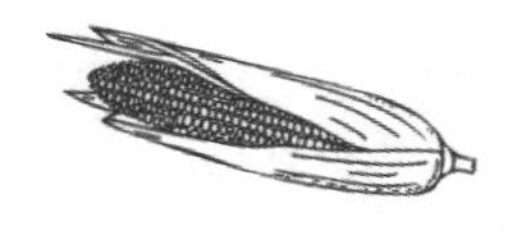

需要特别说明的是，本书所用肥料及其使用剂量仅供读者参考，不可照搬。在实际生产中，所用肥料学名、常用名与实际商品名称会有差异，肥料用量也会有所不同，建议读者在使用每一种肥料之前参阅厂家提供的产品说明，以确认肥料的用量、使用方法、使用时间及禁忌等。

本书由宋志伟、王德利任主编，乔慧芳、孙辉、张慧玲任副主编，程道全、张翠翠、李平参与编写。全书由宋志伟统稿。本书的编写得到了河南农业职业学院、河南省土壤肥料站、开封市农产品质量监测中心、开封市植保站等单位的领导和有关人员的大力支持，在此表示感谢。编写本书的过程中参考引用了许多文献资料，在此谨向其作者深表谢意。

由于编者水平有限，书中难免存在疏漏和错误之处，敬请专家、同行和广大读者批评指正。

编　者

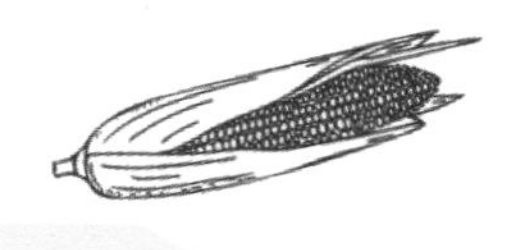

目录

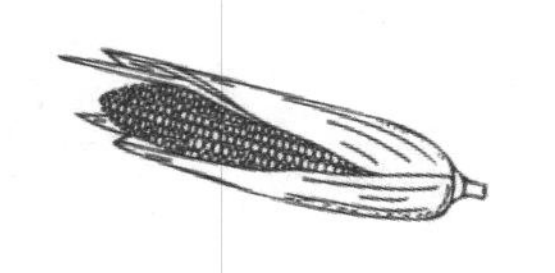

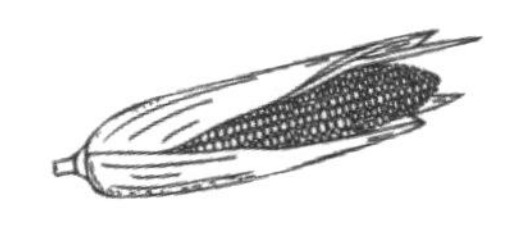

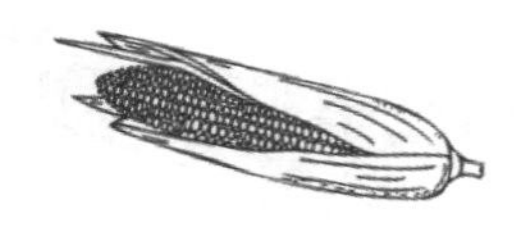

第一章

玉米的需肥规律

在我国，常根据玉米的播种时间将玉米分为春玉米和夏玉米。春玉米主要集中在我国北方春播玉米区，夏玉米主要集中在黄淮海平原夏播玉米区、西南山地玉米区、西北灌溉玉米区、南方丘陵玉米区等。

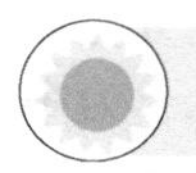

第一节　春玉米的需肥规律

春玉米主要集中在我国自北纬40度的渤海岸起，经山海关，沿长城顺太行山南下，经太岳山和吕梁山，直至陕西的秦岭北麓以北地区，包括黑龙江、吉林、辽宁、宁夏、内蒙古，以及山西的大部分，河北、陕西和甘肃的一部分。

一、春玉米的生长发育阶段

春玉米从播种至新种子成熟的整个生长发育过程，可分为3个阶段。

1. 苗期阶段

玉米苗期是指玉米从播种到拔节前的一段时期，以生根、长叶、茎节分化为主，包括种子发芽、出苗及幼苗生长等过程。春玉米一般历时30~45天。苗期阶段，玉米主要进行根、茎、叶的分化和生长。这期间植株的节根层、茎节及叶全部分化完成，胚根系形成，长出的节根层数约达总节根层数的50%，展叶数约占品种总叶数的30%。因此，从生长器官的属性来看，玉米苗期是营养生长阶段；从器官建成的主次关系分析，该阶段以根系生长为主。

2. 穗期阶段

玉米从拔节到抽雄的这段时期为穗期。春玉米中熟品种的穗期为35~40天，晚熟品种的穗期为40~45天。玉米进入拔节期是指玉米幼茎顶端的生长点（即雄穗生长锥）开始伸长分化的时候，茎基部的地上节间开始伸长，表明已进入拔节期。玉米雄穗生长锥开始伸长的瞬间，植株在外部形态上没有明显的变化，在生理上通常把这短暂的瞬间称为生理拔节期，玉米雄穗生长锥从此时开始分化。

拔节期叶龄指数为30%左右，如果已知某品种总叶片数，即可用叶龄指数作为田间技术管理的依据。这一阶段新叶片不断出现，次生根也一层层地由下向上产生，迅速占据整个耕层，到抽雄前根系能够延伸到土壤110厘米以下。原来紧缩密集在一起的节间迅速由下向上伸长，此期茎节生长速度最快。

从拔节到抽雄是玉米生长发育非常重要的阶段，在营养生长方面，这一阶段的根、茎、叶增长量最大，株高增加4~5倍，75%以上的根系和85%左右的叶面积均在此期形成。在生殖生长方面，这一阶段有两个重要生育时期，即小喇叭口期和大喇叭口期。小喇叭口期处在雄穗小花分化期和雌穗生长锥伸长期，叶龄指数为45%~50%，此期仍以茎、叶生长为中心。大喇叭口期处在雄穗四分体时期和雌穗小花分化期，是决定雌穗花数的重要时期，叶龄指数为60%~65%。大喇叭口期过后进入孕穗期，雄穗花粉充实，雌穗花丝伸长，以雌穗发育为主，叶龄指数为80%左右。到抽雄期，叶龄指数接近90%。

玉米拔节以后，从单纯的营养生长进入营养生长和生殖生长并重阶段。营养生长速度显著加快，表现为根系快速生长、植株急剧长高、叶面积迅速扩大。生殖生长方面，雄穗、雌穗先后开始分化，为后期的籽粒生产做准备。穗期是玉米生长最迅速、器官建成最旺盛的阶段，需要的养分、水分也比较多，必须加强肥水管理，特别是大喇叭口期。

3. 花粒期阶段

从玉米抽雄开花到籽粒成熟的这段期称为花粒期。春玉米的花粒期一般为50~65天。从开花期始，玉米进入以开花、吐丝、受精及籽粒形成为主的生殖生长阶段。籽粒是玉米该阶段生长的核心，在营养物质中占重要地位，玉米成熟籽粒干物质的80%~90%是在该阶段合成的，其余部分来自茎、叶的贮存性物质和从根系吸收的矿物质。

玉米抽雄以后所有叶片均已展开，株高已经定型，除了气生根略有增长外，营养生长基本结束，开始以生殖生长为中心。该阶段玉米的生育特点是：茎、叶基本停止增长，雄花、雌花先后抽出，接着开花、受精、胚乳母细胞分裂，籽粒灌浆充实，直至成熟。开花授粉阶段既是需肥的高峰期，又是需水的临界期，此阶段的玉米对光照条件也很敏感，缺肥、缺水或低温阴雨都能造成严重减产。授粉以后进入籽粒生产期，叶片高效率地进行光合作用，把合成的糖类运到籽粒中贮存起来，只有10%～20%的籽粒产量来自开花前茎、叶和穗轴的贮存物质，80%～90%的籽粒产量是在吐丝到成熟这段时间内产生的。灌浆期的绿叶面积越大，叶片光合效率越高，灌浆时间越长，籽粒就越充实，产量就越高。

为了便于田间记载，一般将春玉米的生长发育阶段分为出苗期、拔节期、抽雄期、开花期、吐丝期与成熟期。

二、春玉米的营养特性

玉米是需肥量较大的作物，在其正常生长发育过程中对16种必需营养元素均有不同的需求量。春玉米需要的大量元素中的碳、氢、氧，主要来源于水和空气，而氮、磷、钾则称为肥料三要素；硫、钙、镁3种元素的需要量较多，称为中量元素；硼、锌、钼、铁、锰、铜、氯7种元素的需要量很少，称为微量元素。此外，硅、钴、镍等是维持春玉米生长发育的有益元素。

春玉米吸收各种营养元素后，在体内合成各种有机物质，并在不同生育期的各器官中进行有机物质的合成、转移与贮存。春玉米成熟后，各种有机物质主要转化为贮存形态，分布于各器官组织中。其中，蛋白质和脂肪以籽粒中含量最多，其次是茎、叶，穗轴中含量最少；纤维素以茎、叶和穗轴中含量最多，籽粒中含量最少；淀粉以籽粒中含量最多，苞叶和根部次之，茎、叶、穗轴中含量最少；灰分以根、叶中含量最多。有机物质的量以纤维素、无氮浸出物最多，蛋白质次之，脂肪最少。

有机物质在春玉米各器官中的分布不同，其氮、磷、钾、硫的含量也不同，氮在茎、叶、籽粒中的含量最高，比在根、穗轴、苞叶、雄花中的含量高出1倍多；磷在茎、籽粒中的含量最高，在其他器官中的含量较低；钾在根、籽粒和叶中的含量较高，在其他器官中的含量较低；硫在籽粒中的含量高于茎秆。钙、镁和微量元素在春玉米各器官中的含量不高，春玉米叶中的钙含量约为干物质量的0.3%[⊖]，镁含量约为0.25%；茎中

⊖　文中涉及含量的百分数为质量分数，若有特殊情况再另作说明。

的钙含量约为干物质量的0.1%，镁含量约为0.09%；籽粒中的钙含量约为干物质量的0.01%，镁含量约为0.08%。

三、春玉米对肥料的需求

1. 春玉米吸收养分的总量

玉米是需肥水较多的高产作物，一般随着产量的提高，所需营养元素也增加。在春玉米全生育期所吸收的主要养分中，以氮、钾较多，磷较少。综合国内外研究资料，一般春玉米每生产100千克籽粒，需吸收氮2.5~4.0千克、磷1.1~1.4千克、钾3.2~5.5千克，三要素的比例约为1:0.4:1.3。不同产量的春玉米对氮、磷、钾的需要量最大，是随着产量的提高而逐渐增加的。春玉米在不同的生育期，所吸收氮、磷、钾的量也不相同，一般苗期养分的吸收量小；拔节期至开花期养分的吸收量大，也是春玉米吸收营养的关键时期；生育后期的养分吸收量也少。

试验表明，春玉米每生产100千克籽粒需要吸收钙0.2千克、镁0.42千克、铁2.5克、锰3.43克、锌3.76克、铜1.25克。

2. 春玉米吸收养分的动态量

（1）氮　研究表明，春玉米在苗期对氮的吸收量较小，因苗期温度较低，对氮的吸收速度较慢，氮的积累量较少，只占全生育期吸氮总量的2.14%；拔节孕穗期的吸收量较多，占吸氮总量的32.21%；抽穗开花期的吸收量占吸氮总量的18.95%；籽粒形成期的吸收量占吸氮总量的46.7%。

春玉米吸收土壤中的氮量为每亩（1亩≈667米^2）6~7千克，到抽雄期吸收土壤中的氮量占吸氮总量的60%~85%，其余15%~40%在抽雄期以后吸收。到抽雄期吸收肥料中的氮量占吸收肥料总氮量的62%~67%，其余33%~38%在抽雄期以后吸收，但平展型春玉米一直持续到成熟期，紧凑型春玉米到灌浆期基本完成一生对肥料氮的吸收，达93%。春玉米对氮的吸收高峰是在拔节期到抽雄期。

（2）磷　春玉米在各生育期中对磷的累积吸收量和分配动态与氮相似。春玉米对磷的吸收，苗期的吸收量占全生育期吸磷总量的1.12%；拔节孕穗期的吸收量占吸磷总量的45.04%，抽穗期和籽粒成熟期的吸收量占吸磷总量的53.84%。各器官中磷的累积总趋势是由营养器官向生殖器官转移，茎、叶和雌穗中的含磷量都在授粉期达到高峰，以后向籽粒中转移。

春玉米吸收土壤中的磷量，到抽雄期占吸磷总量的60%~91.5%，其余8.5%~40%在抽雄期以后吸收。到抽雄期吸收肥料中的磷量占吸收肥料总磷量的52%~57%，其余43%~48%在抽雄期以后吸收。春玉米对磷的吸收高峰是在拔节期到抽雄期。

（3）钾　钾在春玉米各生育期的累积吸收量和分配动态也有规律性。春玉米对钾的吸收，苗期的吸收量少，且累积速度慢；从拔节期开始，吸收量急剧增加，到达授粉期时钾的累积吸收量占吸钾总量的96.07%，比氮、磷的累积吸收量要多得多；授粉期以后，钾的累积吸收量一般增加很少或略有减少。在抽穗前，春玉米对钾的吸收已完成总吸收量的70%以上，至抽雄受精时对钾的吸收基本全完成。

春玉米对土壤中钾的吸收高峰为大喇叭口期至抽雄期，到抽雄期的吸钾量占总吸钾量的84%~95%；对肥料中钾的吸收高峰也在大喇叭口期至抽雄期，到抽雄期的吸钾量占总吸钾量的93%~100%。

（4）中量、微量元素　春玉米茎秆中的含钙量在大喇叭口期以前最高，吐丝后比较稳定，成熟期以后又降低；叶中的含钙量在拔节后迅速提高，授粉40天时达0.42%，出现“富集效应”。镁主要存在营养器官中，春玉米叶片中的含镁量一直保持稳定，成熟时茎秆、叶中的含镁量约为0.3%。春玉米籽粒中的含硫量为0.06%~0.22%，茎秆、叶中的含硫量为0.15%~0.20%。

春玉米植株中铁、锰、锌、铜的含量呈递减趋势。铁和锰在叶片中含量最多，雌穗、茎秆中次之，籽粒中最少；茎秆中锌、铜的含量在吐丝期出现低谷，而在叶、雌穗中达到高峰。授粉以后，雌穗和籽粒中的含锰量保持稳定。锌在大喇叭口期以前主要存在于茎秆、叶中，生育后期向籽粒中集中。在整个生育期中，叶对钙、镁、锰的积累量均占整个植物体中该元素总量的50%以上。成熟时籽粒积累的锌、铜比例高，分别为59.7%和37.6%。

四、影响春玉米吸收利用养分的主要因素

春玉米对养分的吸收利用受生态环境、养分之间的交互作用、基因型等因素的影响较为明显。

1. 生态环境

在同一生态环境条件下，春玉米吸收磷、钾的量与产量、需要元素的相对含量有关，一般来说，产量越高，所吸收的养分总量越多。春玉米对

氮、钾的吸收较多，磷最少。

2. 养分之间的交互作用

（1）氮与磷、钾、硫　氮能显著促进春玉米对磷的吸收。试验表明，氮肥作为基肥施用，春玉米植株的含磷量可提高6%左右。氮与磷配合施用，春玉米籽粒中磷、钾的含量均为最高，而秸秆中氮、磷、钾的含量均为最低。氮与钾配合施用，每生产100千克春玉米籽粒所吸收的氮、磷的量最少，钾的吸收量反而增加。氮与硫的交互作用明显，给春玉米施硫肥，可增加植株的含硫量和含氮量，降低磷、钼、硼的含量。

（2）磷与锌、铁　试验表明，施用磷肥能抑制春玉米对锌的吸收，特别是在有效锌不足的条件下，但要注意单施磷肥往往引起春玉米减产。磷与铁的关系主要表现于磷有钝化春玉米植株体内铁的作用，在磷较多、铁较少的环境下，植株往往表现出缺铁失绿症状。

（3）钾与钙、镁、锌　在吐丝期，当100克干物质中含钙、镁、钾离子的总量达85～105毫摩尔时，春玉米的矿质营养状况表现良好，低于此值时会缺钾、钙和镁。钾不足或钾过量均能降低春玉米根系对锌的吸收，从而加重缺锌症状。

3. 基因型

基因型能影响春玉米根系的发达程度、根的离子交换能力、根的吸收特性、植株体内的养分转运速度、代谢机制和抗病性能等，导致不同自交系或杂交种之间表现出不同的吸收矿物质的能力。研究表明，在不同的钾浓度下，春玉米自交系或杂交种的含钾量有高低之别，有的随钾浓度的升高而使其干物质量明显增加，而有的对钾浓度的升高几乎无反应。

4. 产量水平

春玉米因产量水平不同，所吸收利用的三要素及其比例存在着差异，而生产100千克籽粒需要的氮、磷、钾也不在同一水平，其籽粒和秸秆中的氮、磷、钾三要素的含量也有较大变化。

第二节　夏玉米的需肥规律

夏玉米主要集中在黄淮海平原复播玉米区，包括河南、山东、河北中南部、陕西中部、山西南部、江苏北部、安徽北部；西南山区玉米区，包

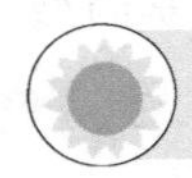

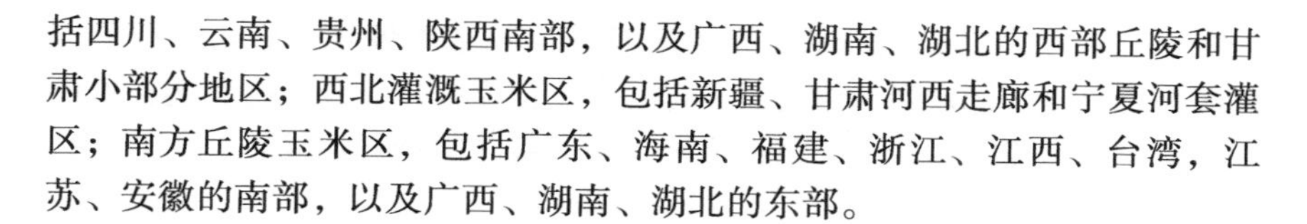

括四川、云南、贵州、陕西南部，以及广西、湖南、湖北的西部丘陵和甘肃小部分地区；西北灌溉玉米区，包括新疆、甘肃河西走廊和宁夏河套灌区；南方丘陵玉米区，包括广东、海南、福建、浙江、江西、台湾，江苏、安徽的南部，以及广西、湖南、湖北的东部。

一、夏玉米的生长发育阶段

生产上常将夏玉米的生育期分为 3 个阶段，即苗期、穗期和花粒期，各阶段的生育特点、营养物质运输的主要方向及主攻目标也都不相同。

1. 苗期阶段

夏玉米苗期一般是指玉米出苗至拔节前的时期，早熟品种为 20 天左右，中熟品种为 25 天左右，晚熟品种为 30 天左右（彩图 1 和彩图 2）。

（1）生育特点　苗期是夏玉米以生根及茎、叶分化为主的营养生长阶段，地上部分生长缓慢，根系生长迅速。夏玉米的幼苗对环境条件反应敏感，管理不及时或管理不当容易形成大小苗、弱苗、病残苗，所以，苗期的管理十分重要，应采取综合管理措施。地下部分以生根为主，根系发育得比较快，到拔节期已形成强大的根系；地上部分以茎、叶分化为主，但生长得比较缓慢。

（2）营养物质运输的主要方向　夏玉米苗期以营养生长为主，营养物质运输的主要方向是根系。

（3）主攻目标　促进根系生长，使根系增多、增深，培育壮苗，达到苗齐、苗壮，为高产打下基础。

2. 穗期阶段

夏玉米穗期一般是指从拔节到抽雄的一段时期，时间为 27 ~ 30 天（彩图 3）。

（1）生育特点　穗期是夏玉米营养生长与生殖生长并进的时期。叶片增大，茎节伸长，雌穗与雄穗等生殖器官也在强烈地分化形成，这一时期是夏玉米生长发育最旺盛的阶段，也是田间管理最关键的时期。

（2）营养物质运输的主要方向　夏玉米穗期营养物质运输的主要方向是茎、叶、雌穗和雄穗。

（3）主攻目标　促叶壮秆，达到穗多、穗大的目的。

3. 花粒期阶段

夏玉米花粒期一般是指从抽雄到籽粒成熟的一段时期，早熟品种为 30 天左右，中熟品种为 40 天左右，晚熟品种为 50 天左右（彩图 4）。

（1）生育特点 花粒期是夏玉米营养生长基本停止，进入籽粒形成的时期，是夏玉米产量形成的最关键时期，依靠叶片光合产物和茎秆贮存的营养物质向果穗中运输，从而完成果穗、籽粒的产量形成。

产量的形成必须建立在前期良好的营养生长基础之上。

（2）营养物质运输的主要方向 夏玉米花粒期营养物质运输的主要方向是果穗、籽粒。

（3）主攻目标 防止茎、叶早衰，保持秆青、叶绿，增强叶片的光合强度，促进灌浆，争取粒多、粒重。

二、夏玉米的营养特性

夏玉米的营养特性与春玉米的相同，具体内容可参见前面所述（本书第 3 页）。

三、夏玉米对肥料的需求

1. 夏玉米吸收养分的总量

在夏玉米全生育期所吸收的主要养分中，以氮、钾较多，磷较少。综合国内外研究资料，一般每生产 100 千克籽粒，夏玉米需吸收氮 2.57～3.43 千克、磷 0.86～1.23 千克、钾 2.14～3.26 千克，三要素的比例约为 1∶0.36∶0.95。

夏玉米在不同的生育期所吸收氮、磷、钾的量也不相同。一般来说，苗期生长慢，植株小，养分的吸收量少；拔节期至开花期生长快，正是雌穗与雄穗的形成和发育时期，养分的吸收速度快、量大，是夏玉米吸收营养的关键时期，此期应供给充足的营养物质；生育后期的养分吸收速度缓慢、量小。

夏玉米由于生育期短，生长速度快，因此对氮、磷、钾的吸收量更集中，吸收高峰提前。从拔节期到抽雄期的 21 天中，吸收的氮量占全生育期吸氮总量的 76.19%，吸收的磷量占全生育期吸磷总量的 62.95%，吸收的钾量占全生育期吸钾总量的 63.38%。

夏玉米在不同生育期对氮、磷、钾的吸收量见表 1-1。

表 1-1　夏玉米在不同生育期对氮、磷、钾的吸收量

（单位：千克/亩）

生育期	氮（N）		磷（P_2O_5）		钾（K_2O）	
	郑单 968	豫玉 22	郑单 968	豫玉 22	郑单 968	豫玉 22
苗期	0.58	0.77	0.17	0.17	0.47	0.47
拔节期	2.83	2.39	0.80	0.64	2.22	1.79
抽雄期	7.24	8.43	2.17	2.28	6.29	6.58
散粉期	12.99	13.77	4.35	3.91	12.10	11.79
吐丝期	16.44	16.19	4.85	4.64	11.04	11.23
完熟期	16.85	16.66	4.95	4.79	9.29	9.71

2. 夏玉米吸收养分的动态量

（1）氮　研究表明，夏玉米在苗期到拔节期吸收的氮量很少，吸收速度慢，占全生育期吸氮总量的 1.18%～6.6%；拔节以后对氮的吸收明显增多，吐丝前达到高峰，吸收速度一般达到 0.25～0.3 千克/(亩·天)，累积吸收量达到 5～7 千克/亩，占吸氮总量的 50%～60%；吐丝至籽粒形成期对氮的吸收仍然较快，吸收速度为 0.15～0.1 千克/(亩·天)，累积吸收量占吸氮总量的 40%～50%。因此，地力差的地块及高产田，应在吐丝前增施攻粒肥。

（2）磷　夏玉米在各生育期中对磷的累积吸收量和分配动态与氮相似。夏玉米苗期根系不发达，磷的吸收量很少，但植株含磷浓度很高，是夏玉米需磷的敏感期；拔节期夏玉米植株含磷浓度最低，拔节期以后磷的吸收速度显著加快，吸收高峰在抽雄期和吐丝期，吸收速度为 0.125～0.155 千克/(亩·天)，累积吸收量占总吸收量的 50%～60%。所以，夏玉米除在播种时施用磷肥外，抽雄前追施磷肥也有增产效果。

（3）钾　夏玉米在各生育期对钾的累积吸收量和分配动态也有规律性，对钾的吸收速度在生育前期比氮、磷都快。研究表明，夏玉米在苗期对钾的累积吸收量占吸钾总量的 0.7%～4.0%；拔节以后猛增，到抽雄期和吐丝期的累积吸收量占吸钾总量的 60%～80%，吸收高峰出现在雌穗小花分化期至抽雄期，吸收速度为 0.4～0.75 千克/(亩·天)；灌浆至成熟期，因夏玉米体内的钾外渗到土壤中，所以其含钾量缓慢下降。

总之，夏玉米在各生育期对氮、磷、钾的需求量，以大喇叭口至吐丝期为最多，全生育期对三要素的吸收量以氮、钾较多，磷最少，因此夏玉米施肥必须以增施氮肥为主，相应配合施用磷肥、钾肥。

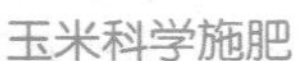

四、影响夏玉米吸收利用养分的主要因素

夏玉米对养分的吸收利用受生态环境、养分之间的交互作用、基因型、产量水平、品种特性、土壤肥力、施肥水平和气象等因素的影响较为明显，对各元素的需求量也存在很大差异。关于养分之间的交互作用、基因型、产量水平3种因素的内容，可参见前面所述（本书第6页），这里不再详述。

1. 生态环境

要保证夏玉米正常生长发育，必须保证各种养分的充分供应，产量越高，吸收养分的总量越多，一般对氮、钾的吸收最多，磷最少。

在不同的生态环境条件下，夏玉米对三要素的吸收量和吸收比例不同，利用效率也不同。对磷、钾的吸收量，如平播夏玉米比套播夏玉米要偏高。即使栽培同一品种亩产超过500千克，并且产量比较接近，其对养分的吸收量及吸收比例也不相同，特别是对钾的吸收量差异很大。

2. 品种特性

不同夏玉米品种间对营养元素的吸收差异很大对氮、磷、钾的吸收量，一般为生育期长的品种高于生育期短的品种；生育期相近的，一般为高秆品种高于中秆和矮秆品种。

品种间对营养元素的吸收差异与品种的株型特点、生育期长短、耐密性和耐肥性有关。紧凑型夏玉米品种对营养元素的吸收量均高于平展型品种。

3. 土壤肥力

夏玉米对营养元素的吸收在某种程度上受土壤肥力的影响。在肥力较高的土壤中，由于含有较多的养分，夏玉米植株对氮、磷、钾的吸收量高于低肥力土壤，从而形成了百千克籽粒所需氮、磷、钾量却降低的说法。

4. 施肥水平

施肥水平的高低影响土壤中养分的总体供应状况，进而影响夏玉米植株对营养元素的吸收。氮、磷、钾肥的单独施用及相互配合施用均能促进夏玉米植株对氮、磷、钾的吸收，产量水平也随之提高，但由于植株需肥量的增长幅度大大超过产量的提高幅度，所以形成百千克籽粒所需氮、磷、钾量随施肥量的增加而提高的说法。

5. 气象

夏玉米的需肥量在年际间变化较大，主要是因为年际间多种气象要素综合作用，影响了夏玉米植株的生长发育，从而出现需肥量的差异。夏玉米品种间的生产能力对多种气象要素的敏感程度也存在一定差异。

第二章

玉米生产常用的肥料

玉米生产常用的肥料主要包括有机肥料、微生物肥料、化学肥料，以及在此基础上研制生产的新型肥料，如缓控释肥料、水溶性肥料等。

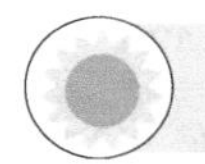

第一节　有机肥料

有机肥料是指利用各种有机废弃物料，加工积制而成的含有有机物质的肥料总称。目前已有工厂化积制的有机肥料出现，这些有机肥料被称作商品有机肥料。

一、粪尿肥

粪尿肥包括人粪尿、家畜粪尿及厩肥等，是重要的有机肥料。其共同特点是来源广泛、易流失，氮易挥发损失；含有较多的病原菌和寄生虫卵，若施用不当，容易传播病虫害。因此，合理施用粪尿肥的关键是科学贮存和进行适当的卫生处理。

1. 人粪尿

（1）基本性质　人粪尿是一种养分含量高、肥效快的有机肥料。

人粪是食物经过消化后未被吸收而排出体外的残渣，混有多种消化液、微生物和寄生虫等物质，含有70%~80%的水分、20%左右的有机物和5%左右的无机物。其中，有机物主要是纤维素和半纤维素、脂肪、蛋白质、氨基酸、各种酶、粪胆汁酸等，还含有少量粪臭质、吲哚、硫化氢、丁酸等臭味物质；无机物主要是钙、镁、钾、钠的硅酸盐、磷酸盐和氯化物等盐类。新鲜人粪一般呈中性。

人尿是食物经过消化吸收，并参加人体代谢后产生的废物和水分，约含95%的水分、5%的水溶性有机物和无机盐类，主要为尿素（占

1%~2%）、氯化钠（约占1%），少量的尿酸、马尿酸、氨基酸、磷酸盐、铵盐、微量元素和微量的生长素（吲哚乙酸等）。新鲜的尿液为浅黄色透明液体，不含有微生物，因含有少量磷酸盐和有机酸而呈弱酸性。

人粪尿的排泄量和其中的养分及有机质的含量因人而异，不同的年龄、饮食状况和健康状况都不相同（表2-1）。

表2-1　人粪尿的养分含量

种　类	主要成分含量（鲜基）				
	水分	有机物	氮（N）	磷（P_2O_5）	钾（K_2O）
人粪	>70%	约20%	1%	0.5%	0.37%
人尿	>90%	约3%	0.5%	0.13%	0.19%
人粪尿	>80%	5%~10%	0.5%~0.8%	0.2%~0.4%	0.2%~0.3%

（2）科学施用技术　人粪尿适合于玉米施用。人粪尿适用于各种土壤。它可作为基肥和追肥施用。人粪尿每亩施用量一般为500~1000千克，还应配合其他有机肥料和磷、钾肥施用。

温馨提示

人粪尿适用于各种土壤，尤其是含盐量在0.05%以下的土壤，具有灌溉条件的土壤，以及雨水充足地区的土壤。但对于干旱地区灌溉条件较差的土壤和盐碱土，施用人粪尿时应加水稀释，以防止土壤盐渍化加重。

2. 家畜粪尿

家畜粪尿主要指人们饲养的牲畜，如猪、牛、羊、马、驴、骡、兔等的排泄物，以及鸡、鸭、鹅等禽类排泄的粪便。

（1）基本成分　家畜粪的成分较为复杂，主要是纤维素、半纤维素、木质素、蛋白质及其降解物、脂肪、有机酸、酶、大量微生物和无机盐类。家畜尿的成分较为简单，全部是水溶性物质，主要为尿素、尿酸、马尿酸，以及钾、钠、钙、镁的无机盐。家畜粪尿中养分的含量常因家畜的种类、年龄、饲养条件等不同而有差异。表2-2是新鲜家畜粪尿中主要养分的平均含量。

表 2-2　新鲜家畜粪尿中主要养分的平均含量（%）

家畜种类		水分	有机质	氮（N）	磷（P_2O_5）	钾（K_2O）
猪	粪	81.5	15.0	0.60	0.40	0.44
	尿	96.7	2.8	0.30	0.12	1.00
马	粪	75.8	21.0	0.58	0.30	0.24
	尿	90.1	7.1	1.20	微量	1.50
牛	粪	83.3	14.5	0.32	0.25	0.16
	尿	93.8	3.5	0.95	0.03	0.95
羊	粪	65.5	31.4	0.65	0.47	0.23
	尿	87.2	8.3	1.68	0.03	2.10

（2）家畜粪尿的性质与合理施用　家畜粪的性质与施用可参考表 2-3。

表 2-3　家畜粪的性质与施用

家畜粪尿	性　质	施　用
猪粪	质地较细，含纤维少，碳氮比值低，养分含量较高，并且蜡质含量较多；阳离子交换量较高；含水量较高，纤维分解细菌少，分解较慢，产热少	适宜各种土壤，可作为玉米的基肥和追肥
牛粪	质地细密，碳氮比为21:1，含水量较高，通气性差，分解较缓慢，释放出的热量较少，称为冷性肥料	适宜有机质缺乏的轻质土壤，可作为玉米的基肥
羊粪	质地细密干燥，有机质和养分含量高，碳氮比为12:1，分解较快，发热量较大，称为热性肥料	适宜各种土壤，可作为玉米的基肥
马粪	纤维素含量较高，疏松多孔，含水量低，碳氮比为13:1，分解较快，释放热量较多，称为热性肥料	适宜质地黏重的土壤，多作为玉米的基肥
禽粪	纤维素较少，粪质细腻，养分含量高于猪粪等，分解速度较快，发热量较低	适宜各种土壤，可作为玉米的基肥和追肥

家畜尿与人尿有所不同，尿素含量较人尿少，尿酸和马尿酸含量较人

尿高，成分较为复杂，分解缓慢，需要经过分解转化后才能被植物吸收利用。家畜尿液中因含有碳酸钾和有机酸钾而呈碱性。在家畜尿中，马尿和羊尿中尿素的含量较高，分解速度较快，猪尿次之，牛尿分解最慢。

3. 厩肥

（1）基本性质 厩肥是以家畜粪尿为主，与各种垫圈材料（如秸秆、杂草、黄土等）和饲料残渣等混合积制的有机肥料的统称。北方称其为“土粪”或“圈粪”，南方称其为“草粪”或“栏粪”。

不同的家畜，由于饲养条件不同和垫圈材料的差异，可使不同厩肥的成分有较大的差异，特别是有机质和氮含量差异更显著（表2-4）。

表2-4 新鲜厩肥中主要养分的平均含量（%）

种类	水分	有机质	氮（N）	磷（P_2O_5）	钾（K_2O）	钙（CaO）	镁（MgO）	硫（SO_3）
猪厩肥	72.4	25.0	0.45	0.19	0.60	0.08	0.08	0.08
牛厩肥	77.5	20.3	0.34	0.16	0.40	0.31	0.11	0.06
马厩肥	71.3	25.4	0.58	0.28	0.53	0.21	0.14	0.01
羊厩肥	64.3	31.8	0.083	0.23	0.67	0.33	0.28	0.15

新鲜厩肥中的养分主要是有机态的，施用前必须进行堆腐。厩肥腐熟后，氮的利用率为10%～30%，磷的利用率为30%～40%，钾为60%～70%。可见，厩肥对当季作物来讲，氮的供应状况不及化肥，而磷、钾的供应却超过化肥，因此使用厩肥时应及时补充适量的氮。此外，厩肥因有丰富的有机质，故有较长的后效和良好的改土作用，尤其是对低产田的土壤熟化，促进作用十分明显。

（2）科学施用技术 厩肥中的养分大部分是迟效性的，养分释放缓慢，因此应作为基肥施用。玉米对厩肥的利用率较低，应选用腐熟程度高的厩肥。种植玉米的地块质地黏重、排水差，应施用腐熟的厩肥，而且不宜耕翻过深；对沙壤土，则可施用半腐熟厩肥，耕翻深度可适当加深。施用时应撒施均匀，随施随耕翻。据试验，厩肥未翻入土中经48小时损失氮17%～22%，有时还会出现撒施不匀，耕翻后造成幼苗高矮不齐，影响厩肥的肥效。

二、堆沤肥和沼气肥

堆肥和沤肥是我国重要的有机肥料，是利用秸秆、杂草、绿肥、泥

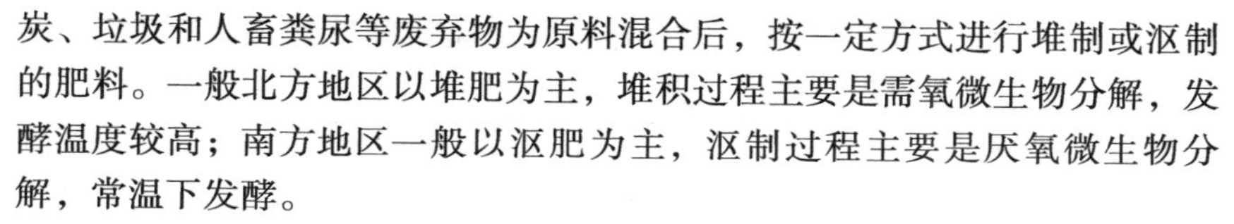

炭、垃圾和人畜粪尿等废弃物为原料混合后，按一定方式进行堆制或沤制的肥料。一般北方地区以堆肥为主，堆积过程主要是需氧微生物分解，发酵温度较高；南方地区一般以沤肥为主，沤制过程主要是厌氧微生物分解，常温下发酵。

1. 堆肥

(1) 基本性质　堆肥的性质基本和厩肥类似，其养分含量因堆肥原料和堆制方法的不同而有差别（表 2-5）。堆肥一般含有丰富的有机质，碳氮比较小，养分多为速效态；堆肥还含有维生素、生长素及微量元素等。

表 2-5　堆肥的养分含量

种类	水分	有机质	氮（N）	磷（P_2O_5）	钾（K_2O）	碳氮比（C/N）
高温堆肥	—	24%～42%	1.05%～2%	0.32%～0.82%	0.47%～2.53%	9.7～10.7
普通堆肥	60%～75%	15%～25%	0.4%～0.5%	0.18%～0.26%	0.45%～0.7%	16～20

(2) 科学施用技术　堆肥主要作为玉米基肥，每亩施用量一般为 1000～2000 千克。用量较多时，可以全耕层均匀混施；用量较少时，可以开沟施肥或穴施。在温暖多雨季节或地区，或者在土壤疏松通透性较好的条件下，或者种植生育期较长的植物和多年生植物时，或者当施肥与播种或插秧期相隔较远时，可以使用半腐熟或腐熟程度更低的堆肥。

2. 沤肥

沤肥因积制地区、积制材料和积制方法的不同而名称各异，如江苏的草塘泥、湖南的凼肥、江西和安徽的窖肥、湖北和广西的垱肥、北方地区的坑沤肥等，都属于沤肥。

(1) 基本性质　沤肥是在低温厌氧条件下进行腐熟的，腐熟速度较为缓慢，腐殖质积累较多。沤肥的养分含量因材料配比和积制方法的不同而有较大的差异。一般而言，沤肥的 pH 为 6～7，有机质含量为 3%～12%，全氮量为 2.1～4.0 克/千克，速效氮含量为 50～248 毫克/千克，全磷量（P_2O_5）为 1.4～2.6 克/千克，速效磷（P_2O_5）含量为 17～278 毫克/千克，全钾（K_2O）量为 3.0～5.0 克/千克，速效钾（K_2O）含量为 68～185 毫克/千克。

(2) 科学施用技术　堆肥主要作为玉米基肥，每亩沤肥的施用量一

般在2000～5000千克，并注意配合化肥和其他肥料一起施用，以解决沤肥肥效长但速效养分供应强度不大的问题。

3. 沼气肥

生产沼气的有机物发酵后的废弃物（沼渣和沼液）是优质的有机肥料，即沼气肥，也称作沼气池肥。

（1）基本性质 发酵产物除沼气可作为能源使用及用于粮食贮藏、沼气孵化和柑橘保鲜外，沼液（占总残留物的13.2%）和沼渣（占总残留物的86.8%）还可以进行综合利用。沼液含速效氮0.03%～0.08%，速效磷0.02%～0.07%，速效钾0.05%～1.40%，同时还含有钙、镁、硫、硅、铁、锌、铜、钼等各种矿质元素，以及各种氨基酸、维生素、酶和生长素等活性物质。沼渣中全氮量为5.0～12.2克/千克（其中速效氮占全氮的82%～85%），速效磷含量为50～300毫克/千克，速效钾含量为170～320毫克/千克，以及大量的有机质。

（2）科学施用技术 沼液是优质的速效肥料，可作为玉米追肥施用。一般土壤追肥每亩施用量为2000千克，并且要深施覆土。沼液还可以作为叶面追肥，将沼液和水按1:（1～2）稀释，7～10天喷施1次，可收到很好的效果。除了单独施用外，沼液还可以用来浸种，可以和沼渣混合作为基肥和追肥施用。

沼渣可以和沼液混合施用，作为玉米基肥每亩施用量为2000～3000千克，作为玉米追肥每亩施用量为1000～1500千克。沼渣也可以单独作为基肥或追肥施用。

三、农作物秸秆肥料

农作物秸秆肥料利用技术包括直接还田、间接还田、腐熟还田、快速沤肥和堆肥等技术。秸秆用作肥料的基本方法是将秸秆粉碎埋于农田中进行自然发酵，或者将秸秆发酵后施于农田中。秸秆耕翻入土后在微生物的作用下发生分解，在分解过程中进行养分的释放，使一些有机质化合物缩水，土壤有机质含量增加，微生物活动增强，生物固氮增加，碱性降低，促进酸碱平衡，养分结构趋于合理，并可使土壤容重降低、土质疏松、通气性提高、犁耕比阻减小，土壤结构得到明显改善。因此，秸秆肥料利用技术是改良土壤，提高土壤中有机质含量的有效措施之一。

1. 农作物秸秆粉碎覆盖还田技术

农作物秸秆粉碎覆盖还田技术是指农作物收获后用机械对其秸秆直接

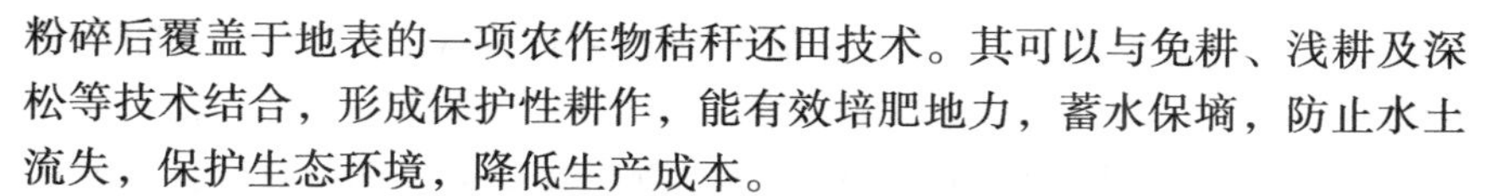

粉碎后覆盖于地表的一项农作物秸秆还田技术。其可以与免耕、浅耕及深松等技术结合，形成保护性耕作，能有效培肥地力，蓄水保墒，防止水土流失，保护生态环境，降低生产成本。

(1) 覆盖时间　覆盖时间要结合农田、作物和农时等进行确定。冬小麦的覆盖要在入冬前进行，这样可提高地温，使分蘖节免受冻害，同时减少水分蒸发。秋作覆盖以作物生长期进行为好，玉米应在7~8片叶展开时覆盖。春播作物覆盖秸秆的时间，春玉米以拔节初期为宜。

(2) 技术要求　目前玉米生产利用的主要是小麦秸秆粉碎覆盖还田技术，其主要技术要求如下：

1）联合收割机作业，一次性完成小麦收获和秸秆还田。

2）小麦割茬高度一般在150毫米左右。高留茬应不低于250毫米，也可根据农艺要求确定割茬高度。

3）秸秆切断及粉碎率在90%以上，并均匀抛撒于地表，使秸秆得以还田。

4）一年两作玉米套种区，联合收获后麦草覆盖于玉米行间，辅以人工作业，以不压不盖玉米苗为标准。

5）玉米直播区，可采用联合收割机配茎秆切碎器，以提高秸秆还田质量。

6）割茬高度一致、无漏割、地头地边处理合理。

(3) 技术内容　农作物秸秆粉碎覆盖还田与免耕、浅耕等技术结合，是目前农耕中较为先进的技术。例如，秸秆还田免耕播种保护性耕作技术是利用小麦、玉米联合收割机将作物秸秆直接粉碎后均匀抛撒在地表，然后用免耕播种机免耕播种，以改善土壤结构，培肥地力，实现农业节本增效的先进耕作技术。其工作程序为：小麦联合收获（秸秆粉碎覆盖）→玉米免耕施肥播种→喷除草剂→田间管理（灌溉、灭虫等）→玉米联合收获或玉米收获并秸秆还田覆盖。其技术内容主要包括：

1）免耕播种技术。玉米免耕播种作业选择2BYQF-3型等玉米贴茬直播机，夏玉米的播种量一般为1.5~2.5千克/亩，播种深度一般控制在3~5厘米，施肥深度一般为8~10厘米（种肥分施），即在种子下方4~5厘米。

2）秸秆覆盖技术。要求播种后秸秆的覆盖率不小于30%，并能满足后续环节作业。

3）深松技术。深松选用单柱振动式深松机，作业方式选择小麦播前深松。深松间隔为40～60厘米，深度为25～30厘米，一般2～4年深松1次。

4）杂草、病虫害控制和防治技术。施用化学除草剂的时间：玉米选择在播种后出苗前施用。施药的技术要求：根据以往地块杂草及病虫情况，合理配方，适时施药；药剂搅拌均匀，漏喷重喷率小于或等于5%；作业前注意天气变化，注意风向；及时检查，防止喷头、管道堵或漏。

2. 农作物秸秆直茬覆盖还田技术

农作物秸秆直茬覆盖还田技术主要应用于小麦、小麦-玉米、小麦-水稻等产区，是指机械收获小麦时留高茬，然后将麦秸覆盖于地表。与免耕播种相结合，蓄水保墒，增产效果明显，生产工序少，生产成本低，便于抢农时播种。

（1）小麦留茬覆盖还田 在一熟地区小麦留茬覆盖与免耕或少耕结合是一种理想模式。技术流程为：小麦收割（留高茬15厘米以下），在麦田空闲期将经过碾压处理的麦秸均匀覆盖于地表，然后压倒麦茬并压实麦秸，施肥、浅耕、播种（播种时顺行将覆盖的麦秸收拢成堆，播种结束后再把麦秸均匀覆盖于播种行间）直到收麦，收麦时仍留茬15厘米，重复以上作业程序连续2～3年后，深耕翻埋覆盖的秸秆，倒茬种植其他作物。

（2）麦田套种玉米的秸秆留茬覆盖还田 此技术适宜华北、西北小麦收割前套种玉米或其他夏播作物地区，玉米秸秆或其他夏播作物多作为饲料。操作规程：在麦收前10～15天，套种玉米或其他复播作物；麦收时，玉米出苗。小麦收获时，提高机械收割或人工收割的留茬高度，一般为20～25厘米；将麦秸、麦糠均匀覆盖在玉米的行间。麦收后，若10天内无雨，应结合夏苗管理，进行中耕灭茬；若麦收后雨季来得早，也可不灭茬。有灌水条件的地块，麦收后浇1次全苗水，加速秸秆的腐烂。若下茬复作物生长期雨少，麦茬腐解差，复作物收后耕翻时，应增施还田干秸秆量1%的纯氮肥。留高茬地块，虫害较重，应及时防治。如果不采取套种，而采取复播夏玉米的方式，小麦留高茬20～46厘米，趁墒在其行内点种玉米，然后用旋耕机旋打，玉米种子便随耙齿旋动入土，小麦高茬也被耙齿切断覆盖地表，这样既播种了玉米，又进行了小麦高茬还田。

3. 农作物秸秆间接还田技术

农作物秸秆间接还田技术是一种传统的积肥方式，它是利用夏秋高温季节，采用厌氧发酵堆沤制造肥料。其特点是时间长，受环境影响大，劳动强度高，产出量少，成本低廉。

（1）堆沤腐解还田　堆沤腐解还田是解决我国当前有机肥源短缺的主要途径，也是中低产田改良土壤、培肥地力的一项重要措施。它不同于传统堆制沤肥还田，主要是利用快速堆腐剂产生的大量纤维素酶，在较短的时间内将各种作物秸秆堆制成有机肥，如中国农科院农产品加工研究所研制开发的“301”菌剂，四川省农科院土肥所和成都合力丰实业发展股份有限公司联合开发的高温快速堆肥菌剂等。此外，日本微生物学家岛本觉也研究的生物工程技术——酵素菌技术已被引进，并用于秸秆肥制作，使秸秆直接还田简便易行，具有良好的经济效益、社会效益和生态效益。现阶段的堆沤腐解还田技术大多采用在高温、密闭、厌氧条件下腐解秸秆，能够减轻田间病、虫、杂草等危害，但在实际操作上给农民带来一定的困难，难以推广。

（2）烧灰还田　烧灰还田技术主要有两种形式：一是作为燃料，这是国内外农户传统的做法；二是在田间直接焚烧，但田间直接焚烧不但污染空气，浪费能源，影响飞机升降与公路交通，而且会损失大量有机质和氮素，保留在灰烬中的磷素、钾素也易被淋失，因此是一种不可取的方法。根据《中华人民共和国大气污染防治法》第七十六条规定：县级人民政府应当组织建立秸秆收集、贮存、运输和综合利用服务体系，采用财政补贴等措施支持农村集体经济组织、农民专业合作经济组织、企业等开展秸秆收集、贮存、运输和综合利用服务。第七十七条规定：省、自治区、直辖市人民政府应当划定区域，禁止露天焚烧秸秆、落叶等产生烟尘污染的物质。因此，烧灰还田不再作为秸秆间接还田进行利用。

（3）过腹还田　过腹还田是一种效益很高的秸秆利用方式，在我国有悠久的历史。秸秆经过青贮、氨化、微贮处理，饲喂家畜，通过发展畜牧业增值增收，同时实现秸秆过腹还田。实践证明，充分利用秸秆养畜，过腹还田，实行农牧结合，形成节粮型牧业结构，是一种符合我国国情的畜牧业发展道路。每头牛育肥约需秸秆 1 吨，可生产粪肥约 10 吨，牛粪肥田，形成完整的秸秆利用良性循环系统，同时增加农民收入。秸秆氨化养羊，蔬菜、藤蔓类秸秆直接喂猪，羊粪和猪粪经发酵后喂鱼或直接还田，均属于秸秆间接还田的利用方式。

（4）菇渣还田　利用作物秸秆培育食用菌，然后再经菇渣还田，经济、社会、生态效益三者兼得。在蘑菇栽培中，以 111 $米^2$ 计算，培养料需优质麦草 900 千克、优质稻草 900 千克，菇棚盖草又需 600 千克。育菇结束后菇渣还田，与施用等量的化肥相比，一般可增产稻麦 10.2%～12.5%，增产皮棉 10%～20%，不仅节省了成本，而且对减轻化肥污染、保护农田生态环境也有积极的意义。

（5）沼渣还田　秸秆发酵后产生的沼渣、沼液是优质的有机肥料，其养分丰富，腐殖酸含量高，肥效缓速兼备，是生产无公害农产品、有机食品的良好选择。一口8~10米^{3}的沼气池年产沼肥20米^3。连年沼渣还田的试验表明：土壤容重下降，孔隙度增加，土壤的理化性质得到改善，保水保肥能力增强；同时，土壤中有机质含量提高0.2%，全氮量提高0.02%，全磷量提高0.03%，平均提高产量10%~12.8%。

四、绿肥

利用植物生长过程中产生的全部或部分绿色体，直接或间接翻压到土壤中作为肥料，称为绿肥。长期以来，我国广大农民把栽培绿肥作为重要的有机肥源，同时利用绿肥作为重要的养地措施和饲草来源。

1. 绿肥的种类

（1）按照来源划分　绿肥可分为栽培型和野生型。栽培绿肥又称绿肥作物，是在农田中专门栽培作为绿肥。野生绿肥是收集、割天然生长的野生草本植物及树木的青枝嫩叶，翻压或堆沤后的肥料。

（2）按栽培季节划分　绿肥可分为冬季绿肥、夏季绿肥、春季绿肥、秋季绿肥、多年生绿肥等。

1）冬季绿肥，简称冬绿肥，一般在秋季或初冬播种，第二年春季或初夏利用，主要生长季节在冬季，如紫云英、毛叶苕子等。

2）夏季绿肥，简称夏绿肥，春季或初夏播种，夏末或初秋利用，主要生长季节在夏季，如田菁、柽麻、绿豆等。

3）春季绿肥，简称春绿肥，早春播种，在仲夏前利用。

4）秋季绿肥，简称秋绿肥，在夏季或早秋播种，冬前翻压利用，主要生长季节在秋季。

5）多年生绿肥，是指栽培利用年限在1年以上，可多次收割利用的植物，如紫穗槐、沙打旺、多变小冠花等。

（3）按照栽培方式划分　绿肥可分为旱生绿肥（如黄花苜蓿、箭筈豌豆、金花菜、沙打旺、黑麦草等）和水生绿肥（如绿萍、水浮莲、水花生等）。

（4）按植物学特性划分　绿肥可分为豆科绿肥（如紫云英、毛叶苕子、紫穗槐、沙打旺、黄花苜蓿、箭筈豌豆等）和非豆科绿肥（如绿萍、水浮莲、水花生、肥田萝卜、黑麦草等）。

2. 绿肥的养分含量

绿肥植物鲜草产量高，含较丰富的有机质，有机质含量一般在12%~15%（鲜基），而且养分含量较高（表2-6）。种植绿肥可增加土壤养分，提高土壤肥力，改良低产田。绿肥能提供大量新鲜有机质和钙素营养，根系有较强的穿透能力和团聚能力，有利于水稳性团粒结构形成。绿肥还可固沙护坡，防止冲刷，防止水土流失和土壤沙化。绿肥还可作饲料，发展畜牧业。

表2-6　主要绿肥植物养分含量（%）

绿肥品种	鲜草主要成分（鲜基）			干草主要成分（干基）		
	氮（N）	磷（P_2O_5）	钾（K_2O）	氮（N）	磷（P_2O_5）	钾（K_2O）
草木樨	0.52	0.13	0.44	2.82	0.92	2.42
毛叶苕子	0.54	0.12	0.40	2.35	0.48	2.25
紫云英	0.33	0.08	0.23	2.75	0.66	1.91
黄花苜蓿	0.54	0.14	0.40	3.23	0.81	2.38
紫花苜蓿	0.56	0.18	0.31	2.32	0.78	1.31
田菁	0.52	0.07	0.15	2.60	0.54	1.68
沙打旺	—	—	—	3.08	0.36	1.65
柽麻	0.78	0.15	0.30	2.98	0.50	1.10
肥田萝卜	0.27	0.06	0.34	2.89	0.64	3.66
紫穗槐	1.32	0.36	0.79	3.02	0.68	1.81
箭筈豌豆	0.58	0.30	0.37	3.18	0.55	3.28
水花生	0.15	0.09	0.57	—	—	—
水浮莲	0.22	0.06	0.10	—	—	—
绿萍	0.30	0.04	0.13	2.70	0.35	1.18

3. 绿肥的种植

绿肥首先是一种作物，本身需要在一定的土壤、时间、光照、温度等条件下生长发育，在人多地少的地区，就容易产生用地矛盾。充分利用作物生长期以外可以利用的时间和粮食等作物生长发育过程中可以利用的空间，合理安排种植绿肥是协调粮肥矛盾的主要方法。

（1）绿肥饲草的种类和组合　不同农区不同种植制度中绿肥的适宜种类见表2-7。

表 2-7　不同农区不同种植制度中绿肥的适宜种类

地　　区	主要作物种植方式	适宜绿肥种类	种植形式
黑龙江双城	一熟制玉米	白花草木樨	间作
河南通许	小麦—玉米或麦棉一年两熟	苕子、黑麦草混播	间作
江苏盐城	春玉米或麦棉一年两熟	苕子、箭筈豌豆、蚕豆、黑麦草	套种或复种
四川德阳	一熟玉米	早熟毛叶苕子	套种
四川西昌	一熟玉米	早熟毛叶苕子	套种
贵州赫章	一熟玉米	普通光叶苕子	套种
云南呈贡	一熟玉米	普通光叶苕子	套种

（2）适宜的绿肥种植方式　适合玉米生产的绿肥种植方式见表 2-8。

表 2-8　适合玉米生产的绿肥种植方式

模　　式	种 植 方 式	适 宜 地 区
玉米、绿肥间作	一熟玉米和草木樨 2:1	北方一熟玉米地区，黑龙江、辽宁、内蒙古
玉米套种绿肥	一熟玉米夏秋套播苕子	西南地区冬闲旱地
小麦—玉米两熟玉米套种绿肥	小麦—玉米带状套种，麦收后玉米行间套种草木樨等	一年两熟地区，新疆等

4. 绿肥的合理利用技术

目前，我国玉米生产绿肥的主要利用方式有直接翻压。绿肥直接翻压（也叫压青）施用后的效果与绿肥翻压时期、翻压量、翻压深度和翻压后的水肥管理密切相关。

（1）绿肥翻压时期　常见绿肥品种的翻压时期为：紫云英应在盛花期；苕子和田菁应在现蕾期至初花期；箭筈豌豆应在初花期；柽麻应在初花期至盛花期。翻压绿肥时期，除了根据不同品种绿肥植物生长特性选择外，还要考虑农作物的播种期和需肥时期，一般应与播种和移栽期有一段时间间距，大约 10 天。

（2）绿肥翻压量与深度　绿肥翻压量一般根据绿肥中的养分含量、土壤供肥特性和植物的需肥量来考虑，每亩应控制在 1000 ~ 1500 千克，

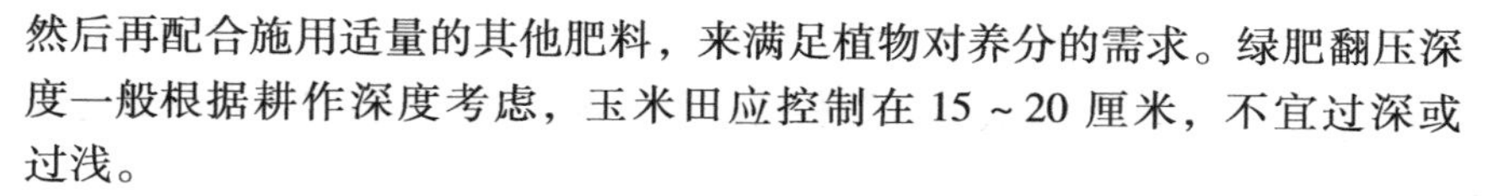

然后再配合施用适量的其他肥料，来满足植物对养分的需求。绿肥翻压深度一般根据耕作深度考虑，玉米田应控制在 15～20 厘米，不宜过深或过浅。

（3）翻压后的水肥管理　绿肥在翻压后应配合施用磷、钾肥，协调土壤中氮、磷、钾等养分的比例，从而充分发挥绿肥的肥效。对于干旱地区和干旱季节，还应及时灌溉，尽量保持充足的水分，加速绿肥的腐熟。

五、腐殖酸肥料

1. 腐殖酸肥料的品种与性质

腐殖酸肥料主要有腐殖酸铵、硝基腐殖酸铵、腐殖酸磷、腐殖酸铵磷、腐殖酸钠、腐殖酸钾等。

（1）腐殖酸铵　腐殖酸铵简称腐铵，化学分子式为 $R\text{-}COONH_4$，一般含水溶性腐殖酸铵 25% 以上，速效氮 3% 以上。外观为黑色有光泽颗粒或黑色粉末，溶于水，呈微碱性，无毒，在空气中稳定。其可作为基肥（每亩用量 40～50 千克）、追肥、浸种或浸根等，适用于各种土壤和作物。

（2）硝基腐殖酸铵　硝基腐殖酸铵是由腐殖酸与稀硝酸共同加热，氧化分解形成的，一般含水溶性腐殖酸铵 45% 以上，速效氮 2% 以上。外观为黑色有光泽颗粒或黑色粉末，溶于水，呈微碱性，无毒，在空气中较稳定。其可作为基肥（每亩用量 40～75 千克）、追肥、浸种或浸根等，适用于各种土壤和作物。

（3）腐殖酸钠、腐殖酸钾　腐殖酸钠、腐殖酸钾的化学分子式分别为 R-COONa、R-COOK，一般腐殖酸钠含腐殖酸 40%～70%，腐殖酸钾含腐殖酸 70% 以上。二者呈棕褐色，易溶于水，水溶液呈强碱性。它们可作为基肥（0.05%～0.1% 液肥与农家肥拌在一起施用）、追肥（以 0.01%～0.1% 液肥按 250 千克/亩浇灌）、种子处理（浸种用 0.005%～0.05% 液肥、浸根插条等用 0.01%～0.05% 液肥）、根外追肥（喷施用 0.01%～0.05% 液肥）等。

（4）黄腐酸　黄腐酸又称富里酸、富啡酸、抗旱剂一号、旱地龙等，溶于水、酸、碱，水溶液呈酸性，无毒，性质稳定，呈黑色或棕黑色，含黄腐酸 70% 以上，可用于拌种（用量为种子量的 0.5%）、蘸根（100 克兑水 20 千克加黏土调成糊状）、叶面喷施（大田作物稀释 1000 倍，果树和蔬菜稀释 800～1000 倍）等。

2. 腐殖酸肥料的施用技术

这里主要说明固体腐殖酸肥料的施用，含腐殖酸水溶肥料在后面进行说明。

（1）施用条件 腐殖酸肥料适于各种土壤，特别是有机质含量低的土壤、盐碱地、酸性红壤、新开垦红壤、黄土、黑黄土等效果更好。

腐殖酸肥料对各种作物均有增产作用，效果好的作物有白菜、萝卜、番茄、马铃薯、甜菜、甘薯；效果较好的作物有玉米、水稻、高粱、裸麦等。

（2）科学施用技术 腐殖酸肥料与化肥混合制成腐殖酸复混肥，可以作为基肥、种肥、追肥或根外追肥，可撒施、穴施、条施或压球造粒施用。

1）作为基肥，可以采用撒施、穴施、条施等办法，不过集中施用比撒施效果好，深施比浅施、表施效果好，一般每亩可施腐殖酸铵等40~50千克、腐殖酸复混肥25~50千克。

2）作为种肥，可穴施于种子下面12厘米附近，每亩施腐殖酸复混肥10千克左右。

3）作为追肥，应该早施，应在距离作物根系6~9厘米处穴施或条施，追施后结合中耕覆土。可将硝基腐殖酸铵作为增效剂与化肥混合施用，效果较好，每亩施用量为10~20千克。

4）秧田施用，利用泥炭、褐煤、风化煤粉覆盖秧床，对于培育壮秧、增强秧苗抗逆性具有良好作用。

六、杂肥类有机肥料

其他有机肥料也称为杂肥，包括泥炭、饼肥或菇渣㊀、城市有机废弃物等，它们的养分含量及施用见表2-9。

七、商品有机肥料

生产商品有机肥料的主要物料包括畜禽粪便、城市垃圾、糠壳饼麸、作物秸秆，以及食品厂、造纸厂、制糖厂、发酵厂等的废弃物料。

商品有机肥料外观要求：褐色或灰褐色，粒状或粉状，无机械杂质，

㊀ 前文提到的菇渣是秸秆类菇渣，不包括全部，是讲还田方式。

无恶臭。其技术指标见表2-10。

表2-9　杂肥类有机肥料的养分含量与施用

名　称	养分含量	施　用
泥炭	含有机质40%~70%，腐殖酸20%~40%，全氮0.49%~3.27%，全磷0.05%~0.6%，全钾0.05%~0.25%，多酸性至微酸性反应	多作为垫圈或堆肥材料、肥料生产原料、营养钵无土栽培基质，一般较少直接施用
饼肥	主要有大豆饼、菜籽饼、花生饼等，含有机质75%~85%、全氮1.1%~7.0%、全磷0.4%~3.0%、全钾0.9%~2.1%、蛋白质及氨基酸等	一般作为饲料，若用作肥料，可作为基肥和追肥，但需腐熟
菇渣	含有机质60%~70%、全氮1.62%、全磷0.454%、全钾0.9%~2.1%、速效氮212毫克/千克、速效磷188毫克/千克，并含丰富微量元素	可作为饲料、吸附剂、栽培基质。腐熟后可作为基肥和追肥
城市有机废弃物	处理后垃圾肥含有机质2.2%~9.0%、全氮0.18%~0.20%、全磷0.23%~0.29%、全钾0.29%~0.48%	经腐熟并达到无害化后多作为基肥施用

表2-10　商品有机肥料的技术指标（NY 525—2012）

项　目	指　标
有机质的质量分数（以干基计，%）	≥45.0
总养分（氮+五氧化二磷+氧化钾）的质量分数（以干基计，%）	≥5.0
水分（鲜样）的质量分数（%）	≤30.0
酸碱度（pH）	5.5~8.5

商品有机肥料中的蛔虫卵死亡率和粪大肠菌群数指标应符合NY 884—2012的要求。

1. 农作物秸秆工厂化有机肥

近年来，秸秆制造有机肥技术又有新的发展，主要是秸秆速腐技术的

应用——利用高温型菌种制剂将小麦、玉米、水稻等作物秸秆快速堆沤成高效、优质的有机肥。其技术原理是利用速腐剂中菌种制剂和各种酶类在一定湿度（秸秆的持水量在65%左右）和一定温度下（50～70℃）剧烈活动，释放能量，一方面将秸秆的纤维素很快分解，另一方面形成大量菌体蛋白质被植物直接吸收或转化为腐殖质（图2-1）。

秸秆有机肥是一种营养全面的有机肥料，如果再有针对性地配以不同元素，便可制成玉米专用肥。晒干后的秸秆有机肥，可由有机肥颗粒机进行颗粒化加工，制成各种颗粒状的有机肥，可基施、追施、冲施和喷施。

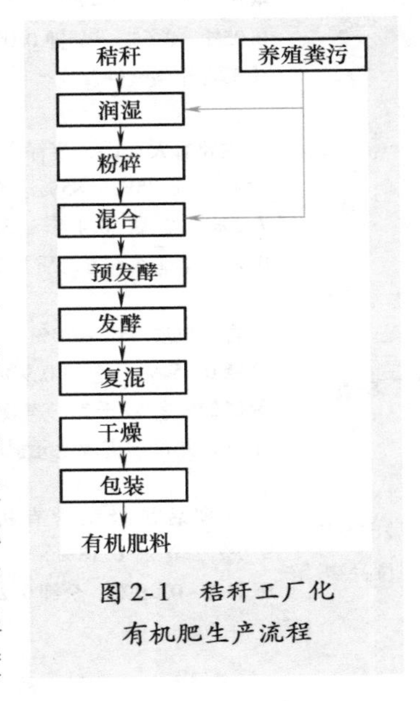

图2-1 秸秆工厂化有机肥生产流程

2. 畜禽粪便工厂化有机肥

随着我国农业生产的发展，农业有机废弃物的数量急剧增长，使得有机废弃物大量堆积，养分流失，污染环境。生产有机肥是最有效的消纳有机废弃物资源的手段。目前，有机废弃物好氧发酵方式应用较普遍的通常有4种：平地堆置法、发酵槽发酵法、塔式发酵法与滚筒发酵法。由于发酵有一些条件的限制，如含水率为45%～60%，环境温度在15℃以上，碳氮比为（25～35）：1。因此，无论采用哪种堆肥方法，都必须掌握以下几个步骤：

（1）水分调节 水分为微生物生长所必需的成分，在堆肥过程中，按重量计算，50%～60%的含水率最有利于微生物分解。畜禽粪便的含水率一般为75%～80%，一般采用含水率比较低的秸秆进行调节。

（2）控制发酵温度 有机物料正常发酵的重要条件之一是适宜的温度。在气候寒冷的地区，为了保证发酵过程正常进行，需采用加热保温措施。目前比较经济可行的办法是利用太阳能对物料加热与保温，可利用温室大棚的原理设计发酵设施。发酵设施应采用透光性能好、结实耐用的聚氯乙烯（PVC）或玻璃钢等屋面材料与墙体材料。发酵设施冬天应封闭良好，具有良好的保温性能，同时应通风方便，以提供物料发酵所需要的氧气。

(3) 调节碳氮比　通常畜禽粪便的碳氮比低于20∶1，而秸秆的碳氮比高于50∶1，要想将发酵物料的碳氮比调整到（25～35）∶1，可以在畜禽粪便中添加一部分秸秆，一方面调节碳氮比，另一方面由于秸秆含水率低，还可起到调节物料含水率的作用。

(4) 翻堆　通气性是影响堆肥温度和发酵效果的重要因素。翻堆的目的是改善堆内的通气条件，散发水分，促进高温有益微生物的繁殖，使堆内温度达到60～70℃，加速发酵物料的转化，从而达到混合均匀、受热一致、腐熟一致的目的。可采用人工翻堆，也可采用轮式翻堆机、装载机、深槽好氧翻堆机等机械来翻动物料。在发酵过程中，每天翻动1～2次比较适宜。

(5) 筛分　为了提高有机肥料产品的商品价值，便于包装贮存，一般采取筛分工艺分选出大块物料。筛分设备有圆筒筛、振动筛等不同类型。为了减少投资，也可采用人工筛分的办法，将筛上物集中填埋或作为发酵辅料回用，筛下物可作为有机肥料产品。

3. 工业废液生产高浓缩秸秆复合肥

造纸黑液是造纸工业以稻秸、麦秸等有机粗纤维为原料，用碱法生产纸浆时排出的废液。一般黑液固形物中，有机物占65%～70%，无机物占30%～35%。有机物中木质素占34.6%，挥发酸占13.5%，糖类、醇类等物质占52.7%。无机物主要有二氧化硅、氢氧化钠等。

黑液中的强碱可腐蚀秸秆表面的蜡质，解体秸秆组织，使细菌可很快利用残体中的营养物质迅速繁殖，达到快速腐化的目的。因此，可用黑液催腐秸秆，并通过加入其他添加剂，生产得到高浓缩秸秆复合肥。该项技术的工艺流程包括工业化沤制发酵、氨化处理、磷化处理、高温高压处理，最后制成颗粒型复合肥，如图2-2所示。

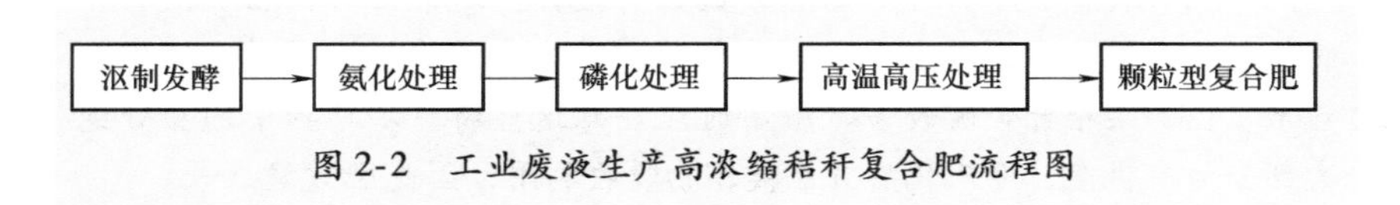

图2-2　工业废液生产高浓缩秸秆复合肥流程图

与传统的秸秆还田制肥相比，该项技术有以下优点：一是腐熟周期只需5～7天，可工业化大量生产；二是该复合肥施于田间，可避免碳氮比较大，在生物分解过程中需吸收大量的水分和氮元素，可以克服传统还田影响后茬作物出苗，易生虫等缺点；三是该复合肥是微量元素齐全，兼有

速效、缓效、间体三种作用的优质肥料，可保证作物整个生长期间养分的充分供给，而不造成过剩吸收；四是既治理了黑液污染，又生产出优质肥料，一举多利，经济、社会效益显著。

利用发酵废液与秸秆、粪便进行发酵，也可以制作优质有机肥。方法为：将1千克发酵废液加50~100千克水稀释后，撒入固态肥基料（粉碎的农作物秸秆及人、禽、畜粪便，杂草、糠壳和麸皮等）中，搅拌均匀，感受干湿程度（以手感握住后，放开不松散为宜）；然后装池压实，用塑料布密封，使其厌氧发酵10~15天，有酒香味即可撒施或与种子拌和使用。

身边案例

有机肥料安全不安全，看原料

目前我国很大部分的农用耕地土壤中的有机质含量已低于警戒线，土地大面积严重板结，土壤肥力已亮红灯。近年来，有机肥料利好消息不断。继化肥使用量零增长行动方案实施后，《土壤污染防治行动计划》《开展果菜茶有机肥替代化肥行动方案》《全国农村沼气发展“十三五”规划》等政策陆续出台，均提出“鼓励农民增施有机肥料”。有机肥料广受推崇，但是使用不好会变成另一公害。为什么这么说，我们得从有机肥料的生产原料来分析。

有机肥料的种类很多，其中最大项是人畜（禽）粪尿与作物秸秆，还有绿肥、饼粕、草木灰和生活垃圾等。这里主要介绍作物秸秆、人畜（禽）粪尿这两大肥料的特性和安全性。

（1）作物秸秆类　作物秸秆中除了含有纤维素、半纤维素、木质素、蛋白质等有机物以外，还含有作物所必需的各种元素；能促进土壤微生物活性和土壤综合肥力的提高，可减少化肥的施用量。

不同种类作物秸秆含有的养分数量有差异：通常豆科作物和油料作物的秸秆含氮较多；旱生禾谷类作物的秸秆含钾较多；水稻茎、叶中含硅丰富；油菜秸秆含硫较多。施用时应注意这些特点。秸秆中的养分绝大部分为有机态，经矿化后方能被作物吸收利用，因此肥效稳、长。

秸秆有机肥的安全隐患：一是有害生物的影响。作物秸秆等有机废弃物由于可能含有较多的病菌、虫卵、草籽等，未经严格处理会引起农作物病、虫、草害；也可能通过农作物传播一些对人类健康有损害的病原微生物。二是产生土壤养分障碍。秸秆有机肥的碳氮比很高，

土壤中氮的硝化作用增强，造成土壤硝态氮的积累，进而可能使植株硝酸盐含量增加。施入土壤后由于微生物活动的需要而与作物争氮，又会引起氮不足。三是植物生长抑制作用。未经处理的有机废弃物、未充分腐熟的堆肥产品都可能对种子发芽和苗期生长产生毒害作用。参照国内外对堆肥使用的标准，有机肥必须经3天以上且高于55℃的温度腐熟才能安全使用。

(2) 人畜（禽）粪尿类　人畜（禽）粪尿经过腐熟后得到的有机肥产品与普通化肥相比具有其独特优势：养分齐全，促进作物增产增收；生物活性物质丰富，可促进作物生长；改善地力，推动循环农业发展。但是人畜（禽）粪尿类有机肥有几点显著缺陷：一是含盐分较重，易使土壤盐化，使土壤中的盐浓度升高，提高营养元素对农作物的肥效临界点，增大施肥量，严重时会导致种子不发芽、烧苗、烧根；二是氮以尿酸形态氮为主，尿酸盐不能直接被作物吸收利用，它在土壤中分解时消耗大量氧气，释放出二氧化碳，故易伤害作物根部；三是携带芽孢杆菌属、大肠杆菌及十多个属的真菌和一些寄生虫等，自身带较多病菌、虫卵，还易引发病虫害；四是部分畜禽粪有机肥存在着微量元素含量超标的问题，因为在畜禽饲料中，由于大量添加铜、铁、锌、锰、钴、硒和碘等微量元素，使得许多未被畜禽吸收的微量元素积累在畜禽粪便中，根据有关单位调查，一些大中型畜禽养殖场所使用的饲料中，重金属污染比较严重，铜、锌、铬、铅和镉的含量普遍超过国家饲料卫生标准或无公害生产饲料标准，尤其砷和汞等毒害元素也个别超标；五是大部分畜禽粪肥或以畜禽粪为主要原料的有机肥呈酸性，易生病菌，必须用石灰中和，致土壤板结。

鉴于有机肥原料存在上述隐患，建议在使用这些有机肥时一定要做到充分腐熟，如果条件允许，最好选用当前市面上比较有信誉的大规模工业化生产的商品有机肥。同时，按照农家肥、商品有机肥与化肥等比例掺混使用，尤其是有机栽培、绿色栽培、无公害栽培的地块，一定要重视重金属污染来源问题，优先选择充分腐熟的豆粕、秸秆类有机肥。

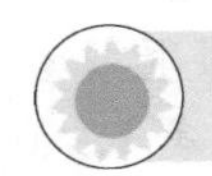

第二节　微生物肥料

微生物肥料是指含有活微生物的一类特定制品，应用于农业生产中，能够获得特定的肥料效应，在这种效应的产生中，制品中活微生物起关键作用。符合上述定义的制品均归于微生物肥料，目前主要有微生物菌剂（如根瘤菌、固氮菌、磷细菌、钾细菌、抗生菌及其他有益菌类）肥料、复合微生物肥料、生物有机肥、有机物料腐熟剂等。

一、根瘤菌肥料

根瘤菌能和豆科作物共生、结瘤、固氮。用人工选育出来的高效根瘤菌株，经大量繁殖后，用载体吸附制成的生物菌剂称为根瘤菌肥料。

1. 根瘤菌的特点

根瘤菌是一类存在于土壤中的革兰氏阴性需氧杆菌，它通过豆科植物的根毛，从土壤侵入根内，形成根瘤。在培养条件下，根瘤菌的个体形态为杆状，革兰氏反应为阴性，周生鞭毛，或端生或侧生鞭毛，能运动，不形成芽孢。细胞内含许多聚β-羟基丁酸颗粒，细胞外形成荚膜和黏液物质。

2. 根瘤菌肥料的性质

根瘤菌肥料按剂型不同分为固体、液体、冻干剂3种。固体根瘤菌肥料的吸附剂多为草炭，为黑褐色或褐色粉末状固体，湿润松散，含水量为20%~35%，一般菌剂含活菌数为1亿~2亿个/克，杂菌数小于15%，pH为6.0~7.5。液体根瘤菌肥料应无异臭味，含活菌数为5亿~10亿个/毫升，杂菌数小于5%，pH为5.5~7.0。冻干根瘤菌肥料不加吸附剂，为白色粉末状，含菌量比固体型高几十倍，但生产上应用很少。

3. 根瘤菌肥料的施用

根瘤菌肥料多用于拌种，每亩地用30~40克菌剂加3.75千克水混匀后拌种，或者根据产品说明书施用。拌种时要掌握互接种族关系，选择与作物相对应的根瘤菌肥。作物出苗后，发现结瘤效果差时，可在幼苗附近浇泼兑水的根瘤菌肥料。

温馨提示

根瘤菌结瘤的最适温度为 20～40℃，土壤含水量为田间持水量的 60%～80%，适宜中性到微碱性（pH 为 6.5～7.5），良好的通气条件有利于结瘤和固氮。在酸性土壤上使用时需加石灰调节土壤酸度。拌种及风干过程切忌阳光直射，已拌菌的种子必须当天播完。不可与速效氮肥及杀菌农药混合使用，如果种子需要消毒，需在根瘤菌拌种前 2～3 周使用，使菌、药有较长的间隔时间，以免影响根瘤菌的活性。

二、固氮菌肥料

固氮菌肥料是指含有大量需氧自生固氮菌的生物制品。具有自生固氮作用的微生物种类很多，在生产上得到广泛应用的是固氮菌科的固氮菌属，以圆褐固氮菌应用较多。

1. 固氮菌的特点

固氮菌常为两个菌体聚在一起，形成“8”字形孢囊。生长旺盛时期个体形态为杆状，单生或成对，周生鞭毛，能运动；在阿须贝氏（Ashby）培养基上，荚膜丰富，菌落光滑，无色透明，进一步变成褐色或黑色，色素不溶于水。

2. 固氮菌肥料的性质

固氮菌肥料可分为自生固氮菌肥和联合固氮菌肥。自生固氮菌肥是指由人工培育的自生固氮菌制成的微生物肥料，能直接固定空气中的氮，并产生很多激素类物质刺激植物生长。联合固氮菌是指在固氮菌中有一类自由生活的类群，生长于植物根表和近根土壤中，靠根系分泌物生存，与植物根系密切。联合固氮菌肥是指利用联合固氮菌制成的微生物肥料，对增加作物氮来源、提高产量、促进作物根系吸收作用、增强抗逆性有重要作用。

固氮菌肥料的剂型有固体、液体、冻干剂 3 种。固体剂型多为黑褐色或褐色粉末状，湿润松散，含水量为 20%～35%，一般菌剂含活菌数在 1 亿个/克以上，杂菌数小于 15%，pH 为 6.0～7.5。液体剂型为乳白色或浅褐色，混浊，稍有沉淀，无异臭味，含活菌数在 5 亿个/毫升以上，杂菌数小于 5%，pH 为 5.5～7.0。冻干剂型为乳白色结晶，无味，含活菌数在5 亿个/克以上，杂菌数小于 2%，pH 为 6.0～7.5。

3. 固氮菌肥料的施用

固氮菌肥料适用于各种作物，可作为基肥、追肥和种肥，施用量按说明书确定。也可与有机肥、磷肥、钾肥及微量元素肥料配合施用。作为基肥，施用时可与有机肥配合沟施或穴施，施后立即覆土。作为追肥时，把菌肥用水调成糊状，施于作物根部，施后覆土，一般在作物开花前施用较好。作为种肥时，加水混匀后拌种，将种子阴干后即可播种。固体固氮菌肥一般每亩用250～500克，液体固氮菌肥每亩用100毫升，冻干剂固氮菌肥每亩用500亿～1000亿个活菌。

温馨提示

固氮菌属于中温需氧细菌，最适温度为25～30℃，要求土壤通气良好，含水量为田间持水量的60%～80%，适宜pH为7.4～7.6。其在酸性土壤（pH<6.0）中的活性明显受到抑制，因此，施用前需加石灰调节土壤酸度。固氮菌只有在环境中有丰富的碳水化合物而缺少化合态氮时才能进行固氮，与有机肥、磷肥、钾肥及微量元素肥料配合施用，对固氮菌的活性有促进作用，在贫瘠土壤上尤其重要。过酸、过碱的肥料或有杀菌作用的农药都不宜与固氮菌肥料混施，以免影响其活性。

三、磷细菌肥料

磷细菌肥料是指含有能强烈分解有机磷或无机磷化合物的磷细菌的生物制品。

1. 磷细菌肥料的性质

目前，我国生产的磷细菌肥料有液体和固体2种剂型。液体剂型的磷细菌肥料为棕褐色混浊液体，含活细菌5亿～15亿个/毫升，杂菌量小于5%，含水量为20%～35%，有机磷细菌大于或等于1亿个/毫升，无机磷细菌大于或等于2亿个/毫升，pH为6.0～7.5。颗粒剂型的磷细菌肥料呈褐色，有效活细菌数大于3亿个/克，杂菌量小于20%，含水量小于10%，有机质含量大于或等于25%，粒径为2.5～4.5毫米。

2. 磷细菌肥料的施用

磷细菌肥料可作为基肥、追肥和种肥。作为基肥，可与有机肥、磷矿粉混匀后沟施或穴施，一般每亩用量为1.5～2.0千克，施后立即覆土。作为追肥，可将磷细菌肥料用水稀释后在作物开花前施用，菌液施于根部为宜。作为种肥，主要是拌种，可先将菌剂加水调成糊状，然后加入种子拌匀，将种子阴干后立即播种，防止阳光直接照射。一般每亩种子用固体磷细菌肥料1.0～1.5千克或液体磷细菌肥料0.3～0.6千克，加水4～5倍稀释。

温馨提示

磷细菌的最适温度为30~37℃，适宜pH为7.0~7.5。拌种时随配随拌，不宜留存；暂时不用的，应该放置在阴凉处覆盖保存。磷细菌肥料不能与农药及生理酸性肥料同时施用，也不能与石灰氮、过磷酸钙及碳酸氢铵混合施用。

四、钾细菌肥料

钾细菌肥料又名硅酸盐细菌肥料、生物钾肥。钾细菌肥料是指含有能对土壤中云母、长石等含钾的铝硅酸盐及磷灰石进行分解，释放出钾、磷与其他灰分元素，改善作物营养条件的钾细菌的生物制品。

1. 钾细菌肥料的性质

钾细菌肥料产品主要有液体和固体2种剂型。液体剂型为浅褐色混浊液体，无异臭，有微酸味，有效活菌数大于10亿个/毫升，杂菌数小于5%，pH为5.5~7.0。固体剂型是以草炭为载体的粉状吸附剂，呈黑褐色或褐色，湿润而松散，无异味，有效活细菌数大于1亿个/克，杂菌量小于20%，含水量小于10%，有机质含量大于或等于25%，粒径为2.5~4.5毫米，pH为6.9~7.5。

2. 钾细菌肥料的施用

钾细菌肥料可作为基肥、追肥和种肥。作为基肥，固体剂型与有机肥料混合沟施或穴施，立即覆土，每亩用量为3~4千克，液体剂型每亩用量2~4千克。作为追肥，按每亩用菌剂1~2千克兑水50~100千克混匀后进行灌根。作为种肥，每亩用1.5~2.5千克钾细菌肥料与其他种肥混合施用。也可将固体菌剂加适量水制成菌悬液或液体菌加适量水稀释，然后喷到种子上拌匀，稍干后立即播种。

温馨提示

紫外线对钾细菌有杀灭作用，因此在贮存、运输和施用过程中应避免阳光直射，拌种时应在室内或棚内等避光处进行，拌好晾干后应立即播完，并及时覆土。钾细菌肥料不能与过酸或过碱的肥料混合施用。当土壤中速效钾含量在26毫克/千克以下时，不利于钾细菌肥料的肥效发挥；当土壤中速效钾含量在50~75毫克/千克时，钾细菌解钾能力可达到高峰。钾细菌的最适温度为25~27℃，适宜pH为5.0~8.0。

五、抗生菌肥料

抗生菌肥料是利用能分泌抗菌物质和刺激素的微生物制成的微生物肥料。常用的菌种是放线菌，我国常用的是5406（细黄链霉菌），此类制品不仅有肥效作用且能抑制一些作物的病害，促进作物生长。

1. 抗生菌肥料的作用机理

绝大多数链霉菌属都可产生抗生素，对植物病原真菌、寄生性菌有很好的拮抗作用。其作用机理主要表现在：一是促进作物对养分的吸收，改善土壤物理性能。抗生菌肥料在水田、旱田有松土作用，凡是用过抗生菌肥料的土壤，水稳性团粒结构均增加，幅度为5%～30%，土壤孔隙度和透气度增加1%左右。二是转化土壤和肥料的营养元素。抗生菌肥料能够将作物不能吸收利用的氮、磷、钾等元素转化成可利用的状态。三是增强土壤中有益微生物的活性。抗生菌肥料促进土壤中有益微生物生长，抑制有害微生物。四是提高土壤中微生物的呼吸强度和纤维素的分解强度。抗生菌肥料可以加速有机物质的分解，改善土壤的营养条件，为作物生长提供很好的土壤环境。五是刺激与调节作物生长。抗生菌肥料的代谢产物中有不同类型的刺激素，可以刺激植物细胞向纵横两方向伸长，促进植物细胞分裂等作用。六是防病保苗作用。抗生菌能够产生壳多糖酶，分解病原菌的细胞壁，抑制或杀死病原菌，同时还产生抗生素物质，其中对水稻烂秧、小麦烂种有明显的防治效果，并对30多种植物病原菌有抑制作用。

2. 抗生菌肥料的施用

抗生菌肥料一般用于浸种或拌种，也可用作为追肥。作为种肥，一般每亩用抗生菌肥料7.5千克，加入饼粉2.5～5.0千克、细土500～1000千克、过磷酸钙5千克，拌匀后覆盖在种子上，施用时最好配施有机肥料和化肥。浸种时，玉米种用1:（1～4）抗生菌肥浸出液浸泡12小时。作为追肥，可在作物定植后，在苗附近开沟施用再覆土。

温馨提示

抗生菌肥配合施用有机肥料、化肥的效果较好。抗生菌肥不能与杀菌剂混合拌种，但可与杀虫剂混用。抗生菌肥不能与硫酸铵、硝酸铵等混合施用。

六、复合微生物肥料

复合微生物肥料是指两种或两种以上的有益微生物或一种有益微生物与营养物质复配而成，能提供、保持或改善作物的营养，提高农产品产量或改善农产品品质的活体微生物制品。

1. 复合微生物肥料的类型

复合微生物肥料一般有两种：第一种是菌与菌复合微生物肥料，可以是同一微生物菌种的复合（如大豆根瘤菌的不同菌系分别发酵，吸附时混合），也可以是不同微生物菌种的复合（如固氮菌、磷细菌、钾细菌等分别发酵，吸附时混合）；第二种是菌与各种营养元素或添加物、增效剂的复合微生物肥料，采用的复合方式有菌与大量元素复合、菌与微量元素复合、菌与稀土元素复合、菌与作物生长激素复合等。

2. 复合微生物肥料的性质

复合微生物肥料可以增加土壤有机质、改善土壤菌群结构，并通过微生物的代谢物刺激作物生长，抑制有害病原菌。

目前，复合微生物肥料按剂型分主要有液体、粉剂和颗粒 3 种。粉剂产品应松散；颗粒产品应无明显的机械杂质，大小均匀，具有吸水性。复合微生物肥料产品技术指标见表 2-11。复合微生物肥料产品无害化指标见表 2-12。

表 2-11　复合微生物肥料产品技术指标（NY/T 798—2015）

项　目	剂　型	
	液　体	固　体
有效活菌数（cfu）①/[亿个/克（毫升）]	≥0.50	≥0.20
总养分（氮+五氧化二磷+氧化钾）②（%）	6.0～20.0	8.0～25.0
有机质含量（以烘干基计,%）	—	≥20.0
杂菌率（%）	≤15.0	≤30.0
水分含量（%）	—	≤30.0
pH	5.5～8.5	5.5～8.5
有效期③	≥3 个月	≥6 个月

① 含两种以上有效菌的复合微生物肥料，每种有效菌的数量不得少于0.01 亿个/克（毫升）。

② 总养分应为规定范围内的某一确定值，其测定值与标明值正负偏差的绝对值不应大于2.0%；各单一养分值应不少于总养分含量的15.0%。

③ 此项仅在监督部门或仲裁双方认为有必要时才检测。

表 2-12　复合微生物肥料产品无害化指标（NY/T 798—2015）

项　目	限量指标
粪大肠菌群数/[个/克（毫升）]	≤100
蛔虫卵死亡率（%）	≥95
砷（As）（以烘干基计）/(毫克/千克)	≤15
镉（Cd）（以烘干基计）/(毫克/千克)	≤3
铅（Pd）（以烘干基计）/(毫克/千克)	≤50
铬（Cr）（以烘干基计）/(毫克/千克)	≤150
汞（Hg）（以烘干基计）/(毫克/千克)	≤2

3. 复合微生物肥料的施用

作为玉米基肥，每亩用复合微生物肥料 1～2 千克，与有机肥料或细土混匀后沟施、穴施、撒施均可，沟施或穴施后立即覆土；结合整地可撒施，应尽快将肥料翻于土中。

用于冲施，根据不同作物每亩用 1～3 千克复合微生物肥料与化肥混合，用适量水稀释后灌溉时随水冲施。

施用歌谣

细菌肥料前景好，持续农业离不了；清洁卫生无污染，品质改善又增产；

掺混农肥效果显，解磷解钾又固氮；杀菌农药不能混，莫混过酸与过碱；

基追种肥都适用，施后即用湿土埋；增产效果确实有，莫将化肥来替代。

七、有机物料腐熟剂

有机物料腐熟剂是指能够加速各种有机物料（包括农作物秸秆、畜禽粪便、生活垃圾及城市污泥等）分解、腐熟的微生物活体制剂，如腐秆灵、酵素菌等。按剂型可分为粉状、颗粒状、液体状等。其特点为：能快速促进堆料升温，缩短物料的腐熟时间；有效杀灭病菌和虫卵、杂草种子，除水、脱臭；腐熟过程中释放部分速效养分，产生大量的氨基酸、有机酸、维生素、多糖、酶类、植物激素等多种促进植物生长的物质。

1. 腐秆灵

腐秆灵是一种含有数量可观的分解纤维素、半纤维素、木质素的多种微生物群。用它处理水稻、小麦、玉米和其他作物秸秆，可通过上述微生物作用，加速其茎秆的腐烂，使之转化成优质有机肥。腐秆灵堆沤农家肥的方法如下：

第一步，按每吨农家肥用腐秆灵2千克（如农家肥是以秸秆和杂草等植物残体为主的，每吨需另加尿素8千克）的配比用量加水配成菌液。加水量依据农家肥的干湿情况而定，以菌液刚好淋过堆肥为度。

第二步，把秸秆、人畜（禽）粪便、土杂肥等按每15~20厘米一层上堆，并每堆一层均匀加入5%~10%的生土，再均匀泼洒一次用腐秆灵配成的菌液。

第三步，堆肥完成后用黑膜或稻草覆盖，以便保湿保温，在堆沤发酵过程中可产生55~70℃的高温，可杀死肥料中的病原菌、虫卵和草籽等。堆沤中间若能翻堆1~2次，腐熟会更彻底，效果更好。堆沤时间为15~30天。

2. CM菌

CM菌是指高效有益的微生物菌群，主要由光合细菌、酵母菌、醋酸杆菌、放线菌、芽孢杆菌等组成。光合细菌利用太阳能或紫外线将土壤中的硫氢化合物和碳氢化合物中的氢分离出来，变有害物质为无害物质，并和二氧化碳、氮等合成糖类、氨基酸、纤维素、生物发酵物质等，进而增肥土壤。醋酸杆菌从光合细菌生产的物质中摄取糖类固定氮，然后将固定的氮一部分供给植物，另一部分还给光合细菌，形成需氧和厌氧细菌共生结构。放线菌将光合细菌生产的氮作为基质，如此可使放线菌数量增加。放线菌产生的抗生性物质，可增加植物对病害的抵抗力和免疫力。乳酸菌摄取光合细菌生产的物质，分解在常温下不易被分解的木质素和纤维素，使未腐熟的有机物发酵，转化为植物容易吸收的养分。酵母菌可产生促进细胞分裂的生物发酵物质，同时还对促进其他有益微生物增殖起重要作用。芽孢杆菌可以产生生理发酵物质，促进作物生长。

发酵沤制有机堆肥的办法和施用量：有机物料（家禽粪便、作物秸秆和其他农作物副产物均可）600千克，用CM菌原液0.5~1.0千克，红糖0.5~1.0千克，35℃温水5千克活化拌入有机肥中，含水量调节至35%（手握成团，轻放即散），翻倒均匀，起堆后用大塑料布封严，厌氧发酵15~30天，中间翻堆1次，有机菌肥的沤制即完成。

3. 催腐剂

催腐剂是根据微生物中的钾细菌、磷细菌等有益微生物的营养要求，以有机物为主要原料，选用适合有益微生物营养要求的化学药品配制，定量氮、磷、钾等营养物质的化学制剂。将催腐剂拌于秸秆等有机物中，能有效地改善有益微生物的生态环境，加速有机物分解与腐烂，故名催腐剂。它是化学、生物技术相结合的边缘科学产品。

旱地将催腐剂每亩 5 克用 100 ~ 500 毫升水浸泡 24 小时后，用 100 千克水稀释，加入 1 千克尿素溶解、搅匀，喷施或浇施于拔掉后倒置于耕地上的秸秆上，施肥量按常规要求，经 40 ~ 50 天秸秆基本腐烂。旱地水分稀少，应注意秸秆保湿，相对湿度不小于 70%。为保持水分，可以适当增加用水量或在秸秆上覆盖少量土壤。

将其他如多年生植物的枯枝落叶、干杂草置于耕地中，按 500 千克秸秆加 100 千克水、5 千克尿素、催腐剂 10 克的比例施用。将 10 克催腐剂用 0.5 千克水浸泡 24 小时后，用 100 千克水稀释，搅匀喷施或浇施于植物枯叶杂草上，相对湿度大于或等于 70%。

按以上方法施用后，经过 40 ~ 50 天微生物代谢发酵，腐熟即告完成。

4. 酵素菌

酵素菌是一种多功能菌种，是由能够产生多种酶的需氧细菌、酵母菌和霉菌组成的有益微生物群体。酵母菌能产生多种酶，如纤维素酶、淀粉酶、蛋白酶、脂肪酶、氧化还原酶等。它能够在短时间内将有机物分解，尤其能降解木屑等物质中的毒素。酵素菌作用于作物秸秆等有机质材料，利用其产生的水解酶的作用，在短时间内，对有机成分进行糖化分解和氨化分解，产生低分子的糖、醇、酸，这些物质又为土壤中有益生物生长繁殖的良好培养基，能够促进堆肥中放线菌的大量繁殖，从而改善土壤的生态环境，创造农作物生长发育所需的良好环境。

利用酵素菌加工有机肥的原料配方为：麦秸 1000 千克、钙镁磷肥 20 千克、干鸡粪 300 千克、麸皮 100 千克、红糖 1.5 千克、酵素菌 15 千克、原料总重量 60% 的水。先将麦秸摊成 50 厘米厚，用水充分泡透。将干鸡粪均匀撒在麦秸上，再将麸皮、红糖撒上，最后将酵素菌与钙镁磷肥混合均匀撒上，充分掺匀，堆成高 1.5 ~ 2.0 米、宽 2.5 ~ 3.0 米、长度不超过 4.0 米的长形堆进行发酵。夏季发酵温度上升很快，一般第二天温度升至 60℃，维持 7 天，翻堆 1 次，前后共翻 4 次。第 4 次翻堆后，注意观察温度变化，当温度日趋平稳且呈下降趋势时，表明堆肥发酵完成。

八、生物有机肥

生物有机肥是指有特定功能的微生物与经过无害化处理、腐熟的有机物料（主要是动植物残体，如畜禽粪便、农作物秸秆等）复合而成的一类肥料，兼有微生物肥料和有机肥料的效应。生物有机肥按功能微生物的不同可分为固氮生物有机肥、解磷生物有机肥、解钾生物有机肥、复合生物有机肥等。

1. 生物有机肥的技术要求

生物有机肥的技术要求见表2-13。

表2-13　生物有机肥的技术要求

项　　目	技术指标
有效活菌数（cfu）/(亿个/克)	≥0.20
有机质含量（以干基计,%）	≥40.0
水分含量（%）	≤30.0
pH	5.5~8.5
粪大肠菌群数/[个/克（毫升)]	≤100
蛔虫卵死亡率（%）	≥95
有效期	≥6个月

2. 生物有机肥的科学施用

应根据作物的不同选择不同的生物有机肥施肥方法。常用的施肥方法有：

（1）种施法　机播时，将颗粒生物有机肥与少量化肥混匀，随播种施入土壤。

（2）撒施法　结合深耕或在播种时将生物有机肥均匀地施在根系集中分布的区域和经常保持湿润状态的土层中，做到土肥相融。

（3）穴施法　在点播或移栽玉米时，将肥料施入播种穴，然后播种或移栽。

（4）盖种肥法　开沟播种后，将生物有机肥均匀地覆盖在种子上面。一般每亩施用量为100~150千克。

身边案例

微生物菌肥具有有效期，选购施用要注意

微生物菌肥的核心是有效功能活菌数，即“有工作能力”的“活体”菌种数量，而不是含有多少菌数。菌种活性是有一定时间限制的。微生物菌肥标准规定包装袋上应标出菌种的有效期，一般条件下有效期为6个月。很多厂家为了保证菌种的存活数量，一般在包装上标示为有效期18个月。所以，选肥时一定要注意这一点。避免使用一些厂家和经销商销售的过期产品。

（1）选择质量合格的微生物菌肥，过期不能用　微生物菌肥必须保存在阴凉（适宜温度为4～10℃）、通风、避光处，以免失效。有的菌种需要特定的温度范围，如哈茨木霉菌需要保存在2～8℃的恒温箱内，有效期为1年。而一些芽孢杆菌主要是看其芽孢化水平，芽孢化水平高的能保存1.5年甚至更久，芽孢化水平差的达不到半年就失效，所以应谨慎选择微生物菌肥产品。不可以贪图便宜选择过期产品，这样的产品菌种含量很少，失去功效，一般超过2年的微生物菌肥要慎重选择。

（2）根据菌种特性，选择使用方法　使用微生物菌肥的时候，基施可用方法有撒施、沟施、穴施，也可以撒施一部分，剩余部分可以穴施，效果更佳。不建议冲施微生物菌肥，这样效果不佳，但是可以灌根（主要针对液体微生物菌肥）。

（3）尽量减少微生物死亡　施用过程中应避免阳光直射；蘸根时加水要适量，使根系完全吸附；蘸根后要及时定植、覆土；切不可与农药、化肥混合施用。特别是现在很多农民为防治根茎部病害，使用农药灌根，如多菌灵、噁霉灵、硫酸铜等药剂，真菌、细菌都能防治，但对微生物菌肥中的有益菌也有杀灭作用，所以使用微生物菌肥后不要再用农药灌根。

（4）为微生物提供良好的繁殖环境　微生物菌肥中的菌种只有经过大量繁殖，在土壤中形成规模后才能有效体现出微生物菌肥的功能，为了让菌种尽快繁殖，就要给其提供合适的环境。一是适宜的pH。一般微生物菌肥在酸性土壤中直接施用效果较差。二是微生物生长需要足够的水分，但水分过多又会造成通气不良，影响需氧菌的活动，因此必须注意及时排灌，以保持土壤中适量的水分。三是微生物菌肥中的菌种大多是需氧菌，如根瘤菌、自生固氮菌、磷细菌等。因此，施

用微生物菌肥必须配合改良土壤和合理耕作，以保持土壤疏松、通气良好。

(5) 使用微生物菌肥必须投入充足的有机肥　有机质是微生物的主要能源，有机质分解还能供应微生物养分。因此，施用微生物菌肥时必须配合施用有机肥料。

(6) 微生物菌肥不宜与含大量元素氮、磷、钾的肥料共同使用　微生物菌肥适合与有机质共同使用，但是与氮、磷、钾等复合肥料共用，能杀死部分微生物，降低肥效。

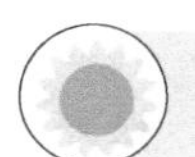

第三节　化学肥料

化学肥料也称无机肥料，简称化肥，是用化学和（或）物理方法人工制成的含有一种或几种农作物生长需要的营养元素的肥料。化肥主要有氮肥、磷肥、钾肥、中量元素肥料、微量元素肥料、复混肥料等。

一、氮肥

常见的氮肥品种主要有尿素、碳酸氢铵、硫酸铵、氯化铵、硝酸铵等。

1. 尿素

(1) 基本性质　尿素为酰胺态氮肥，化学分子式为 $CO(NH_2)_2$，含氮量为45%~46%。尿素为白色或浅黄色结晶体，无味无臭，稍有清凉感；易溶于水，水溶液呈中性。尿素吸湿性强，但由于尿素在造粒中加入石蜡等疏水物质，因此肥料级尿素的吸湿性明显下降。

尿素在造粒过程中，温度达到50℃时，便有缩二脲生成；当温度超过135℃时，尿素分解生成缩二脲。尿素中缩二脲含量超过2%时，就会抑制种子发芽，危害作物生长。

(2) 科学施用　尿素适于用作玉米基肥和追肥，一般不直接用作玉米种肥。

1）用作基肥。尿素用作玉米基肥时可以在耕翻前撒施，也可以和有机肥掺混均匀后进行条施或沟施，一般每亩用10~20千克。

2）用作种肥。尿素中缩二脲的含量不超过1%时，可以用作种肥，但需要与种子分开，用量也不宜多。玉米每亩用尿素 5 千克左右，必须先和干细土混匀，施在种子下方 2～3 厘米处或旁侧 10 厘米左右。如果土壤墒情不好，天气过于干旱，尿素最好不要用作种肥。

温馨提示

当缩二脲含量超过 1% 时就不能用作种肥。如果确需用作种肥施用，必须在足墒的条件下，并且应与种子隔离。

3）用作追肥。每亩用尿素 10～15 千克，可采用沟施或穴施，施肥深度为 7～10 厘米，施后覆土。

4）根外追肥。尿素最适宜用作玉米根外追肥，一般喷施量为 0.3%～1%。

施用歌谣

尿素性平呈中性，各类土壤都适用；含氮高达四十六，根外追肥称英雄；

施入土壤变碳铵，然后才能大水灌；千万牢记要深施，提前施用最关键。

2. 碳酸氢铵

（1）基本性质 碳酸氢铵为铵态氮肥，又称重碳酸铵，简称碳铵，化学分子式为 NH_4HCO_3，含氮量为 16.5%～17.5%。碳酸氢铵为白色或微灰色，呈粒状、板状或柱状结晶；易溶于水，水溶液呈碱性，pH 为 8.2～8.4；易挥发，有强烈的刺激性臭味。

（2）科学施用 碳酸氢铵适于用作玉米基肥，也可用作玉米追肥，但要深施。

1）用作基肥。每亩用碳酸氢铵 30～50 千克，可结合耕翻进行，将碳酸氢铵随撒随翻，耙细盖严；或者在耕地时撒入犁沟中，边施边犁垡覆盖，俗称“犁沟溜施”。

2）用作追肥。每亩用碳酸氢铵 20～40 千克，一般采用沟施与穴施，在玉米植株旁 7～10 厘米处开 7～10 厘米深的沟，随后撒肥覆土。

施用歌谣

碳酸氢铵偏碱性，施入土壤变为中；含氮十六到十七，各种作物都适宜；

高温高湿易分解，施用千万要深埋；牢记莫混钙镁磷，还有草灰人尿粪。

3. 硫酸铵

（1）基本性质 硫酸铵为铵态氮肥，简称硫铵，又称肥田粉，化学分子式为（NH_4）$_2SO_4$，含氮量为20%～21%。硫酸铵为白色或淡黄色结晶，因含有杂质而有时呈浅灰色、浅绿色或浅棕色；易溶于水，水溶液呈中性；吸湿性弱，热反应稳定，是生理酸性肥料。

（2）科学施用 硫酸铵适宜用作玉米的种肥、基肥和追肥。

1）用作基肥。硫酸铵用作基肥时，每亩用量为20～40千克，可撒施随即翻入土中，或者开沟条施，但都应当深施覆土。

2）用作种肥。硫酸铵用作种肥时对种子发芽没有不良影响，但用量不宜过多，基肥施足时可不施种肥。每亩用硫酸铵3～5千克，先与干细土混匀，随拌随播，肥料用量大时应采用沟施。

3）用作追肥。用作追肥时每亩用量为15～25千克，施用方法同碳酸氢铵。对于沙壤土要少量多次。旱季施用硫酸铵，最好结合浇水。

施用歌谣

硫铵俗称肥田粉，氮肥以它作标准；含氮高达二十一，各种作物都适宜；

生理酸性较典型，最适土壤偏碱性；混合普钙变一铵，氮磷互补增效应。

4. 氯化铵

（1）基本性质 氯化铵属于铵态氮肥，简称氯铵，化学分子式为NH_4Cl，含氮量为24%～25%。氯化铵为白色或浅黄色结晶，外观似食盐；物理性状好，吸湿性小，一般不易结块，结块后易碎；常温下较稳定，不易分解，但与碱性物质混合后常挥发损失；易溶于水，呈微酸性，为生理酸性肥料。

（2）科学施用 氯化铵适宜用作玉米的基肥、追肥，不宜用作种肥。

1）用作基肥。氯化铵用作基肥时每亩用量为20～40千克，可撒施随即翻入土中，或者开沟条施，但都应当深施覆土。

2）用作追肥。氯化铵用作追肥，每亩用量为10～20千克，施用方法同硫酸铵，但应当尽早施用，施后适当灌水。氯化铵在石灰性土壤中用作追肥应当深施覆土。

5. 硝酸铵

（1）基本性质 硝酸铵为硝态氮肥，简称硝铵，化学分子式为NH_4NO_3，含氮量为34%～35%。硝酸铵为白色或浅黄色结晶，有颗粒和粉末状。粉末状硝酸铵的吸湿性强，易结块。颗粒状硝酸铵表面涂有防潮湿剂，吸湿性小。硝酸铵易溶于水，易燃烧和爆炸，为生理中性肥料。

（2）科学施用 硝酸铵适于用作追肥，也可用作基肥，但一般不宜用作种肥。

1）用作基肥。每亩用硝酸铵15～20千克。均匀撒施，随即耕耙。

2）用作追肥。硝酸铵特别适宜玉米用作追肥，每亩可施10～20千克。没有浇水的旱地，应开沟或挖穴施用；水浇地施用后，浇水量不宜过大。雨季应采用少量多次方式施用。

施用歌谣

硝酸铵、生理酸，内含三十四个氮；铵态硝态各一半，吸湿性强易爆燃；

施用最好做追肥，不施水田不混碱；掺和钾肥氯化钾，理化性质大改观。

二、磷肥

常见磷肥主要有过磷酸钙、重过磷酸钙、钙镁磷肥等。

1. 过磷酸钙

过磷酸钙又称普通过磷酸钙、过磷酸石灰，简称普钙。其产量占全国磷肥总产量的70%左右，是磷肥工业的主要基石。

（1）基本性质 过磷酸钙的主要成分为磷酸一钙［$Ca(H_2PO_4)_2 \cdot H_2O$］和硫酸钙（$CaSO_4$）的复合物，其中磷酸一钙约占其重量的50%，硫酸钙约占40%，此外还有5%左右的游离酸，2%～4%的硫酸铁、硫酸铝。其有效磷（P_2O_5）含量为14%～20%。

过磷酸钙为深灰色、灰白色或浅黄色等粉状物，或者制成粒径为2～4毫米的颗粒。其水溶液呈酸性，具有腐蚀性，易吸湿结块。由于硫酸铁、铝盐的存在，吸湿后，磷酸一钙会逐渐退化成难溶性磷酸铁、铝，从而失去有效性，这种现象称为过磷酸钙的退化作用。因此在贮运过磷酸钙的过程中要注意防潮。

（2）科学施用 过磷酸钙可以用作玉米的基肥、种肥和追肥。具体施用方法为：

1）集中施用。过磷酸钙不管用作基肥、种肥还是追肥，均应集中施用和深施。用作基肥时，一般每亩用量为50～60千克；用作追肥时，一般每亩用量为20～30千克；用作种肥时，一般每亩用量为10千克左右。

集中施用时，旱地以条施、穴施、沟施的效果为好。

2）分层施用。在集中施用和深施的原则下，可采用分层施用，即 2/3 过磷酸钙用作基肥深施，其余 1/3 在种植时用作面肥或种肥施于表层土壤中。

3）与有机肥料混合施用。过磷酸钙与有机肥料混合用作基肥时，每亩用量为 20～25 千克。混合施用可减少过磷酸钙与土壤的接触，同时有机肥料在分解过程中产生的有机酸能与铁、铝、钙等络合，对水溶性磷有保护作用；有机肥料还能促进土壤微生物活动，释放二氧化碳，有利于土壤中难溶性磷酸盐的释放。

4）酸性土壤配施石灰。施用石灰可调节土壤 pH 到 6.5 左右，减少土壤中磷的固定，改善玉米的生长环境，提高肥效。

5）制成颗粒肥料。颗粒磷肥表面积小，与土壤接触面积也小，因而可以减少吸附和固定，也便于机械施肥。颗粒的直径以 3～5 毫米为宜。

6）根外追肥。根外追肥可减少土壤对磷的吸附固定，也能提高经济效果。方法是将过磷酸钙与水充分搅拌并放置过夜，取上层清液喷施。

施用歌谣

过磷酸钙水能溶，各种作物都适用；混沤厩肥分层施，减少土壤磷固定；

配合尿素硫酸铵，以磷促氮大增产；含磷十八性呈酸，运贮施用莫遇碱。

2. 重过磷酸钙

（1）基本性质 重过磷酸钙也称三料磷肥，简称重钙，主要成分是磷酸一钙，分子式为 $Ca(H_2PO_4)_2 \cdot H_2O$，含磷（P_2O_5）量为 42%～46%。重过磷酸钙外观一般为深灰色颗粒或粉状，性质与过磷酸钙类似。粉末状重过磷酸钙易吸潮、结块；含游离磷酸量为 4%～8%，呈酸性，腐蚀性强。颗粒状重过磷酸钙商品性好、使用方便。

（2）科学施用 重过磷酸钙宜用作基肥、追肥和种肥，施用量比过磷酸钙减少一半以上，施用方法同过磷酸钙。

施用歌谣

过磷酸钙名加重，也怕铁铝来固定；含磷高达四十六，俗称重钙呈酸性；

用量掌握要灵活，它与普钙用法同；由于含磷比较高，不宜拌种蘸根苗。

3. 钙镁磷肥

（1）基本性质 钙镁磷肥的主要成分是磷酸三钙，含五氧化二磷、氧化镁、氧化钙、二氧化硅等成分，无明确的分子式和相对分子质量。有效磷（P_2O_5）含量为14%~20%。钙镁磷肥由于生产原料及方法不同，成品呈灰白色、浅绿色、墨绿色、灰绿色、黑褐色等，粉末状；不吸潮，不结块，无毒，无臭，没有腐蚀性；不溶于水，溶于弱酸，物理性状好，呈碱性。

（2）科学施用 钙镁磷肥多用作基肥，施用时要深施、均匀施，使其与土壤充分混合。每亩用量为15~20千克，也可采用一年30~40千克隔年施用的方法。在酸性土壤中也可用作种肥或用于蘸秧根，每亩用量在10千克左右。如果与有机肥料混施，会有较好的效果，但应堆沤1个月以上，沤好后的肥料可用作基肥、种肥。

施用歌谣

钙镁磷肥水不溶，溶于弱酸属枸溶；作物根系分泌酸，土壤酸液也能溶；

含磷十八呈碱性，还有钙镁硅锰铜；酸性土壤施用好，石灰土壤不稳定；

施用应做基肥使，一般不做追肥用；四十千克施一亩，用前堆沤肥效增。

三、钾肥

常见钾肥主要有氯化钾、硫酸钾等。

1. 氯化钾

（1）基本性质 氯化钾分子式为KCl，含钾（K_2O）量不少于60%，氯化钾含量应大于95%。肥料中还含有氯化钠约1.8%、氯化镁约0.8%和少量的氯离子，水分含量少于2%。盐湖钾肥是从我国青海省盐湖钾盐矿中提炼制造而成的，主要成分为氯化钾，含钾（K_2O）量为50%~60%，氯化钠含量为3%~4%，氯化镁含量约为2%，硫酸钙含量为1%~2%，水分含量为6%左右。

氯化钾一般呈白色或紫红色或浅黄色结晶，易溶于水，物理性状良好，不易吸湿结块，水溶液呈化学中性，属于生理酸性肥料。盐湖钾肥为白色晶体，水分含量高，杂质多，吸湿性强，能溶于水。

（2）科学施用 氯化钾适宜用作玉米基肥深施，用作玉米追肥时要早施，不宜用作玉米种肥。

1）用作基肥。一般每亩用量为15～20千克，通常要在播种前10～15天结合耕地施入。

2）用作玉米前期追肥。一般每亩用量为7.5～10千克，一般要求在玉米苗长大后追施。

施用歌谣

氯化钾，早当家，易溶于水性为中；生理反应呈酸性，白色浅黄与紫红；

含钾五十至六十，施用不易做种肥；酸性土施加石灰，中和酸性增肥力；

盐碱土上莫用它，莫施忌氯作物地；亩用一十五千克，基肥追肥都可以。

2. 硫酸钾

（1）基本性质 硫酸钾的分子式为K_2SO_4，含钾（K_2O）量为48%～50%，含硫（S）量约为18%。硫酸钾一般呈白色或浅黄色或粉红色结晶，易溶于水，物理性状好，不易吸湿结块，是化学中性、生理酸性肥料。

（2）科学施用 硫酸钾可用作玉米基肥、追肥、种肥和根外追肥。

1）用作基肥。一般每亩用量为10～20千克，应深施覆土，减少钾的固定。

2）用作追肥。硫酸钾用作追肥，一般每亩用量为10千克左右，应集中条施或穴施到作物根系较密集的土层；沙壤土一般易追肥。

3）用作种肥。硫酸钾用作种肥时，一般每亩用量为1.5～2.5千克。

4）用作根外追肥。叶面施用时，硫酸钾可配成2%～3%的溶液喷施。

施用歌谣

硫酸钾，较稳定，易溶于水性为中；吸湿性小不结块，生理反应呈酸性；

含钾四八至五十，基种追肥均可用；集中条施或穴施，每亩用量十千克；

酸土施用加矿粉，中和酸性又增磷；石灰土壤防板结，增施厩肥最可行。

四、中量元素肥料

在作物生长过程中，需要量仅次于氮、磷、钾，但比微量元素肥料需要量大的营养元素肥料称为中量元素肥料，主要是含钙、镁、硫等元素的

肥料。

1. 含钙肥料

含钙的肥料主要有石灰、石膏。

（1）主要石灰物质 石灰是最主要的钙肥，包括生石灰、熟石灰、碳酸石灰等。

1）生石灰又称烧石灰，主要成分为氧化钙。通常用石灰石烧制而成，多为白色粉末或块状，呈强碱性，具有吸水性，与水反应产生高热，并转化成粒状的熟石灰。生石灰中和土壤酸性能力很强，施入土壤后，可在短期内矫正土壤酸度。此外，生石灰还有杀虫、灭草和土壤消毒的功效。

2）熟石灰又称消石灰，主要成分为氢氧化钙，由生石灰吸湿或加水处理而成，多为白色粉末，溶解度大于石灰石粉，呈碱性，施用时不产生热，是常用的石灰。熟石灰中和土壤酸度能力也很强。

3）碳酸石灰的主要成分为碳酸钙，是由石灰石、白云石或贝壳类磨碎而成的粉末，不易溶于水，但溶于酸，中和土壤酸度能力缓效而持久。碳酸石灰比生石灰加工简单，节约能源，成本低而改土效果好，同时不板结土壤，淋溶损失小，后效长，增产作用大。

（2）科学施用 石灰多用作基肥，也可用作追肥。

1）用作基肥。在整地时将石灰与农家肥一起施入土壤，也可结合绿肥压青和秸秆还田进行。旱地每亩施石灰50～70千克。若用于改土，可适当增加用量，每亩施石灰150～250千克。

2）用作追肥。玉米生育前期可每亩条施或穴施15千克左右。

施用歌谣

钙质肥料施用早，常用石灰与石膏；主要调节土壤用，改善土壤理化性；

有益繁殖微生物，直接间接都可供；石灰可分生与熟，适宜改良酸碱土；

施用不仅能增钙，还能减少病虫害；亩施掌握百千克，莫混普钙人粪尿。

2. 含镁肥料

农业上应用的含镁肥料有水溶性镁盐和难溶性镁矿物两大类，主要有硫酸镁、氯化镁、水镁矾、硝酸镁、白云石、钙镁磷肥等。玉米生产上主要用硫酸镁等水溶性镁肥。

水溶性镁肥的品种主要有氯化镁、硝酸镁、七水硫酸镁、一水硫酸镁、硫酸钾镁等，其中以七水硫酸镁和一水硫酸镁应用最为广泛。

农业生产上常用的泻盐实际上是七水硫酸镁，化学分子式为 $MgSO_4 \cdot 7H_2O$，易溶于水，稍有吸湿性，吸湿后会结块。其水溶液为中性，属生理酸性肥料，目前，80% 以上用作农肥。硫酸镁是一种双养分优质肥料，硫、镁均为作物的中量元素，不仅可以增加作物产量，而且可以改善果实的品质。

硫酸镁作为肥料，可用作基肥、追肥和叶面追肥。用作基肥、追肥时与铵态氮肥、钾肥、磷肥及有机肥料混合施用有较好的效果。用作基肥、追肥时，每亩用量以 10～15 千克为宜。用作叶面追肥时，应配成 1%～2% 的溶液，一般在苗期喷施效果较好。

施用歌谣

硫酸镁，名泻盐，无色结晶味苦咸；易溶于水为速效，酸性缺镁土需要；

基肥追肥均可用，配施有机肥效高；基肥亩施十千克，叶面喷肥百分二。

3. 含硫肥料

含硫肥料的种类较多，大多数是氮、磷、钾及其他肥料的成分，如硫酸镁、硫酸铵、硫酸钾、过磷酸钙、硫酸钾镁等，但只有石膏、硫黄被作为硫肥施用。

（1）主要含硫物质　主要有石膏和硫黄。农用石膏有生石膏、熟石膏和磷石膏三种。

1）生石膏，即普通石膏，俗称白石膏，主要成分是二水硫酸钙，它由石膏矿直接粉碎而成，呈粉末状，微溶于水，粒细有利于溶解，改土效果也好，粒度通常以过 60 目（孔径约为 0.25 毫米）筛为宜。

2）熟石膏又称雪花石膏，主要成分是 1/2 水硫酸钙，由生石膏加热脱水而成，吸湿性强，吸水后又变成生石膏，物理性质变差，施用不便，宜贮存在干燥处。

3）磷石膏的主要成分是 $CaSO_4 \cdot Ca_3(PO_4)_2$，是硫酸分解磷矿石制取磷酸后的残渣，是生产磷铵的副产品。其成分因产地而异，一般含硫（S）量为 11.9%，五氧化二磷的含量为 2% 左右。

4）农用硫黄（S）的含硫量为 95%～99%，难溶于水，施入土壤经微生物氧化为硫酸盐后被植物吸收，肥效较慢但持久。农用硫黄必需 100% 通过 16 目（孔径约为 0.63 毫米）筛，50% 通过 100 目（孔径约为

0.15 毫米）筛。

(2) 石膏科学施用

1）改良碱地使用。一般土壤中氢离子浓度在 1 纳摩尔/升以下（pH 在 9 以上）时，需要用石膏中和碱性，其用量视土壤中交换性钠的含量来确定。交换性钠占土壤阳离子总量的 5% 以下时，不必施用石膏；占 10%～20% 时，适量施用石膏；大于 20% 时，石膏的施用量要加大。

石膏多作为基肥施用，结合灌溉排水施用。由于一次施用难以撒匀，可结合耕翻整地，分期分批施用，以每次每亩施 150～200 千克为宜。施用石膏时要尽可能研细，石膏溶剂度小，后效长，不必年年施用。如果碱土呈斑状分布，其碱斑面积不足 15% 时，石膏最好撒在碱斑面上。

磷石膏含氧化钙少，但价格便宜，并含有少量磷素，也是较好的碱土改良剂。其用量以比石膏多施 1 倍为宜。

2）作为钙、硫营养施用。基施撒施于土表，再结合耕翻，也可条施或穴施作为基肥，一般用作基肥时用量为每亩 15～25 千克。

施用歌谣

石膏性质为酸性，改良碱土土壤用；无论磷石与生熟，都含硫钙二元素；

碱土亩施百千克，深耕灌排利改土；作为钙硫肥来基施，品质提高产量增。

五、微量元素肥料

对于作物来说，含量为 0.2～200 毫克/千克（按干物重计）的必需营养元素称为微量营养元素，主要有锌、硼、锰、钼、铜、铁、氯 7 种。由于氯在自然界中比较丰富，未发现作物缺氯症状，因此一般不用作肥料施入。

1. 硼肥

硼是应用最广泛的微量元素之一。目前生产上常用的硼肥主要有硼砂、硼酸、硬硼钙石、五硼酸钠、硼钠钙石、硼镁肥等，其中最常用的是硼砂和硼酸。

(1) 基本性质

1）硼酸的化学分子式为 H_3BO_3，白色结晶，含硼（B）量为 17.5%，在冷水中溶解度较低，在热水中较易溶解，水溶液呈微酸性。硼酸为速溶性硼肥。

2）硼砂的化学分子式为 $Na_2B_4O_7 \cdot 10H_2O$，白色或无色结晶，含硼

（B）量为11.3%，在冷水中溶解度较低，在热水中较易溶解。

在干燥条件下硼砂失去结晶水而变成白色粉末状，即无水硼砂（四硼酸钠），易溶于水，吸湿性强，称为速溶硼砂。

（2）科学施用　硼肥主要用作基肥、追肥和根外追肥。

1）用作基肥。可与氮肥、磷肥配合施用，也可单独施用。一般每亩施用0.5~1.5千克硼酸或硼砂，一定要施均匀，防止浓度过高而中毒。

2）用作追肥。可在玉米苗期每亩用0.5千克硼酸或硼砂拌干细土10~15千克，在离苗7~10厘米处开沟或挖穴施入。

3）用作根外追肥。每亩可用0.1%~0.2%硼砂或硼酸溶液50~75千克，在玉米苗期和由营养生长转入生殖生长时各喷1次。大面积时也可以采用飞机喷洒，用4%硼砂水溶液喷雾。

温馨提示

硼肥当季利用率为2%~20%，具有后效，施用后可持续3~5年不施。条施或撒施不均匀、喷洒浓度过大都有可能产生毒害，应慎重对待。

施用歌谣

常用硼肥有硼酸，硼砂已经用多年；硼酸弱酸带光泽，三斜晶体粉末白；

有效成分近十八，热水能够溶解它；四硼酸钠称硼砂，干燥空气易风化；

含硼十一性偏碱，适应各类酸性田；作物缺硼植株小，叶片厚皱色绿暗；

增施硼肥能增产，关键还需巧诊断；浸种浓度掌握稀，万分之一就可以；

叶面喷洒做追肥，浓度万分三至七；硼肥拌种经常用，千克种子一克肥；

用于基肥农肥混，每亩莫过一千克。

2. 锌肥

目前生产上用到的锌肥主要有硫酸锌、氯化锌、碳酸锌、螯合态锌、氧化锌、硝酸锌、尿素锌等，最常用的是七水硫酸锌。

（1）基本性质　硫酸锌一般是指七水硫酸锌，俗称皓矾，化学分子式为$ZnSO_4 \cdot 7H_2O$，含锌（Zn）量为20%~30%。无色斜方晶体，易溶于水，在干燥环境下会失去结晶水变成白色粉末。硫酸锌还有一水硫酸锌，化学式为 $ZnSO_4 \cdot H_2O$，锌（Zn）的含量为35%～36%。白色菱形结晶，易溶于水，有毒。

（2）科学施用　锌肥可以用作基肥、种肥和根外追肥。

1）用作基肥。每亩施用1～2千克硫酸锌，可与生理酸性肥料混合施用。轻度缺锌地块隔1～2年再行施用，中度缺锌地块隔年或于第二年减量施用。

2）用作根外追肥。一般作物喷施0.02%～0.1%的硫酸锌溶液。

3）用作种肥。主要采用浸种或拌种方法，浸种用0.02%～0.05%的硫酸锌，浸种12小时，阴干后播种。拌种时，每千克种子用2～6克硫酸锌。

温馨提示

用作基肥，每亩施用量不要超过2千克硫酸锌，喷施浓度不要过高，否则会引起毒害。施用时一定要撒施均匀、喷施均匀，否则效果欠佳。锌肥不能与碱性肥料、碱性农药混合，否则会降低肥效。锌肥有后效，不需要连年施用，一般隔年施用效果好。

施用歌谣

常用锌肥硫酸锌，按照剂型有区分；一种七水化合物，白色颗粒或白粉；

含锌稳定二三十，易溶于水为弱酸；二种含锌三十六，菱状结晶性有毒；

最适土壤石灰性，还有酸性沙壤土；玉米对锌最敏感，缺锌叶白穗秃尖；

亩施莫超两千克，混合农肥生理酸；遇磷生成磷酸锌，不易溶水肥效减；

玉米常用根外喷，浓度一定要定真；若喷百分零点五，外添一半石灰水；

拌种千克四克肥，浸种需用二五克；另有锌肥氯化锌，白色粉末锌氯粉；

含锌较高四十八，制造电池常用它；还有锌肥氧化锌，又叫锌白锌氧粉；

含锌高达七十八，不溶于水和乙醇；最好锌肥螯合态，易溶于水肥效高。

3. 铁肥

目前生产上用到的铁肥主要有硫酸亚铁、三氯化铁、硫酸亚铁铵、尿素铁、螯合铁、柠檬酸铁、葡萄糖酸铁等品种，常用的品种是硫酸亚铁和螯合铁肥。

（1）基本性质

1）硫酸亚铁又称黑矾、绿矾，化学分子式为 $FeSO_4 \cdot 7H_2O$，含铁（Fe）量为19%～20%，浅绿色或蓝绿色结晶，易溶于水，有一定吸湿性。硫酸亚铁性质不稳定，极易被空气中的氧氧化为棕红色的硫酸铁，因此硫酸亚铁要放置于不透光的密闭容器中，并置于阴凉处存放。

2）螯合铁主要有乙二胺四乙酸铁（EDTA-Fe）、二乙烯三胺五乙酸铁（DTPA-Fe）、羟乙基乙二胺三乙酸铁（HEDHA-Fe）、乙二胺邻羟基苯乙酸铁（EDDHA-Fe）等，这类铁肥可适用的pH和土壤类型广泛，肥效高，可混性强。

3）羟基羧酸盐铁盐主要有氨基酸铁、柠檬酸铁、葡萄糖酸铁等。氨基酸铁、柠檬酸铁土施可促进土壤中铁的溶解吸收，还可促进土壤中钙、磷、铁、锰、锌的释放，提高铁的有效性，其成本低于EDTA铁类，可与许多农药混用，对作物安全。

（2）科学施用　铁肥可用作基肥和根外追肥等。

1）用作基肥。一般施用硫酸亚铁，每亩用1.5～3千克；铁肥在土壤中易转化为无效铁，其后效弱，需要年年施用。

2）用作根外追肥。一般选用硫酸亚铁或螯合铁等，一般作物的喷施浓度为0.2%～1.0%，每隔7～10天喷1次，连喷3～4次。

施用歌谣

常用铁肥有黑矾，又名亚铁色绿蓝；含铁十九硫十二，易溶于水性为酸；

北方土壤多缺铁，直接施地肥效减；玉米缺铁叶失绿，增施黑矾肥效速；

为免土壤来固定，最好根外追肥用；亩需黑矾二百克，兑水一百千克整。

---

4. 锰肥

目前生产上用到的锰肥主要有硫酸锰、氧化锰、碳酸锰、氯化锰、硫酸铵锰、硝酸锰、锰矿泥、含锰矿渣、螯合态锰、氨基酸锰等，常用的锰肥是硫酸锰。

(1) 基本性质　硫酸锰有一水硫酸锰和四水硫酸锰两种，化学分子式分别为 $MnSO_4 \cdot H_2O$ 和 $MnSO_4 \cdot 4H_2O$，含锰（Mn）量分别为31%和27%，都易溶于水。硫酸锰为浅粉红色单斜晶系细结晶和浅玫瑰红色细小晶体，是目前常用的锰肥，速效。

(2) 科学施用　锰肥可用作基肥、叶面喷施和种子处理等。

1）用作基肥。一般每亩用硫酸锰2~4千克。

2）用于叶面喷施。用0.1%~0.3%的硫酸锰溶液在作物不同生长阶段1次或多次喷施。

3）用于种子处理。一般采用浸种，用0.1%硫酸锰溶液浸种12~48小时。

温馨提示

锰肥应在施足基肥和氮肥、磷肥、钾肥等基础上施用。锰肥后效较差，一般采取隔年施用。

施用歌谣

常用锰肥硫酸锰，结晶浅红玫瑰红；含锰三一至二七，易溶于水易风化；

玉米缺锰叶肉黄，出现病斑烧焦状；严重全叶都失绿，叶脉仍绿特性强；

对照病态巧诊断，科学施用是关键；一般亩施三千克，生理酸性农肥混；

拌种千克用八克，二十克重用甜菜；浸种叶喷浓度同，千分之一就可用；

另有氯锰含十七，碳酸锰含三十一；氯化锰含六十八，基肥常用锰废渣。

5. 铜肥

生产上用的铜肥有硫酸铜、碱式硫酸铜、氧化亚铜、氧化铜、含铜矿渣等，其中五水硫酸铜是最常用的铜肥。

(1) 基本性质　目前最常用的五水硫酸铜俗称胆矾、铜矾、蓝矾，化学分子式为 $CuSO_4 \cdot 5H_2O$，含铜量为25%~35%，深蓝色块状结晶或蓝色粉末，有毒、无臭，带金属味。五水硫酸铜在常温下不潮解，于干燥空气中风化脱水成为白色粉末，能溶于水、醇、甘油及氨液，水溶液呈酸性。硫酸铜与石灰混合乳液称为波尔多液，是一种良好的杀菌剂。

(2) 科学施用　常用的铜肥是硫酸铜，可以用作基肥、种肥、种子

处理、根外追肥。

1）用作基肥。硫酸铜用作基肥，每亩用量0.2～1千克，最好与其他生理酸性肥料配合施用，可与细土混合均匀后撒施、条施、穴施。

2）用作种肥。拌种时，每千克种子用0.2～1克硫酸铜，将肥料先用少量水溶解，再均匀地喷于种子上，将种子阴干后播种。浸种时用0.01%～0.05%的硫酸铜溶液，浸泡24小时后捞出阴干即可播种。蘸秧根可采用0.1%硫酸铜溶液。

3）用作根外追肥。叶面喷施硫酸铜或螯合铜，用量少，效果好。喷施0.02%～0.1%硫酸铜溶液，一般在苗期或开花前喷施，每亩喷施量为50～75千克。

温馨提示

土壤施铜具有明显的长期后效，其后效可维持6～8年甚至12年，依据施用量与土壤性质，一般为每4～5年施用1次。

施用歌谣

目前铜肥有多种，溶水只有硫酸铜；五水含铜二十五，蓝色结晶有毒性；

应用铜肥有技术，科学诊断看苗情；玉米缺铜叶尖白，叶缘多呈黄灰色；

认准缺铜才能用，多用基肥浸拌种；基肥亩施一千克，可掺十倍细土混；

重施石来沙壤土，土壤肥沃富钾磷；浸种用水十千克，兑肥零点二克准；

外加五克氢氧钙，以免作物受毒害；根外喷洒浓度大，氢氧化钙加百克；

掺拌种子一千克，仅需铜肥为一克；硫酸铜加氧化钙，波尔多液防病害；

常用浓度百分一，掌握等量五百克；由于铜肥有毒性，浓度宁稀不要浓。

6. 钼肥

生产上用的钼肥有钼酸铵、钼酸钠、三氧化钼、含钼玻璃肥料、含钼矿渣等，其中钼酸铵是最常用的钼肥。

（1）基本性质　钼酸铵的化学分子式为$(NH_4)_6Mo_7O_{24}\cdot 4H_2O$，含钼量

为50%~54%，无色或浅黄色，棱形结晶，溶于水、强酸及强碱中，不溶于醇、丙酮。在空气中易风化失去结晶水和部分氨，高温分解形成三氧化钼。

（2）科学施用 常用的钼酸铵可以用作基肥、追肥、种子处理、根外追肥等。

1）用作基肥。在播种前每亩用10~50克钼酸铵与常量元素肥料混合施用，或者喷涂在一些固体物料的表面，条施或穴施。

2）用作追肥。可在玉米生长前期，每亩用10~50克钼酸铵与常量元素肥料混合条施或穴施，也能取得较好的效果。

3）用于种子处理。主要用于拌种和浸种，拌种为每千克种子用2~6克钼酸铵，先用热水溶解，后用冷水稀释至所需体积，喷洒在种子上后阴干播种。浸种时用0.05%~0.1%钼酸铵溶液，浸泡12小时后捞出阴干即可播种。

4）用作根外追肥。喷施0.05%~0.1%的钼酸铵溶液，每亩喷施50~75千克。

施用歌谣

常用钼肥钼酸铵，五十四钼六个氮；粒状结晶易溶水，也溶强碱及强酸；

太阳暴晒易风化，失去晶水以及氨；玉米缺钼叶失绿，首先表现叶脉间；

每亩十至五十克，严防施用超剂量；经常用于浸拌种，根外喷洒最适应；

浸种浓度千分一，根外追肥也适宜；拌种千克需两克，兑水因种各有异；

还有钼肥钼酸钠，含钼有达三十八；白色晶体易溶水，酸地施用加石灰。

六、复混（合）肥料

复混肥料是氮、磷、钾3种养分中，至少有两种养分标明量的由化学方法和（或）掺混方法制成的肥料。

复合肥料是氮、磷、钾3种养分中，至少有两种养分标明量的仅由化学方法制成的肥料，是复混肥料的一种。

1. 磷酸铵系列

磷酸铵系列包括磷酸一铵、磷酸二铵、磷酸铵和聚磷酸铵，是氮、磷二元复合肥料。

（1）基本性质　磷酸一铵的化学分子式为 $NH_4H_2PO_4$，含氮 10%～14%，含五氧化二磷 42%～44%。磷酸一铵为灰白色或浅黄色颗粒或粉末，不易吸潮、结块，易溶于水，其水溶液为酸性，性质稳定，氨不易挥发。

磷酸二铵简称二铵，化学分子式为 $(NH_4)_2HPO_4$，含氮 18%，含五氧化二磷约 46%。纯品白色，一般商品外观为灰白色或浅黄色颗粒或粉末，易溶于水，水溶液呈中性至偏碱性，不易吸潮、结块，相对于磷酸一铵，性质不是十分稳定，在湿热条件下，氨易挥发。

目前，用作肥料磷酸铵产品，实际是磷酸一铵、磷酸二铵的混合物，含氮 12%～18%、五氧化二磷 47%～53%。产品多为颗粒状，性质稳定，并加有防湿剂以防吸湿分解。易溶于水，水溶液呈中性。

（2）科学施用　可用作为基肥、种肥，也可以叶面喷施。用作基肥时，一般每亩用 15～25 千克，通常在整地前结合耕地将肥料施入土壤；也可在播种后开沟施入。用作种肥时，通常将种子和肥料分别播入土壤，每亩用 2.5～5 千克。

温馨提示

磷酸铵不能和碱性肥料混合施用。当季如果施用足够的磷酸铵，后期一般不需要再施磷肥，应以补充氮肥为主。施用磷酸铵的作物应补充施用氮、钾肥，同时应优先用在需磷较多的作物和缺磷土壤。磷酸铵用作种肥时要避免与种子直接接触。

施用歌谣

一铵二铵合磷铵，各色颗粒易溶水；适用各类土壤上，可做基肥和种肥；

磷酸一铵性为酸，四十四磷十一氮；我国土壤多偏碱，适应尿素掺一铵；

氮磷互补增肥效，省工省钱又高产；要想农民多受益，用它生产复混肥。

磷酸二铵性偏碱，四十六磷十八氮；国产二铵含量低，四十五磷十三氮；

二铵适合酸性地，碱性土壤施一铵；基肥二十千克用，千万莫与石灰掺；

种肥最好三千克，磷铵种子莫相掺；施用最好掺氮钾，平衡施肥能增产。

2. 硝酸磷肥

（1）基本性质　硝酸磷肥的生产工艺有冷冻法、碳化法、硝酸-硫酸法，因而其产品组成也有一定差异。硝酸磷肥的主要成分是磷酸二钙、硝酸铵、磷酸一铵，另外还含有少量的硝酸钙、磷酸二铵，含氮量为13%～26%、五氧化二磷的含量为12%～20%。冷冻法生产的硝酸磷肥中有效磷的75%为水溶性磷、25%为弱酸溶性磷；碳化法生产的硝酸磷肥中磷基本都是弱酸溶性磷；硝酸-硫酸法生产的硝酸磷肥中有30%～50%为水溶性磷。硝酸磷肥一般为灰白色颗粒，有一定吸湿性，部分溶于水，水溶液呈酸性。

（2）科学施用　硝酸磷肥主要用作基肥和追肥。用作基肥条施、深施效果较好，每亩用45～55千克。一般是在底肥不足情况下，作为追肥施用。

温馨提示

硝酸磷肥含有硝酸根，容易助燃和爆炸，在贮存、运输和施用时应远离火源，如果肥料出现结块现象，应用木棍将其击碎，不能使用铁锹拍打，以防爆炸伤人。硝酸磷肥呈酸性，适宜施用在北方石灰质的碱性土壤上，不适宜施用在南方酸性土壤上。硝酸磷肥含硝态氮，容易随水流失。硝酸磷肥用作追肥时应避免根外喷施。

施用歌谣

硝酸磷肥性偏酸，复合成分有磷氮；二十六氮十三磷，最适中低旱作田；

由于含有硝态氮，最好施用在旱田；莫混碱性肥料用，遇碱也能放出氨。

3. 硝酸钾

（1）基本性质　硝酸钾的化学分子式为KNO_3，含氮量为13%，氧化钾的含量为46%。纯净的硝酸钾为白色结晶，粗制品略带黄色，有吸湿性，易溶于水，为化学中性、生理中性肥料。在高温下易爆炸，属于易燃易爆物质，在贮运、施用时要注意安全。

（2）科学施用　硝酸钾适合旱地追肥，每亩用量一般为5～10千克，若用于其他作物则应配合单质氮肥以提高肥效。硝酸钾也可用作根外追肥，适宜用量为0.6%～1%。在干旱地区还可以与有机肥混合作为基肥施用，每亩用10千克。0.2%的硝酸钾溶液还可用来拌种、浸种。

温馨提示

硝酸钾属于易燃易爆品，生产成本较高，所以一般不用作肥料。运输、贮存和施用时要注意防高温，切忌与易燃物接触。

施用歌谣

硝酸钾，称火硝，白色结晶性状好；不含其他副成分，生理中性好肥料；

硝态氮素易淋失，莫施水田要牢记；旱地宜做基追肥，玉米追肥肥效高；

四十六钾十三氮，根外追肥效果好；以钾为主氮偏低，补充氮磷配比调。

4. 磷酸二氢钾

（1）基本性质　磷酸二氢钾是含磷、钾的二元复肥，化学分子式为 KH_2PO_4，五氧化二磷的含量为52%、氧化钾的含量为35%，灰白色粉末，吸湿性小，物理性状好，易溶于水，是一种很好的肥料，但价格高。

（2）科学施用　可用作基肥、追肥和种肥。因其价格贵，多用于根外追肥和浸种。喷施时其溶液含量为0.1%~0.3%，在作物生殖生长期开始时使用；浸种时其溶液含量为0.2%。

施用歌谣

复肥磷酸二氢钾，适宜根外来喷洒；内含五十二个磷，还有三十五个钾；

一亩土地百余克，提前成熟籽粒大；还能抵御干热风，改善品质味道佳；

易溶于水呈酸性，还可用来浸拌种；浸种用量千分二，浸泡半天可播种。

身边案例

玉米超常量磷酸二氢钾施用技术

玉米是我国主要的粮食作物，玉米施肥施得好，对玉米高产有很大帮助，那么磷酸二氢钾作用在玉米上效果如何呢？如何使用呢？

（1）秆肥　拔节后10天内追施，有促进茎生长和促进幼穗分化的作用。可在玉米拔节期喷施200~300倍稀释的磷酸二氢钾2~3次，可使玉米增产10%以上。

（2）穗肥　穗肥是玉米高产最关键的追肥时期。一般在抽穗前10天左右，即大喇叭口期追施，每亩追施氮肥的基础上，用400克磷酸二氢钾加水50千克左右进行叶面喷施。无论是春玉米或夏玉米，重施穗肥，都能获得显著的增产效果。

（3）粒肥　粒肥是指玉米授粉前后所施的肥料，施用粒肥能延长叶片光合作用的时间，防止根、茎、叶早衰，促进灌浆，增加粒重，一般每亩可用250~400克磷酸二氢钾加水50千克喷施。

5. 磷铵系复合肥料

在磷酸铵生产基础上，为了平衡氮、磷的比例，加入单一氮肥品种，便形成磷酸铵系列复合肥料，主要有尿素磷酸盐、硫磷铵、硝磷铵等。

（1）基本性质　尿素磷酸盐有尿素磷铵、尿素磷酸二铵等。尿素磷酸铵的含氮量为17.7%、五氧化二磷的含量为44.5%。尿素磷酸二铵的养分含量有37-17-0、29-29-0、25-25-0等。

硫磷铵是将氨通入磷酸与硫酸的混合液制成的，含有磷酸一铵、磷酸二铵和硫酸铵等成分，含氮量为16%、五氧化二磷的含量为20%，灰白色颗粒，易溶于水，不吸湿，易贮存，物理性状好。

硝磷铵的主要成分是磷酸一铵和硝酸铵，养分含量有25-25-0、28-14-0等。

（2）科学施用　可以用作基肥、追肥和种肥，适于多种作物和土壤。

6. 三元复合肥

（1）硝磷钾　硝磷钾是在硝酸磷肥的基础上增加钾盐而制成的三元复合肥料，养分含量多为10-10-10。淡黄色颗粒，有吸湿性，一般用作基肥。

（2）铵磷钾　铵磷钾是用硫酸钾和磷酸盐按不同比例混合而成或磷酸铵加钾盐制成的三元复合肥料，一般有12-24-12、12-20-15、10-30-10等。物理性质很好，养分均为速效，易被作物吸收，可用作基肥和追肥。

（3）尿磷铵钾　尿磷铵钾的养分含量多为22-22-11，可用作基肥、追肥和种肥。

（4）磷酸尿钾　磷酸尿钾是硝酸分解磷矿时，加入尿素和氯化钾制得的，氮、磷、钾的比例为1:0.7:1。可以用作基肥、追肥和种肥。

7. 常见的复混肥料

（1）硝铵-磷铵-钾盐复混肥系列　该系列复混肥料可用硝酸铵、磷

铵或过磷酸钙、硫酸钾或氯化钾等混合制成，也可在硝酸磷肥的基础上配入磷铵、硫酸钾等进行生产。产品执行《复混肥料（复合肥料）》（GB 15063—2009）。养分含量有10-10-10（S）或15-15-15（Cl）。由于该系列复混肥料含有部分硝基氮，可被作物直接吸收利用，肥效快，磷素的配置比较合理，速缓兼容，表现为肥效长久，可作为种肥施用，不会发生肥害。

该系列复混肥呈浅褐色颗粒状，氮素中有硝态氮和铵态氮，磷素中30%~50%为水溶性磷、50%~70%为枸溶性磷，钾素为水溶性。有一定的吸湿性，应注意防潮结块。

该肥料一般用作基肥和早期追肥，每亩用30~50千克。不含氯离子的系列肥可作为烟草专用肥施用，效果较好。

（2）磷酸铵-硫酸铵-硫酸钾复混肥系列　该系列复混肥料主要有铵磷钾肥，是用磷酸一铵或磷酸二铵、硫酸铵、硫酸钾按不同比例混合而生产的三元复混肥料。产品执行《复混肥料（复合肥料）》（GB 15063—2009）。养分含量有12-24-12（S）、10-20-15（S）、10-30-10（S）等多种。也可以在尿素磷酸铵或氯铵普钙的混合物中再加氯化钾，制成单氯或双氯三元复混肥料，但不宜在烟草上施用。

铵磷钾肥的物理性状良好，易溶于水，易被作物吸收利用，主要用作基肥，也可用作早期追肥，每亩用30~40千克。

（3）尿素-过磷酸钙-氯化钾复混肥系列　该系列复混肥料是用尿素、过磷酸钙、氯化钾为主要原料生产的三元系列复混肥料，总养分含量在28%以上，还含有钙、镁、铁、锌等中量和微量元素。产品执行《复混肥料（复合肥料）》（GB 15063—2009）。

外观为灰色或灰黑色颗粒，不起尘，不结块，便于装卸和施用，在水中会发生崩解。应注意防潮、防晒、防重压，开包施用最好一次用完，以防吸潮结块。

一般用作基肥和早期追肥，但不能直接接触种子和作物根系。基肥一般每亩用50~60千克，追肥一般每亩用10~15千克。

（4）尿素-钙镁磷肥-氯化钾复混肥系列　该系列复混肥料是用尿素、钙镁磷肥、氯化钾为主要原料生产的三元系列复混肥料，产品执行《复混肥料（复合肥料）》（GB 15063—2009）。由于尿素产生的氨在和碱性的钙镁磷肥充分混合的情况下易产生挥发损失，因此在生产上采用酸性黏结剂包裹尿素工艺技术，既可降低颗粒肥料的碱性度，施入土壤后又可减少或降低氮素的挥发损失和磷、钾素的淋溶损失，从而进一步提高肥料利用率。

该产品含有较多的营养元素，除了含有氮、磷、钾外，还含有6%左右的氧化镁、1%左右的硫、20%左右的氧化钙、10%以上的二氧化硅，以及少量的铁、锰、锌、钼等微量元素。物理性状良好，吸湿性小。

该系列复混肥料一般用作基肥，但不能直接接触种子和作物根系。基肥一般每亩用50～60千克。

（5）氯化铵-过磷酸钙-氯化钾复混肥系列 该系列复混肥料是由氯化铵、过磷酸钙、氯化钾为主要原料生产的三元复混肥，产品执行《复混肥料（复合肥料）》（GB 15063—2009）。

该产品物理性状良好，但有一定的吸湿性，贮存过程中应注意防潮结块。由于产品中含氯离子较多，适用于玉米等耐氯作物上。长期施用易使土壤变酸，因此酸性土壤上施用应配施石灰和有机肥料。不宜在盐碱地及干旱缺雨的地区施用。

该系列复混肥料主要作为基肥和追肥施用，基肥一般每亩用50～60千克，追肥一般每亩用15～20千克。

（6）尿素-磷酸铵-硫酸钾复混肥系列 用尿素、磷酸铵、硫酸钾为主要原料生产的三元复混肥料，属于无氯型氮磷钾三元复混肥，其总养分含量在54%以上，水溶性磷在80%以上，产品执行《复混肥料（复合肥料）》（GB 15063—2009）。

该产品有粉状和粒状两种。粉状肥料外观为灰白色或灰褐色均匀粉状物，不易结块，除了部分填充料外，其他成分均能在水中溶解。粒状肥料外观为灰白色或黄褐色粒状，pH为5～7，不起尘，不结块，便于装运和施肥。该系列复混肥料主要作为基肥和追肥施用，基肥一般每亩用40～50千克，追肥一般每亩用10～15千克。

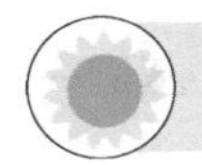

第四节 水溶性肥料

近年来，随着我国节水农业和水肥一体化技术的发展，新型水溶性肥料逐渐得到重视，农业部（现为农业农村部）2015年印发的《到2020年化肥使用量零增长行动方案》提出水肥一体化技术推广面积增加8000万亩，达到1.5亿亩，使得水溶性肥料的发展前景广阔。

水溶性肥料是一种可完全、迅速溶解于水的单质化学肥料、多元复合

肥料、功能性有机水溶性肥料，具有被作物吸收，可用于灌溉施肥、叶面施肥、无土栽培、浸种灌根等特点。这里一般常指的是农业农村部标准规定的水溶性肥料（大量元素水溶肥料、微量元素水溶肥料、中量元素水溶肥料、含氨基酸水溶肥料、含腐殖酸水溶肥料）和有机水溶性肥料等。

一、主要的水溶性肥料

水溶性肥料是我国目前大量推广使用的一类新型肥料，多为通过叶面喷施或随灌溉施入的一类水溶性肥料，可分为营养型水溶性肥料和功能型水溶性肥料。

1. 营养型水溶性肥料

营养型水溶性肥料包括微量元素水溶肥料、大量元素水溶肥料、中量元素水溶肥料等。

（1）微量元素水溶肥料　微量元素水溶肥料是由铜、铁、锰、锌、硼、钼微量元素按照所需比例制成的或单一微量元素制成的液体或固体水溶性肥料。产品标准为《微量元素水溶肥料》（NY 1428—2010）。外观要求为：均匀的液体；均匀、松散的固体。微量元素水溶肥料产品技术指标应符合表2-14的要求。

表2-14　微量元素水溶肥料产品技术指标

项　目	固体产品技术指标	液体产品技术指标
微量元素含量	≥10.0%	≥100克/升
水不溶物含量	≤5.0%	≤50克/升
pH（1:250倍稀释）	3.0～10.0	
水分（H_2O）含量	≤6.0%	—

注：微量元素含量指铜、铁、锰、锌、硼、钼元素含量之和。产品应至少包含一种微量元素。含量不低于0.05%（0.5克/升）的单一微量元素均应计入微量元素含量中。钼元素含量不高于1.0%（10克/升），单质含钼微量元素产品除外。

（2）大量元素水溶肥料　大量元素水溶肥料是以氮、磷、钾大量元素为主，按照适合植物生长所需比例，添加以铜、铁、锰、锌、硼、钼微量元素或钙、镁中量元素制成的液体或固体水溶性肥料。产品标准为《大量元素水溶肥料》（NY 1107—2010）。大量元素水溶肥料主要有以下两种类型：

1）大量元素水溶肥料（中量元素型）。该类型肥料有固体和液体两种剂型，产品技术指标应符合表2-15的要求。

表2-15　大量元素水溶肥料（中量元素型）产品技术指标

项　目	固体产品技术指标	液体产品技术指标
大量元素含量	≥50.0％	≥500克/升
中量元素含量	≥1.0%	≥10克/升
水不溶物含量	≤5.0％	≤50克/升
pH（1:250倍稀释）	3.0~9.0	
水分（H_2O）含量	≤3.0％	—

注：1. 大量元素含量指总氮、五氧化二磷、氧化钾含量之和。产品应至少包含两种大量元素。单一大量元素含量不低于4.0%（40克/升）。

2. 中量元素含量指钙、镁元素含量之和。产品应至少包含一种中量元素。单一中量元素含量不低于0.1%（1克/升）。

2）大量元素水溶肥料（微量元素型）。该类型肥料有固体和液体两种剂型，产品技术指标应符合表2-16的要求。

表2-16　大量元素水溶肥料（微量元素型）产品技术指标

项　目	固体产品技术指标	液体产品技术指标
大量元素含量	≥50.0％	≥500克/升
微量元素含量	0.2%~3.0%	2~30克/升
水不溶物含量	≤5.0％	≤50克/升
pH（1:250倍稀释）	3.0~9.0	
水分（H_2O）含量	≤3.0％	—

注：1. 大量元素含量指总氮、五氧化二磷、氧化钾含量之和。产品应至少包含两种大量元素。单一大量元素含量不低于4.0%（40克/升）。

2. 微量元素含量指铜、铁、锰、锌、硼、钼元素含量之和。产品应至少包含一种微量元素。含量不低于0.05%（0.5克/升）的单一微量元素均应计入微量元素含量中。钼元素含量不高于0.5%（5克/升）。

（3）中量元素水溶肥料　中量元素水溶肥料是以钙、镁中大量元素为主，按照适合作物生长的所需比例，或添加以铜、铁、锰、锌、硼、钼微量元素制成的液体或固体水溶性肥料。产品标准为《中量元素水溶肥料》（NY 2266—2012），产品技术指标应符合表2-17的要求。

表 2-17　中量元素水溶肥料产品技术指标

项　目	固体产品技术指标	液体产品技术指标
中量元素含量	≥10.0 %	≥100 克/升
水不溶物含量	≤5.0 %	≤50 克/升
pH（1:250 倍稀释）	3.0~9.0	
水分（H_2O）含量	≤3.0 %	—

注：中量元素含量指钙含量或镁含量或钙与镁含量之和。含量不低于 1.0%（10 克/升）的钙或镁均应计入中量元素含量中。硫含量不计入中量元素含量，仅在标识中标注。

2. 功能型水溶性肥料

功能型水溶性肥料包括含氨基酸水溶肥料、含腐殖酸水溶肥料、有机水溶肥料等。

（1）含氨基酸水溶肥料　含氨基酸水溶肥料是以游离氨基酸为主体，按适合作物生长所需比例，添加适量钙、镁中量元素或铜、铁、锰、锌、硼、钼微量元素而制成的液体或固体水溶性肥料，分微量元素型和中量元素型两种类型，产品标准为《含氨基酸水溶肥料》（NY 1429—2010）。

1）含氨基酸水溶肥料（中量元素型）。该类型肥料有固体和液体两种剂型，产品技术指标应符合表 2-18 的要求。

表 2-18　含氨基酸水溶肥料（中量元素型）产品技术指标

项　目	固体产品技术指标	液体产品技术指标
游离氨基酸含量	≥10.0 %	≥100 克/升
中量元素含量	≥3.0 %	≥30 克/升
水不溶物含量	≤5.0 %	≤50 克/升
pH（1:250 倍稀释）	3.0~9.0	
水分（H_2O）含量	≤4.0 %	—

注：中量元素含量指钙、镁元素含量之和。产品应至少包含一种中量元素。含量不低于 0.1%（1 克/升）的单一中量元素均应计入中量元素含量中。

2）含氨基酸水溶肥料（微量元素型）。该类型肥料有固体和液体两种剂型，产品技术指标应符合表 2-19 的要求。

表 2-19　含氨基酸水溶肥料（微量元素型）产品技术指标

项　　目	固体产品技术指标	液体产品技术指标
游离氨基酸含量	≥10.0 %	≥100 克/升
微量元素含量	≥2.0 %	≥20 克/升
水不溶物含量	≤5.0 %	≤50 克/升
pH（1∶250 倍稀释）	3.0～9.0	
水分（H_2O）含量	≤4.0 %	—

注：微量元素含量指铜、铁、锰、锌、硼、钼元素含量之和。产品应至少包含一种微量元素。含量不低于 0.05%（0.5 克/升）的单一微量元素均应计入微量元素含量中。钼元素含量不高于 0.5%（5 克/升）。

（2）含腐殖酸水溶肥料　含腐殖酸水溶肥料是以适合作物生长所需比例的腐殖酸，添加适量比例的氮、磷、钾大量元素或铜、铁、锰、锌、硼、钼微量元素而制成的液体或固体水溶性肥料。该类型肥料分大量元素型和微量元素型两种类型，产品标准为《含腐殖酸水溶肥料》（NY 1106—2010）。

1）含腐殖酸水溶肥料（大量元素型）。该类型肥料有固体和液体两种剂型，产品技术指标应符合表 2-20 的要求。

表 2-20　含腐殖酸水溶肥料（大量元素型）产品技术指标

项　　目	固体产品技术指标	液体产品技术指标
腐殖酸含量	≥3.0 %	≥30 克/升
大量元素含量	≥20.0 %	≥200 克/升
水不溶物含量	≤5.0 %	≤50 克/升
pH（1∶250 倍稀释）	4.0～10.0	
水分（H_2O）含量	≤5.0 %	—

注：大量元素含量指总氮、五氧化二磷 、氧化钾含量之和。产品应至少包含两种大量元素。单一大量元素含量不低于 2.0%（20 克/升）。

2）含腐殖酸水溶肥料（微量元素型）。该类型肥料只有固体剂型，产品技术指标应符合表 2-21 的要求。

表 2-21　含腐殖酸水溶肥料（微量元素型）产品技术指标

项　　目	产品技术指标
腐殖酸含量	≥3.0 %
微量元素含量	≥6.0 %
水不溶物含量	≤5.0 %
pH（1:250 倍稀释）	4.0 ~ 10.0
水分（H_2O）含量	≤5.0 %

注：微量元素含量指铜、铁、锰、锌、硼、钼元素含量之和。产品应至少包含一种微量元素。含量不低于 0.05% 的单一微量元素均应计入微量元素含量中。钼元素含量不高于 0.5%。

（3）有机水溶肥料　有机水溶肥料是采用有机废弃物原料经过处理后提取有机水溶原料，再与氮、磷、钾大量元素及钙、镁、锌、硼等中量、微量元素复配，研制生产的全水溶、高浓缩、多功能、全营养的增效型水溶肥料产品。目前，农业农村部还没有统一的登记标准，其活性有机物质一般包括腐殖酸、黄腐酸、氨基酸、海藻酸和甲壳素等。目前，农业农村部登记有 100 多个品种，有机质含量均在 20 ~ 500 克/升，水不溶物含量小于 20 克/升。

二、水溶性肥料的科学施用

水溶性肥料不但配方多样，而且使用方法十分灵活，一般有以下四种：

1. 灌溉施肥或土壤浇灌

通过土壤浇水或灌溉的时候，先行混合在灌溉水中，就可以让植物根部全面地接触到肥料，通过根的呼吸作用把营养元素运输到植株的各个组织中。

利用水溶性肥料与节水灌溉相结合进行施肥，即灌溉施肥或水肥一体化，水肥同施，以水带肥让作物根系同时全面接触水肥，水肥耦合，可以节水节肥、节约劳动力。灌溉施肥或水肥一体化适用于极度缺水地区、规模化种植的农场，以及高品质、高附加值的作物，是今后现代农业技术发展的重要措施之一。

温馨提示

水溶性肥料随同滴灌、喷灌施用，是目前生产中最为常见的方法。施用时应注意以下事项：

(1) 掐头去尾　先滴清水，等管道充满水后加入肥料，以避免前段无肥；施肥结束后立刻滴清水20～30分钟，将管道中残留的肥料全部排出（可用电导率仪监测是否彻底排出）；若不洗管，可能会在滴头处生长青苔、藻类等低等植物或微生物，堵塞滴头，损坏设备。

(2) 防止地表盐分积累　可采用膜下滴灌抑制盐分向表层迁移。

(3) 做到均匀　注意施肥的均匀性，滴灌施肥原则上施肥越慢越好。特别是对在土壤中移动性差的元素（如磷），延长施肥时间，可以极大地提高难移动养分的利用率。在旱季滴灌施肥，建议在2～3小时内完成施肥。在土壤不缺水的情况下，在保证均匀度的前提下，越快越好。

(4) 避免过量灌溉　进行以施肥为主要目的的灌溉时，达到根层深度湿润即可。不同的作物根层深度差异很大，可以用铲随时挖开土壤了解根层的具体深度。过量灌溉不仅浪费水，还会使养分渗析到根层以下，作物不能吸收，浪费肥料；特别是尿素、硝态氮肥（如硝酸钾、硝酸铵钙、硝基磷肥及含有硝态氮的水溶性肥料）极容易随水流失。

(5) 配合施用　水溶性肥料为速效肥料，只能用作追肥。特别是在常规的农业生产中，水溶性肥料是不能替代其他常规肥料的。因此，在农业生产中绝不能采取以水溶性肥料替代其他肥料的做法，要做到基肥与追肥相结合、有机肥与无机肥相结合、水溶性肥料与常规肥料相结合，以便降低成本，发挥各种肥料的优势。

(6) 安全施用，防止烧伤叶片和根系　水溶性肥料施用不当，特别是采取随同喷灌和微喷一同施用时，极容易出现烧叶、烧根的现象。根本原因就是肥料浓度过高。因此，在调配肥料时，要严格按照说明书的浓度进行调配。但是，由于不同地区的水源中的盐分不同，同样的浓度在个别地区会发生烧伤叶片和根系的现象。生产中最保险的办法就是通过肥料浓度试验，找到本地区适宜的肥料浓度。

2. 叶面施肥

把水溶性肥料先行稀释溶解于水中进行叶面喷施，或者与非碱性农药

一起溶于水中进行叶面喷施，通过叶面气孔进入植株内部。一些幼嫩的作物或根系不太好的作物出现缺素症状时，叶面施肥是一个最佳纠正缺素症的选择，其极大地提高了肥料的吸收利用效率，节约营养元素在植物内部的运输过程。叶面喷施应注意以下几点：

（1）喷施浓度　喷施浓度以既不伤害作物叶面，又可节省肥料，提高功效为目标。一般可参考肥料包装上的推荐浓度。一般每亩喷施 40 ~ 50 千克溶液。

（2）喷施时期　喷施时期多数在苗期、花蕾期和生长盛期。溶液湿润叶面的时间要求能维持 0.5 ~ 1 小时，一般选择傍晚无风时进行喷施较适宜。

（3）喷施部位　应重点喷洒上、中部叶片，尤其多喷洒叶片反面。

（4）增添助剂　为提高肥料在叶片上的黏附力，延长肥料湿润叶片的时间，可在肥料溶液中加入助剂（如中性洗衣粉、肥皂粉等），提高肥料的利用率。

（5）混合喷施　为提高喷施效果，可将多种水溶性肥料混合或肥料与农药混合喷施，但应注意营养元素之间的关系、肥料与农药之间是否有害。

3. 无土栽培

在一些沙漠地区或极度缺水的地方，人们往往用滴灌和无土栽培技术来节约灌溉水并提高劳动生产效率。这时植物所需要的营养可以通过水溶性肥料来获得，既节约了用水，又节省了劳动力。

4. 浸种蘸根

常用于浸种蘸根的水溶性肥料主要是微量元素水溶肥料、含氨基酸水溶肥料、含腐殖酸水溶肥料。浸种用量：微量元素水溶肥料为 0.01% ~ 0.1%；含氨基酸水溶肥料、含腐殖酸水溶肥料为 0.01% ~ 0.05%。

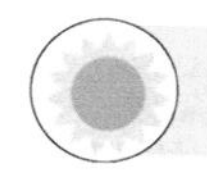

第五节　新型肥料

新型肥料有别于传统的、常规的肥料，表现在功能拓展或功效提高、肥料形态更新、新型材料的应用、肥料运用方式的转变或更新等方面，能够直接或间接地为作物提供必需的营养成分；调节土壤酸碱度、改良土壤结构、改善土壤的理化性质和生物化学性质；调节或改善作物的生长机制；改善肥料品质和性质或能提高肥料的利用率。赵秉强等将新型肥料类型归纳为缓控释肥料、稳定性肥料、水溶性肥料、功能性肥料、商品化有机肥料、微生物肥料、增效肥料和有机无机复混肥料 8 个类型。

一、缓控释肥料

缓控释肥料是具有延缓养分释放性能的一类肥料的总称，在概念上可进一步分为缓释肥料和控释肥料，通常是指通过某种技术手段将肥料养分速效性与缓效性相结合，其养分的释放模式（释放时间和释放率）是以实现或更接近作物的养分需求规律为目的，具有较高养分利用率的肥料。

1. 缓控释肥料的类型

缓控释肥料主要有聚合物包膜肥料、硫包衣肥料、包裹型肥料等。

（1）聚合包膜肥料 聚合包膜肥料是指肥料颗粒表面包裹了高分子聚合物膜层的肥料。通常有两种制备工艺方法：一是喷雾相转化工艺，即将高分子材料制备成包膜剂后，用喷嘴涂布到肥料颗粒表面形成包裹层的工艺方法；二是反应成膜工艺，即将反应单体直接涂布到肥料颗粒表面，直接反应形成高分子聚合物膜层的工艺方法。

（2）硫包衣肥料 硫包衣肥料是指在传统肥料颗粒的表面包裹一层或多层阻滞肥料养分扩散的膜，来减缓或控制肥料养分的溶出速率。硫包衣尿素是最早产业化应用的硫包衣肥料。硫包衣尿素是使用硫黄为主要包裹材料对颗粒尿素进行包裹，实现对氮素缓慢释放的缓控释肥料，一般含氮量为 30%～40%，含硫量为 10%～30%。生产方法有 TVA 法、改良 TVA 法等。

（3）包裹型肥料 包裹型肥料是一种或多种植物营养物质包裹另一种植物营养物质而形成的植物营养复合体，为区别聚合包膜肥料，包裹型肥料特指以无机材料为包裹层的缓释肥料产品，包裹层的物料所占比例达 50% 以上。包裹肥料的化工行业标准《无机包裹型复混肥料（复合肥料）》（HG/T 4217—2011）已颁布实施。

2. 缓控释肥料的特点

缓控释肥料最大的特点是能使养分释放与作物吸收同步，简化施肥技术，实现一次施肥能满足作物整个生长期的需要，减少肥料损失，提高肥料的利用率。

（1）缓控释肥料的优点 缓控释肥料的优点主要有：

1）缓控释肥料相对于速效化肥具有以下优点：在水中的溶解度小，营养元素在土壤中释放缓慢，减少了营养元素的损失；肥效长期、稳定，

能源源不断地供给作物，满足作物整个生长期对养分的需求；由于缓释肥料养分释放缓慢，一次大量施用不会导致土壤盐分过高而“烧苗”；减少了肥料施用的数量和次数，节药成本。

2）缓控释肥料是农业农村部重点推广的肥料之一，是农业增产的第三次革命。相对于常规肥料具有以下特点：肥料的利用率高，可达到50%以上；养分释放平稳有规律，增产效果明显，增产率在10%以上；大多数作物可实现一季只施一次肥，省时省力，减少浪费；包膜材料采用多硫化合物，可以杀菌驱虫；长期使用可以改善土壤性状，蓄水保墒、通气保肥。

（2）缓控释肥料的缺点　缓控释肥料的缺点主要表现在：一是由于所用包膜材料或生产工艺复杂，致使缓控释肥料价格高于常规肥料的2～5倍，只能用于经济价值高的花卉、蔬菜、草坪等生产中；二是多数包膜材料在土壤中残留，造成二次污染。

3. 缓控释肥料的科学施用

（1）肥料种类的选择　目前，缓控释肥料根据不同控释时期和不同养分含量有多个种类，不同控释时期主要对应于作物生育期长短，不同养分含量主要对应于不同作物的需肥量，因此，施肥过程中一定要针对性地选择施用。

（2）施用时期　缓控释肥料一定要用作基肥或前期追肥，即在作物播种或移栽前、作物幼苗生长期施用。

（3）施用量　建议单位面积缓控释肥料的用量按照往年作物施用量的80%进行施用。需要注意的是，应根据不同目标产量和土壤条件进行适当的增减，同时还要注意氮、磷、钾的适当配合和后期是否有脱肥现象发生。

（4）施用方法　施用缓控释肥料要做到种肥隔离，沟（条）施覆土。种子与肥料间隔距离：玉米一般在7～10厘米。施入深度：玉米一般在10厘米。

二、增效肥料

增效肥料是指在传统肥料生产过程中添加一定的增效原材料的新型肥料，以提高肥料肥效为目的的一种新型肥料。目前，增效肥料以增效氮肥为主，主要有脲醛类肥料、稳定性肥料和增值尿素三大类，多是对尿素进行改性，形成多种尿素改性类肥料，以提高肥料的利用率。

1. 脲醛类肥料

脲醛类肥料是由尿素和醛类在一定条件下反应制成的有机微溶性缓释性氮肥。

（1）脲醛类肥料的种类和标准 目前主要有脲甲醛、异丁叉二脲、丁烯叉二脲、脲醛缓释复合肥等，其中最具代表性的产品是脲甲醛。脲甲醛不是单一化合物，是由链长与分子量不同的甲基尿素混合而成的，主要有未反应的少量尿素、羟甲基脲、亚甲基二脲、二亚甲基三脲、三亚甲基四脲、四亚甲基五脲、五亚甲基六脲等缩合物所组成的混合物，其总氮（N）量大约为38%。有固体粉状、片状或粒状，也可以是液体形态。

脲醛缓释复合肥是以脲醛树脂为核心原料的新型复合肥料。该肥料在不同温度下的分解速度不同，满足作物不同生长期的养分需求，养分利用率高达50%以上，肥效是同含量普通复合肥的1.6倍以上；该肥无外包膜、无残留，养分释放完全，减轻养分流失和对土壤水源的污染。

我国2010年颁布了《脲醛缓释肥料》（HG/T 4137—2010），并于2011年3月1日起实施。脲醛缓释肥料的技术要求见表2-22；含有部分脲醛缓释肥料的复混肥料的技术要求见表2-23。

表2-22 脲醛缓释肥料的技术要求

项目	指标		
	脲甲醛	异丁叉二脲	丁烯叉二脲
总氮（TN）的质量分数（%）	≥36.0	≥28.0	≥28.0
尿素氮（UN）的质量分数（%）	≤5.0	≤3.0	≤3.0
冷水不溶性氮（CWIN）的质量分数（%）	≥14.0	≥25.0	≥25.0
热水不溶性氮（HWIN）的质量分数（%）	≤16.0	—	—
缓释有效氮的质量分数（%）	≥8.0	≥25.0	≥25.0
活性系数（AI）	≥40	—	—
水分（H_2O）的质量分数（%）		≤3.0	
粒度（1.00～4.75毫米或3.35～5.60毫米）		≥90	

注：1. 对于粉状产品，水分的质量分数小于或等于5.0%。

2. 对于粉状产品，粒度不做要求，特殊形状或更大颗粒（粉状除外）产品的粒度可由供需双方协议确定。

表 2-23　含有部分脲醛缓释肥料的复混肥料的技术要求

项　　目	指标（%）
缓释有效氮的质量分数（以冷水不溶性氮 CWIN 计）	标明值
总氮（TN）的质量分数	≥18.0
中量元素单一养分的质量分数（以单质计）	≥2.0
微量元素单一养分的质量分数（以单质计）	≥0.02

注：1. 肥料为单一氮养分时，缓释有效氮的质量分数（以冷水不溶性氮 CWIN 计）不应小于4.0%；肥料养分为两种或两种以上时，缓释有效氮的质量分数（以冷水不溶性氮 CWIN 计）不应小于2.0%。应注明缓释氮的形式，如脲甲醛、异丁叉二脲、丁烯叉二脲。
2. 该项目仅适用于含有一定量脲醛缓释肥料的缓释氮肥。
3. 包装容器标明含有钙、镁、硫时检测中量元素单一养分的质量分数（以单质计）。
4. 包装容器标明含有铜、铁、锰、硼、钼时检测微量元素单一养分的质量分数（以单质计）。

（2）脲醛类肥料的特点　脲醛类肥料的特点主要为：①可控，根据作物的需肥规律，通过调节添加剂添加量的方式可以任意设计并生产不同释放期的缓释肥料；②高效，养分可根据作物的需求释放，需求多少释放多少，大大减少养分的损失，提高肥料的利用率；③环保，养分向环境散失少，同时包膜可完全生物降解，对环境友好；④安全，较低盐分指数，不会烧苗伤根；⑤经济，可一次施用，整个生育期均发挥肥效，同时较常规施肥可减少用量，节肥、节约劳动力。

（3）脲醛类肥料的选择和施用　脲醛类肥料只适合作为基肥施用，除了草坪和园林外，在玉米等大田作物上施用时，应适当配合速效水溶性氮肥。

2. 稳定性肥料

稳定性肥料是指在生产过程中加入了脲酶抑制剂和（或）硝化抑制剂，施入土壤后能通过脲酶抑制剂抑制尿素的水解，和（或）通过硝化抑制剂抑制铵态氮的硝化，使肥效期得到延长的一类含氮（含酰胺态氮/铵态氮）的肥料，包括含氮的二元或三元肥料和单质氮肥。

（1）稳定性肥料的主要类型　稳定性肥料包括含硝化抑制剂和脲酶抑制剂的缓释产品，如添加双氰胺、3.4-二甲基吡唑磷酸盐、正丁基硫代磷酰三胺、氢醌等抑制剂的稳定肥料。

目前，脲酶抑制剂的主要类型有：一是磷胺类，如环乙基磷酸三酰

胺、硫代磷酰三胺、磷酰三胺、N-丁基硫代磷酰三胺、N-丁基磷酰三胺等，主要官能团为P═O或S═PNH_2。二是酚醌类，如对苯醌、氢醌、醌氢醌、蒽醌、菲醌、1，4-对苯二酚、邻苯二酚、间苯二酚、苯酚、甲苯酚、苯三酚、茶多酚等，其主要官能团为酚羟基醌基。三是杂环类，如六酰氨基环三磷腈、硫代吡啶类、硫代吡唑-N-氧化物、N-卤-2-咪唑艾杜烯、N，N-二卤-2-咪唑艾杜烯等，主要特征是均含有—N═基及含—O—基团。

硝化抑制剂的原料有：含硫氨基酸（甲硫氨酸等），其他含硫化合物（二甲基二硫醚、二硫化碳、烷基硫醇、乙硫醇、硫代乙酰胺、硫代硫酸、硫代氨基甲酸盐等），硫脲、烯丙基硫脲、烯丙基硫醚、双氰胺、吡唑及其衍生物等。

（2）稳定性肥料的特点 稳定性肥料采用了尿素控释技术，可以使氮肥的有效期延长到60～90天，有效时间长；稳定性肥料有效抑制了氮素的硝化作用，可以提高氮肥利用率10%～20%，40千克稳定性控释型尿素相当于50千克普通尿素。

（3）稳定性肥料的施用 可以用作基肥和追肥，施肥深度为7～10厘米，种肥隔离7～10厘米。用作基肥时，将总施肥量折纯氮的50%施用稳定性肥料，另外50%施用普通尿素。

温馨提示

稳定性肥料施用时应注意：由于稳定性肥料速效性慢，持久性好，需要较普通肥料提前3～5天施用；稳定性肥料的肥效可达到60～90天，玉米一季施用1次就可以，注意配合施用有机肥，效果理想；如果是作物生长前期，以长势为主的话，需要补充普通氮肥；各地的土壤墒情、气候、土壤质地不同，需要根据作物的生长状况进行肥料补充。

3. 增值尿素

增值尿素是指在基本不改变尿素生产工艺的基础上，增加简单设备，向尿液中直接添加生物活性类增效剂所生产的尿素增值产品。增效剂主要是指利用海藻酸、腐殖酸和氨基酸等天然物质经改性获得的、可以提高尿素利用率的物质。

（1）增值尿素的产品要求 增值尿素产品具有产能高、成本低、效果好的特点。增值尿素产品应符合以下原则：含氮（N）量不低于46%，

符合尿素产品含氮量的国家标准；可建立添加增效剂的增值尿素质量标准，具有常规的可检测性；增效剂微量高效，添加量为 0.05% ~ 0.5%；工艺简单，成本低；增效剂为天然物质及其提取物或合成物，对环境、作物和人体无害。

（2）增值尿素的主要类型　目前，市场上的增值尿素主要产品有：

1）木质素包膜尿素。木质素是一种含有许多负电基团的多环高分子有机物，对土壤中的高价金属离子有较强的亲和力。木质素的比表面积大，质轻，作为载体与氮、磷、钾及微量元素混合，养分利用率可达 80% 以上，肥效可持续 20 周之久；无毒，能降解，能被微生物降解成腐殖酸，可以改善土壤的理化性质，提高土壤的通透性，防止板结；在改善肥料的水溶性、降低土壤中脲酶活性及减少有效成分被土壤组分固持、提高磷的活性等方面有明显效果。

2）腐殖酸尿素。腐殖酸与尿素通过科学工艺进行有效复合，可以使尿素养分具有缓释性，并通过改变尿素在土壤中的转化过程和减少氮素的损失，改善养分的供应，从而提高氮肥利用率达 45% 以上。例如，锌腐酸尿素，是在每吨尿素中添加锌腐酸增效剂 10 ~ 50 千克，颜色为棕色至黑色，腐殖酸的含量大于或等于 0.15%，腐殖酸沉淀率小于或等于 40%，含氮量大于或等于 46%。

3）海藻酸尿素。在尿素常规生产工艺过程中添加海藻酸增效剂（含有海藻酸、吲哚乙酸、赤霉素、萘乙酸等）生产的增值尿素，可促进作物根系生长，提高根系活力，增强作物吸收养分的能力；可抑制土壤脲酶活性，降低尿素的氨挥发损失；发酵海藻增效剂中的物质与尿素发生反应，通过氢键等作用力延缓尿素在土壤中的释放和转化过程。海藻酸尿素还可以起到抗旱、抗盐碱、耐寒、杀菌和提高产品品质等作用。海藻酸尿素是在每吨尿素中添加海藻酸增效剂 10 ~ 30 千克，颜色为浅黄色至浅棕色，海藻酸含量不低于 0.03%，含氮量不低于 46%，尿素残留差异率不低于 10%，氨挥发抑制率不低于 10%。

4）禾谷素尿素。在尿素常规生产工艺过程中添加禾谷素增效剂（以天然谷氨酸为主要原料经聚合反应而生成的）生产的增值尿素，其中谷氨酸是作物体内多种氨基酸合成的前体，在作物生长过程中起着至关重要作用；谷氨酸在作物体内形成的谷氨酰胺，贮存氮素并能消除因氨浓度过高产生的毒害作用。因此，禾谷素尿素可促进作物生长，改善氮素在作物体内的贮存形态，降低氨对作物的危害，提高养分利用率，可补充土壤的

微量元素。禾谷素尿素是在每吨尿素中添加禾谷素增效剂10～30千克，颜色为白色至浅黄色，含氮量不低于46%，谷氨酸含量不低于0.08%，氨挥发抑制率不低于10%。

5）纳米尿素。在尿素常规生产工艺过程中添加纳米碳生产的增值尿素，纳米碳进入土壤后能溶于水，使土壤的EC值增加30%，可直接形成HCO_3^-，以质流的形式进入根系，进而随着水分的快速吸收，携带大量的氮、磷、钾等养分进入作物合成叶绿体和线粒体，并快速转化为生物能淀粉粒，因此纳米碳起到生物泵的作用，可增加作物根系吸收养分和水分的潜能。每吨纳米尿素的成本增加200～300元，在高产条件下可节肥30%左右，使每亩综合成本下降20%～25%。

6）多肽尿素。在尿素溶液中加入金属蛋白酶，经蒸发器浓缩造粒而成的增值尿素。酶是生物发育成长不可缺少的催化剂，因为生物体进行新陈代谢的所有化学反应，几乎都是在生物催化剂酶的作用下完成的。多肽是涉及生物体内各种细胞功能的生物活性物质。肽键是氨基酸在蛋白质分子中的主要连接方式，肽键金属离子化合而成的金属蛋白酶具有很强的生物活性，酶鲜明地体现了生物的识别、催化、调节等功能，可激化化肥，促进化肥分子活跃。金属蛋白酶可以被作物直接吸收，因此可节省作物在转化微量元素中所需要的“体能”，大大促进植物生长发育。经试验，施用多肽尿素，玉米提前5天左右成熟，并且可以提高化肥利用率和农作物品质等。

7）微量元素增值尿素。在熔融的尿素中添加2%的硼砂和1%硫酸铜的大颗粒尿素。试验表明，含有硼、铜的尿素可以减少尿素中的氮损失，既能使尿素增效，又能使作物得到硼、铜等微量元素营养，提高产量。硼、铜等微量元素能使尿素增效的机理是：硼砂和硫酸铜有抑制脲酶的作用及抑制硝化和反硝化细菌的作用，从而提高尿素中氮的利用率。

（3）增值尿素的施用　理论上，增值尿素可以和普通尿素一样，应用在所有适合施用尿素的作物上，但是不同的增值尿素的施用时期、施用量、施用方法等是不一样的，施用时需注意以下事项：

1）施用时期。木质素包膜尿素不能和普通尿素一样，只能用作基肥一次性施用。其他增值尿素可以和普通尿素一样，既可以用作基肥，也可以用作追肥。

2）施肥量。增值尿素可以提高氮肥利用率10%～20%，因此，施用量可比普通尿素减少10%～20%。

3）施肥方法。增值尿素不能像普通尿素那样表面撒施，应当采取沟施、穴施等方法，并应适当配合有机肥、普通尿素、磷钾肥及中量、微量元素肥料施用。增值尿素不适合作为叶面肥施用，也不适合作为冲施肥及在滴灌或喷灌水肥一体化中施用。

三、功能性肥料

功能性肥料是指除了肥料具有植物营养和培肥土壤的功能以外的特殊功能的肥料。只有符合以下 4 个要素，我们才能把它称作为功能性肥料：第一，本身是能直接提供作物营养所必需的营养元素或者是培肥土壤；第二，必须具有一个特定的对象；第三，不能含有法律、法规不允许添加的物质成分；第四，不能以加强或改善肥效为主要功能。

1. 功能性肥料的主要类型

功能性肥料是 21 世纪新型肥料的重要研究、发展方向之一，是将作物营养与其他限制作物高产的因素相结合的肥料，可以提高肥料的利用率，提高单位肥料对作物增产的效率。功能性肥料主要包括高利用率肥料、改善水分利用率的肥料、改善土壤结构的肥料、适应优良品种特性的肥料、改善作物抗倒伏特性的肥料、防治杂草的肥料及抗病虫害的肥料等。

（1）高利用率肥料　该功能性肥料是以提高肥料利用率为目的，在不增加肥料施用总量的基础上，提高肥料的利用率，减少肥料的流失及肥料流失对环境的污染，达到增加产量的目的。例如，底施功能性肥料，在底施（基施、冲施）等肥料中添加植物生长调节剂，如复硝酚钠、DA-6、α-萘乙酸钠、芸苔素内酯、甲哌嗡等，可以提高植物对肥料的吸收和利用，提高肥料的利用率及肥料的速效性和高效性；叶面喷施功能性肥料有缓（控）释肥料，如微胶囊叶面肥料、高展着润湿肥料，均可以提高肥料的利用率。

（2）改善水分利用率的肥料　该功能性肥料是以提高水分利用率，解决一些地区干旱问题的肥料。随着保水剂研究的不断发展，人们开始关注保水型功能肥料。例如，华南农业大学率先开展了保水型控释肥料的研究，利用高吸水树脂与肥料混合施用，制成保水型肥料，该产品在我国西部、北部试验，取得了良好的效果。

（3）改善土壤结构的肥料　粮食生产的任务加大和化肥的使用，导致土壤结构被严重破坏，有机质不断下降，严重影响土壤的再生能力。为

此，在最近十年，土壤结构改良、保护土壤结构成为国家农业的一项重大课题，随之产生了改善土壤结构的功能性肥料。例如，在肥料中增加表面活性物质，使土壤变得松散透气。增加微生物群也属于功能性肥料的一个类型，如最近两年市场上流行的“勉耕”肥料就是其中一例。

（4）适应优良品种特性的肥料 优良品种的使用，提高了农业产品的质量和产量，但也存在一些问题，需要有与之配套的专用肥料和相关的农业技术。例如，转基因抗虫棉在我国已大面积推广应用，但抗虫棉在苗期时根系欠发达、抗病能力差，导致了育苗时的困难。有关单位研究出了针对抗虫棉的苗期肥料，进行苗床施用和苗期喷施，2004 年和 2005 年收到了很好的效果。

（5）改善作物抗倒伏特性的肥料 作物的产量在不断提高，但其秸秆的高度和承重能力是一定的，控制它们的生长高度，提高载重能力，减少倒伏已经成为肥料施用技术的一个关键所在。例如，玉米应用乙烯利、DA-6 与肥料混用等均收到理想的效果，有效地控制了株高，防止倒伏，使玉米作物稳产、高产、优产。

（6）防除杂草的肥料 将芽前除草剂或叶面喷施除草剂与肥料混合施用，可以提高肥料的利用率，减少杂草对肥料的争夺，并且在施用上减少劳动付出，提高劳动生产率。因此，它必将成为肥料发展的一个重要品种。

（7）抗病虫害的肥料 该功能性肥料是指将肥料与杀菌剂、杀虫剂或多功能物质相结合，通过特定工艺而生产的新型多功能性肥料。例如，含有营养功能的种衣剂、浸种剂，防治根线虫和地下害虫的药肥，防治枯黄萎病的药肥等已经广泛应用。

2. 保水型功能肥料

保水型功能肥料是将保水剂与肥料复合，将水、肥两者调控，集保水与供肥于一体，以提高水分利用率。

（1）保水型功能肥料的类型 依据保水剂与肥料复合工艺可将其分为 4 种类型：

1）物理吸附型。将保水剂加入到肥料溶液中，让其吸收溶液形成水溶胶或水凝胶，或者将其混合液烘干成干凝胶。例如，在保水剂中加入腐殖酸肥料。

2）包膜型。保水剂具有“以水控肥”的功能，因此可作为控释材料用于包膜控释肥的生产。例如，利用高水性树脂与大颗粒尿素为原料生产

包膜尿素。

3）混合造粒型。通过挤压、圆盘及转鼓等各式造粒机将一定比例的保水剂和肥料混合制成颗粒，即可制成各种保水长效复合肥。

4）构型。这类肥料多为片状、碗状、盘状产品，因其构型而具有托水力，与保水材料原有的吸水力共同作用，使其保水力更大，保水保肥效果更明显。

（2）保水型功能肥料的施用 保水型功能肥料主要作为基肥施用，逐渐向追肥方向发展。施用方式主要有撒施、沟施、穴施和喷施等。一般固体型多撒施、沟施和穴施，液体型多喷施，也可以与滴灌、喷灌相结合施用，但应注意选用交联度低、流动性好的保水材料，稀释为溶液，或与肥料一起制成稀液施用。

3. 药肥

药肥是将农药和肥料按一定的比例相混合，并通过一定的工艺技术将肥料和农药稳定于特定的复合体系中而形成的新型生态复合肥料，一般以肥料作为农药的载体。

（1）药肥的特点 药肥是具有杀抑作物病虫害或作物生长调节中的一种或一种以上的功能，并且能为作物提供营养或同时具有提供营养和提高肥料及农药利用率的功能性肥料。具有“平衡施肥、营养齐全；广谱高效、一次搞定；前控后促，增强抗逆性；肥药结合、互作增效；操作简便、使用安全；省工节本，增产增收；以肥代料，安全环保；储运方便，低碳节能；多方受益，利国利民”九大优点。它将农业中使用的农药与肥料两种最重要的农用化学品统一起来，考虑两者自然相遇后各自效果可能递减的影响，将农药的作物保护和肥料的养分供给这两个田间操作合二为一，节省劳力，降低生产成本。当农药和肥料均处于最佳施用期时，能提高药效和肥效。世界一些发达国家已将农药与肥料合剂推向市场，被第二次国际化肥会议认为现代最有希望的药肥合剂（KAC），就是在其中加入除草剂、微量元素和激素。国外的药肥合剂制造已发展成为一个庞大的肥料工业分支，但国内药肥工业尚不完善，存在很大的差距。

（2）药肥的科学施用 药肥可以用作基肥、追肥和叶面喷施等。

1）用作基肥。药肥可与用作基肥的固体肥料混在一起撒施，然后耙混于土壤中。对于含有除草剂多的药肥，深施会降低其药效，一般应施于3～5厘米的土层。

2）用于种子处理。具有杀菌剂功能的药肥可以处理种子，处理种子的方法有拌种和浸种。

3）用作追肥。药肥可以在作物生长期作为追肥应用。在旱地施用时注意土壤湿度，结合灌溉或下雨施用。

4）用于叶面喷施。常和农药（特别是植物生长调节剂）混用的水溶性肥料，可通过叶面喷施方法进行施用。

4. 改善土壤结构的肥料科学施用

改善土壤结构的肥料主要是含有肥料功能的土壤改良剂，如有机肥料、生物有机肥料等。这里主要以微生物松土剂为例。微生物松土剂产品可分为乳液和粉剂两大类。乳液呈乳白色液体，粉剂呈白色粉末。它含有腐殖酸、团粒结构黏结剂，以及中、微生物元素和生物活性物质。

（1）微生物松土剂的应用范围 微生物松土剂适用于各种土壤，如栽种蔬菜、果树、花卉、茶树、草药、绿化苗木等的土壤，特别是对果树地的效果明显。

（2）微生物松土剂的施用 根据土壤板结的程度，其用量为5～10千克/亩。施用方法主要有：①拌种。将种子放入清水内浸湿后捞出控干，随后将本产品直接扬撒在种子上，混拌均匀，阴干后播种；拌种衣剂的种子应先拌种衣剂，后拌本产品。②拌土。播种时，将本品均匀撒在土壤表面，像撒化肥。③拌肥。用作种肥或底肥时，可将本产品与化肥或有机肥拌在一起，随肥料一起施入。

第三章

玉米科学施肥基础

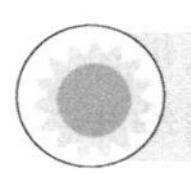

第一节　玉米科学施肥的基本原理

科学施肥也称合理施肥，是综合运用现代农业科技成果，根据作物需肥规律、土壤供肥规律及肥效，以有机肥为基础，产前提出各种肥料的适宜用量和比例及相应的施肥方法的一项综合性施肥技术。

一、养分归还学说

19世纪中叶，德国化学家李比希根据索秀尔、施普林盖尔等人的研究和他本人的大量化学分析材料总结提出了养分归还学说。其中心内容是：作物从土壤中摄取其生活所必需的养分，由于不断地栽培作物，势必引起土壤中养分的消耗，长期不归还这部分养分，会使土壤变得十分贫瘠，甚至寸草不生。轮作倒茬只能减缓土壤中养分的贫竭，但不能彻底地解决问题。为了保持土壤肥力，就必须把作物从土壤中所摄取的养分以肥料的方式归还给土壤，否则就是掠夺式的农业生产。

养分归还学说作为施肥的基本理论是正确的。李比希提出养分归还学说，奠定了英国19世纪中叶的磷肥工业基础，促进了全世界化肥工业的诞生。然而，由于受当时科学技术的局限和李比希在学术上的偏见，一些论断不免有片面性和不足之处。因此，在应用这一学说时，应加以注意和纠正。当然，在未来农业发展过程中，养分归还的主要方式是合理施用化肥，因为施用化肥是提高作物单产和扩大物质循环的保证，目前作物所需氮素的70%是靠化肥提供的，因为它是现代农业的重要标志。

二、最小养分律

1. 最小养分律的含义

李比希在试验的基础上，于1843年又提出了最小养分律，其中心内容是："作物为了生长发育需要吸收各种养分，但是决定作物产量的却是土壤中那个相对含量最小的有效作物生长因素，作物的产量在一定范围内随着这个最小因素的增减而相对变化。因而忽视这个限制因素，即使继续增加其他养分，作物的产量仍难以提高。"这一学说几经修改，后又称为：作物产量受土壤中最小养分制约。直到1855年，他又描述到，某种元素的完全缺少或含量不足可能阻碍其他养分的功效，甚至削弱其他养分的营养作用。因此，最小养分的产生是作物营养元素间不可替代的结果。

最小养分律提出后，为了使这一施肥理论更加通俗易懂，有人用贮水木桶进行图解（图3-1）。图3-1中的木桶由多块长短不同、代表土壤中不同养分含量的木板组成，木桶的水量高度代表作物产量的高低水平，显然它受代表养分含量最小的、长度最短的木板所制约。

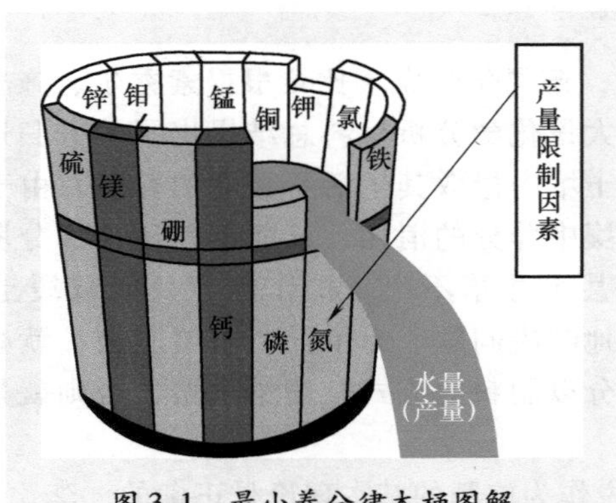

图3-1　最小养分律木桶图解

2. 最小养分律的延伸

最小养分律是正确选择肥料种类的基本原理，忽视这条规律常使土壤与作物养分失去平衡，造成物质上和经济上的极大损失。所以，最小养分律是合理施肥的基础。最小养分律的不足之处是孤立地看待各个养分，忽视了养分之间的互相联系和互相制约。因此，为了更好地应用最小养分律，人们又把这一学说进行了延伸，形成了限制因子律和最适因子律。

（1）限制因子律 该学说是英国科学家布莱克曼提出的。他把最小养分扩大和延伸至养分以外的其他生态因子，认为养分只是生态因子之一，作物生长还要受许多其他生态因子的影响，如土壤、气候、光照、温度和降水量等。1905 年他描述到，增加一个因子的供应，可以使作物生长增加，但遇到另一个生长因子不足时，即使增加前一个因子也不能使作物生长增加，直到缺少的因子得到补足，作物才能继续增长。

（2）最适因子律 1895 年德国学者李勃夏把最小养分律进行了扩展，提出了最适因子律。其中心意思是：作物生长受许多条件影响，生活条件变化的范围很广，作物的适应能力有限，只有影响生产的因子处于中间地位，最适于作物生长，产量才能达到最高。因子处于最高或最低的时候，不适于作物生长，产量可能等于零。因此，生产实践中对养分或其他生态因子的调节应适度。

三、报酬递减律与米氏学说

1. 报酬递减律

18 世纪后期，法国经济学家杜尔哥和英国经济学家安德森同时提出报酬递减律，由于这个经济定律反映了在技术条件相对稳定不变的条件下，投入和产出之间客观存在的报酬递减的问题，被广泛地应用于工业、农业等诸多领域。

报酬递减律的一般表述是：从一定土地面积上所得到的报酬随着向该土地投入的劳动量和资本量的增大而有所增加，但达到一定限度后，随着投入的单位劳动量和资本量的增加，报酬的增加速度却在逐渐下降。

2. 米氏学说

20 世纪初德国土壤化学家米采利希等人在前人工作的基础上，深入探讨了施肥量与作物产量之间关系，他们以燕麦磷肥沙培试验，深入地研究了施肥量与作物产量之间的关系，发现随着施肥量的增加，所获得的增产量具递减的趋势，得出了与报酬递减律相吻合的结论。

米氏学说表述为：只增加某种养分单位量（dx）时，引起产量增加的数量（dy）是以该种养分供应充足时达到的最高产量（A）与现有的产量（y）之差成正比。

米采利希根据试验提出了著名的施肥量与产量之间的关系式为

$$dy/dx = c(A - y)$$

或转换成指数形式为

$$y = A(1 - e^{-cx})$$

式中，y 是由一定量肥料 x 所得的产量；A 是由足量肥料所得的最高产量，或称极限产量；x 为肥料用量；e 为自然常数；c 为常数（或称效应系数）。

四、因子综合作用律

作物生长受综合因子影响，而这些因子可以分为两类：一类是对作物产量产生直接影响的因子，即缺少某一个因子作物就不能完成生活周期，如水分、养分、空气、温度和光照等。氧分作物增产的综合因子中起重要作用的因子之一。另一类是对作物产量并非不可缺少，但对产量影响很大的因子，即属于不可预测的因子，如冰雹、台风、暴雨、冻害和病虫害等。这些中的某一个因子对作物的影响达到轻者减产，重者绝收。

最小养分律是针对养分供给来讲的，但是在作物生长过程中，影响作物生长的因素很多，不仅限于养分。因此，有人把养分条件进一步扩大到作物生长所必需的其他条件，从而构成另一个定律，即因子综合作用律。其中心内容是：作物产量是光照、水分、养分、温度、品种及耕作栽培措施等因子综合作用的结果，但其中必有一个起主导作用的限制因子，作物的产量在一定程度上受该限制因子的制约。

在因子综合作用律中，各个因子与作物产量之间的关系可以用木桶原理来表示（图 3-2）。图 3-2 中木桶水平面（代表作物产量）的高低，取决于组成木桶的各块木板（代表综合因子）的长短，只有在各种条件配合协调且都能满足需要时，才能获得最高的作物产量，否则，其中任何一个因子相对不足，都会对作物产量造成严重影响。

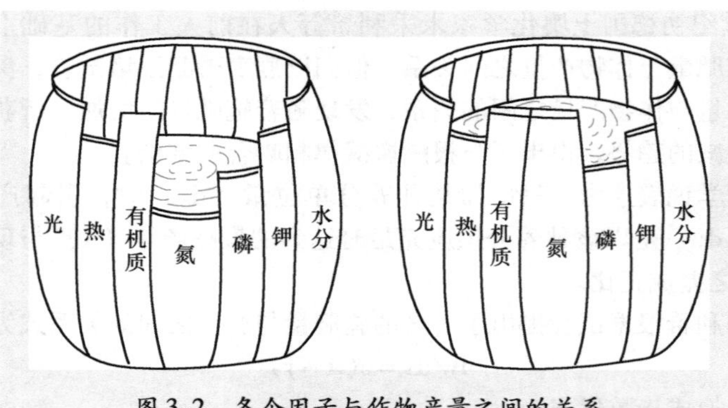

图 3-2　各个因子与作物产量之间的关系

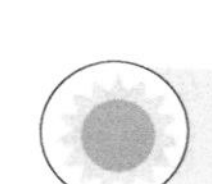

第二节　玉米科学施肥的基本技术

玉米科学施肥的基本技术是由正确的施肥时期、适宜的施肥量及养分配比、合理的施肥方法等要素组成。

一、施肥时期

为了满足玉米在各个营养阶段都能得到适宜种类、数量和比例的养分，就要根据不同玉米品种的营养特性和生育期长短来确定不同的施肥时期。一般来说，施肥时期包括施基肥、种肥和追肥3个环节。只有对这三个环节掌握得当，肥料用得好，经济效益才能提高。

1. 基肥

基肥常被称为底肥，是指在播种或定植前及多年生作物越冬前结合土壤耕作翻入土壤中的肥料。其目的是培肥地力、改良土壤，为作物生长发育创造良好的土壤条件，并且源源不断地供应作物在整个生长期所需的养分。

基肥具有双重作用：一是培肥地力、改良土壤；二是供给作物养分。为此，基肥的施用量通常是某种作物全部施肥量中的大部分，同时还应当选用肥效持久且富含有机质的肥料。

一般情况下，为了达到培肥地力和改良土壤的目的，基肥应以有机肥料为主，并且用量要大一些，施肥应深一些，施肥时间应早一些。至于施肥多深，用量多大，要考虑不同作物根系的特点、生育期长短、气候条件及肥料种类等诸多因素。一般生育期短而生育前期气温低且要求早发的作物，以及总施肥量大的作物，基肥的比重要大一些，而且应配合一定数量的速效化肥。深根作物且又以有机肥料为基肥时，一般宜深施。当以化肥特别是硝态氮肥为基肥时，以浅施为宜。在灌溉区，基肥的用量一般可较非灌溉区少，以便充分发挥追肥的肥效，肥料用量应考虑作物的预计产量和有机肥料与化肥的配比。

2. 种肥

种肥是指播种或定植时施于种子或作物幼株附近，或者与种子混播或与作物幼株混施的肥料。

（1）施用种肥的目的　种肥可为作物幼苗生长发育创造良好的营养

和环境条件。

（2）施用种肥的作用　一方面供给作物幼苗养分，特别是满足幼苗营养临界期对养分的需要；另一方面用腐熟的有机肥料作为种肥，还有改善种子床和苗床的物理性状。因此，种肥应在施肥水平较低、基肥不足且有机肥料腐熟程度较差的情况下施用效果良好；土壤贫瘠和作物苗期因低温、潮湿、养分转化慢、幼根吸收能力差时，施用种肥一般有较显著的增产效果；在盐碱地上，施用腐熟的有机肥料作为种肥还可以起到防盐保苗的作用。

（3）种肥的施用要求　种肥一般多选用腐熟的有机肥料或速效化肥及细菌肥料等。同时，为了避免种子与肥料接近时可能产生不良作用，应尽量选择对种子或作物根系腐蚀性小或毒害较轻的肥料。凡是浓度过大、过酸、过碱、吸湿性强、溶解时产生高温及含有毒副成分的肥料均不宜作为种肥施用。

3. 追肥

追肥是指在作物生长发育期间施用的肥料。追肥的作用是及时补充作物生长发育过程中所需要的养分，以促进作物生长发育，提高作物的产量和品质。

追肥一般多用速效化肥，腐熟良好的有机肥料也可以用作追肥。对氮肥来说，应尽量将化学性质稳定的氮肥，如硫酸铵、硝酸铵、尿素等作为追肥；对磷肥来说，一般在基肥中已经施过磷肥的，可以不再追施磷肥，但在田间确有明显表现为缺磷症状时，也可及时追施过磷酸钙或重过磷酸钙补救；对微肥来说，根据不同地区和不同作物在各营养阶段的丰缺来确定是否追肥。

不同的作物对追肥的时期、次数、数量要求不一，从生产实践中可以看出，当肥料充足时，应当重视追肥的施用，如玉米的大喇叭口期追肥等。追肥对作物产量的提高起着决定性的作用。

二、施肥量

施肥量是构成施肥技术的核心要素，确定经济合理的施肥量是合理施肥的中心问题。但确定适宜的施肥量是一个非常复杂的事情，一般应该遵循以下原则：

1. 全面考虑与合理施肥有关的因素

考虑作物施肥量时应该深入了解作物、土壤和肥料三者的关系，还应结合考虑环境条件和相应的农业技术条件。各种条件综合水平高，施肥量可以适当大些，否则应适当减少施肥量。只有综合分析才能避免片面性。

2. 施肥量必须满足作物对养分的需要

为了使作物达到一定的产量，必须要满足它对养分的需求，即通过施肥来补充作物消耗的养分数量，避免土壤养分亏损，肥力下降，不利于农业生产的可持续性。

3. 施肥量必须保持土壤养分平衡

土壤养分平衡包括土壤中养分总量和有效养分的平衡，也包括各种养分之间的平衡。施肥时，应该考虑适当增加限制作物产量的最小养分的数量，以协调土壤各种养分的关系，保证养分平衡供应。

4. 施肥量应能获得较高的经济效益

在肥料效应符合报酬递减律的情况下，单位面积施肥的经济收益，开始阶段随施肥量的增加而增加，达到最高点后即下降。所以，在肥料充足的情况下，应该以获得单位面积最大利润为原则来确定施肥量。

5. 确定施肥量时应考虑前茬作物所施肥料的后效

试验证明，肥料三要素氮、磷、钾中，磷肥后效最长，磷肥的后效与肥料品种有很大关系，如水溶性磷肥和弱酸性磷肥，当季作物收获后，大约还有2/3留在土壤中，第二季作物收获后约有1/3留在土壤中，第三季收获后大约还有1/6，第四季收获后残留很少，不再考虑其后效。对于钾肥，一般在第一季作物收获后，大约有1/2留在土壤中。一般认为，无机氮肥没有后效。

估算施肥用量的方法很多，如养分平衡法、肥料效应函数法、土壤养分校正系数法、土壤肥力指标法等，具体方法参见第四章中的测土配方施肥技术。

三、施肥方法

通过某种途径或方法将肥料施于土壤和作物，前者称为土壤施肥，后者称为作物施肥。

1. 土壤施肥

（1）撒施　撒施是施用基肥和追肥的一种方法，即把肥料均匀地撒于地表，然后把肥料翻入土中。凡是施肥量大或密植作物（如小麦、水稻、蔬菜等）封垄后追肥，以及根系分布广的作物都可采用撒施法。

（2）条施　条施也是施用基肥和追肥的一种方法，即开沟条施肥料后覆土。一般在肥料较少的情况下施用，玉米多用条施，小麦在封行前可用施肥机或耧耩入土壤。

（3）穴施 穴施是在播种前把肥料施在播种穴中，而后覆土播种。其特点是施肥集中，用肥量少，增产效果较好。

（4）分层施肥 将肥料按不同比例施入土壤的不同层次内。例如，在河南的超高产麦田，将作为基肥的70%氮肥和80%磷钾肥撒于地表随耕地翻入下层，然后把剩余的30%氮肥和20%磷钾肥于耙前撒入垡头，使肥料通过耙地而进入土壤表层。

2. 作物施肥

（1）根外追肥 根外追肥是把肥料配成一定浓度的溶液，喷洒在作物茎、叶上，以供作物吸收的一种施肥方法。此法省肥、效果好，是一种辅助性追肥措施。

（2）种子施肥 种子施肥是将种子与肥料先混合后播种的一种方法，包括拌种、浸种和盖种。

1）拌种。拌种是将肥料与种子均匀拌和或把肥料配成一定浓度的溶液与种子均匀拌和后一起播入土壤。

2）浸种。浸种是用一定浓度的肥料溶液来浸泡种子，待一定时间后，取出稍晾干后播种。

3）盖种。盖种是开沟播种后，用充分腐熟的有机肥或草木灰盖在种子上面，具有供给幼苗养分、保墒和保温的作用。

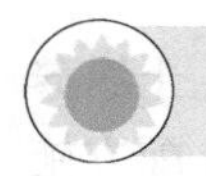

第三节 玉米的营养元素失调症状及防治

玉米生长发育所需要的各种营养元素在其生长发育过程中都发挥着各自不同的生理功能，并且不能相互代替，但各种营养元素之间存在相互促进、相互制约的关系。

一、主要营养元素在玉米生长发育中的作用

玉米是高产作物，需要从土壤中吸收大量的营养元素，其中以氮、磷、钾的需要量最多，其次还有钙、镁、硫、锌、硼、锰、铜、铁、钼等元素。

1. 氮

氮在玉米营养元素中占有突出的地位。氮是蛋白质的重要成分，占整

个蛋白质结构的16%~18%。蛋白质是构成玉米植株细胞原生质的基本物质，原生质是新陈代谢的活动中心，因而也是形成根、茎、叶等营养器官的成分。没有蛋白质就没有生命活动。

氮是酶的重要成分。酶是一种生物催化剂，玉米植株体内的各种生理生化反应都要有酶的参与。

氮是叶绿素的重要成分。叶绿素是进行光合作用必不可少的物质，充足的氮能使叶色浓绿，提高光合作用效率，使作物生长健壮，茎叶繁茂。

氮是维生素类物质（如维生素 B_1、维生素 B_2、维生素 B_6 和泛酸等）的重要成分。维生素是玉米植株生命活动中不可缺少的物质。另外，玉米植株体内的核酸、磷脂和某些激素也都含有氮，这些物质也是许多生理生化反应过程所不可缺少的。

各地试验表明，氮能使玉米生长旺盛，茎叶繁茂，叶色浓绿，光合作用加强，穗大、粒多、粒重，增施氮肥都有明显的增产效果，并能提高玉米籽粒的蛋白质含量。

2. 磷

磷在玉米营养元素中也占有重要地位，它在能量转换、呼吸代谢和光合作用中都起关键作用。

磷是核蛋白的重要成分，核蛋白是原生质、细胞核和染色体的重要组成物质。因此，缺磷时，特别是发育初期缺磷，核蛋白合成受阻，玉米生长发育也受到抑制。

磷是核苷酸的主要成分之一。核苷酸的衍生物在新陈代谢中具有极重要的作用，与玉米植株的正常生命活动密切相关。

磷碳水化合物代谢及氮代谢中也都有重要作用，与脂肪代谢的关系也较密切。磷不仅能促进蔗糖在体内运输，而且直接参与光合作用过程；在磷的参与下才能形成双糖、多糖和单糖。

磷对玉米植株发育及各生理过程均有促进作用，尤其是在苗期，能促进根的发育，如果供给适量的磷，根系干重可比缺磷条件下的根系干重高1倍。磷对提高粒重、籽粒品质也有重要作用。

磷可促使玉米体内的氮和糖分得到很好的转化。氮与磷配施可增效，能促进根系发育，保证雌穗受精良好。在氮充足而磷缺少时，氮的代谢作用就要受到阻碍。磷能提高水分利用率，增强玉米的抗病性和促进早熟作用，还能提高产量和品质。

3. 钾

在玉米植株内，钾主要集中在分生组织和代谢作用比较活跃的芽、幼叶和根尖等幼嫩的组织器官中。钾在玉米生长发育过程中的生理作用是多方面的。

钾能增强玉米植株的抗旱性主要是由于钾是调节玉米植株水分状况的重要元素。干旱条件下，钾可以促进脯氨酸累积，而脯氨酸在调节细胞质膨压中的作用明显，因此可增强抗旱性。增施钾肥，可增强原生质的水合作用，加强细胞的持水能力，从而增强了玉米的抗旱能力。

钾能增强玉米的抗病和抗倒伏能力。钾能促进玉米茎秆中纤维素和木质素的发育，使机械组织发达，茎秆强硬则抗倒伏能力强。钾充足时，茎叶中纤维素含量增加，促进了维管束的发育，厚角组织细胞加厚，茎秆强度增加，植株生长健壮，不仅抗倒伏，也增强了对病原菌和害虫的抵抗能力。

钾能促进玉米根系吸水，增强植株的保水能力。钾能活化60多种酶，因而在玉米植株生长的所有主要过程中，它都直接或间接地参与；钾对氮的代谢有良好的促进作用，能增进蛋白质的合成，因而能提高氮肥效应。

钾能促进光合作用，特别是能促进玉米植株在低光强下的光合作用，并且还能在高光强下有效地利用光能。

4. 钙、镁、硫

钙、镁、硫三种元素也是玉米植株体内的重要组成成分。

钙是构成细胞壁的重要元素，参与细胞壁形成，能稳定生物膜的结构，调节膜的渗透性，能促进细胞伸长，对细胞代谢起调节作用；能调节养分离子的生理平衡，消除某些离子的毒害作用。

镁是叶绿素的组成成分，并参与光合磷酸化和磷酸化；镁也是许多酶的活化剂，具有催化作用，参与脂肪、蛋白质和核酸代谢；镁是染色体的组成成分，参与遗传信息的传递。

硫是构成蛋白质和许多酶不可缺少的组分，参与合成其他生物活性物质，如维生素、谷胱甘肽、铁氧还蛋白、辅酶A等；硫与叶绿素的形成有关，参与固氮作用，还能合成玉米植株体内的挥发性含硫物质。

5. 锌

锌肥已成为提高玉米产量的一个必需的营养元素，起到小肥大用的效果。锌是许多酶的成分；参与生长素的合成、蛋白质代谢和碳水化合物的运转。

锌是玉米植株生长不可缺少的微量元素，能促进玉米进行光合作用，影响植株体内氮和磷的代谢。施锌肥能增强碳代谢、氨基酸的合成和酶的活性，促进玉米植株对氮的吸收和运转。

在玉米生产上施用锌肥，还能明显促进玉米生长发育，提高光合作用效率，促进植株健壮，增强抗病性，防止秃尖和缺粒，促进籽粒早熟，延缓叶片和茎秆的衰老，增加穗长、穗粗、穗粒数，提高千粒重。

6. 硼

在玉米的生长发育过程中，硼是一个不可缺少的微量元素，其能促进碳水化合物的运转，影响酚类化合物和木质素的生物合成；能促进花粉萌发和花粉管生长，影响细胞分裂、分化和成熟；参与生长素类激素代谢，影响光合作用。

7. 铜

铜是玉米植株体内多种氧化酶的成分，因而能促进代谢活动；还是叶绿体蛋白中质体蓝素的组成成分，参与蛋白质和糖代谢；另外，铜能影响玉米繁殖器官的发育。

二、玉米营养缺素症状及其防治

要想做好玉米科学施肥，首先要了解玉米缺肥时的各种症状。生产中常见的缺素症主要是缺氮、缺磷、缺钾、缺钙、缺镁、缺硫、缺铁、缺锰、缺锌、缺铜、缺硼等。

1. 缺氮

【症状】 玉米缺氮时，植株生长缓慢，株型矮小；叶片薄而小，叶色变浅或变黄，首先是下部老叶从叶尖开始变黄（彩图5），然后沿中脉伸展呈楔形（V字形），叶边缘仍为绿色，最后整个叶片变黄干枯；中下部茎秆常带有红色，引起雌穗形成延迟，甚至不能发育，或者穗小、粒少且产量降低。

【防治方法】 对于春玉米，应施足底肥，有机肥料的质量要高；对于夏玉米，来不及施底肥时，要分次追施苗肥、拔节肥和攻穗肥；后期缺氮时，可进行叶面喷施，用2%尿素溶液连喷2次。

2. 缺磷

【症状】 玉米缺磷时，在苗期症状比较明显，幼苗根系减弱，生长缓慢，茎秆及叶片呈紫红色，出现紫苗（彩图6），甚至枯死。玉米开花期缺磷，会导致抽丝延迟，雌穗受精不完全，发育不良，粒行不整齐。玉

米生育后期缺磷，会导致果穗成熟推迟，果穗弯曲、秃尖。

【防治方法】

1）合理施用磷肥。

① 早施、集中施磷肥。一般基施有机肥料和磷肥，混施效果更好。

② 选择适当的磷肥品种。缺磷的酸性土壤宜选用钙镁磷肥、钢渣磷肥等含石灰质的磷肥，缺磷的中性或石灰性土壤宜选用过磷酸钙、重过磷酸钙、磷酸一铵等磷肥。

③ 对缺磷的酸性土壤配施有机肥料和石灰，可减少土壤对磷的固定。

④ 若早期发现缺磷，可开沟后每亩追施过磷酸钙 20 千克；后期发现缺磷，可叶面喷施 0.2%～0.5% 磷酸二氢钾溶液。

2）田间管理措施。

① 培育壮苗。在土壤上施足磷肥及其他肥料，适时播种，培育壮苗。壮苗的抗逆能力强，根系发达，有利于生育前期对磷的吸收。

② 水分管理。对于积水的土壤，要因地制宜开挖拦水沟和引水沟，及时排除冷水，提高地温，防止缺磷。

3. 缺钾

【症状】 玉米缺钾初期，幼苗上部叶片发黄。叶脉间出现黄白相间的褪绿条纹，下部老叶片尖端和边缘呈紫红色（彩图 7）；严重时叶边缘、叶尖枯死，症状逐渐向玉米植株上部发展，全株叶脉间出现黄绿条纹或全株矮化。缺钾后期，植株可能倒伏，生育延迟，果穗变小，穗顶不着粒或籽粒不饱满，淀粉含量降低，雌穗易感病。

【防治方法】

1）施足有机肥料，一般每亩用 2000 千克以上，雨后及时排水。

2）干旱年份多施钾肥，若发现缺钾，每亩施用 5～10 千克氯化钾或硫酸钾，沟施或穴施覆土。如果太旱，最好结合浇水。

3）叶面喷施 0.2%～0.5% 磷酸二氢钾溶液。

4. 缺钙

【症状】 玉米缺钙能引起植物细胞黏质化。首先是根尖和根毛细胞黏质化，致使细胞分裂能力减弱和细胞伸长生长变慢，生长点呈黑胶黏状。其次是叶尖产生胶质，致使叶片扭曲并粘在一起，而后茎基部膨大并有产生侧枝的趋势（彩图 8）。

【防治方法】 石灰性土壤一般不会缺钙。如果玉米发生生理性缺钙，可喷施 0.5% 氯化钙水溶液。若为强酸性低盐土壤，可每亩施石灰 50～70

千克，但忌与铵态氮肥或腐熟的有机肥料混合施入。

5. 缺镁

【症状】 玉米缺镁初期，幼苗上部叶片发黄，叶脉间出现黄白相间的褪绿条纹。下部叶片（老叶）先是叶尖前端脉间失绿，然后逐渐向叶基部扩展，叶脉仍绿，从而呈现黄绿相间的条纹；有时局布也会出现念珠状绿斑，叶尖及其前端叶缘呈紫红色；严重时叶尖干枯，脉间失绿部分出现褐色斑点或条斑。玉米缺镁发生在生长后期时，不同层次的叶片呈不同的叶色，上部叶片绿中带黄，中部叶片出现明显的黄绿相间条纹（彩图9），下部老叶叶脉间失绿且前端两边缘呈紫红色。

【防治方法】

1）增施腐熟有机肥料，采用配方施肥技术，作为基肥早施镁肥，每亩用3～4千克（以MgO计）。

2）缺钙症发生初期，叶面喷施1%～2%硫酸镁溶液2～3次，间隔7～10天。

3）选择适当的镁肥品种。酸性土壤以施用钙镁磷肥和白云石粉为好，或者选用碳酸镁或氧化镁；中性与碱性土壤以施用氯化镁或硫酸镁为宜。施用时，可用作基肥或追肥。

6. 缺硫

【症状】 玉米缺硫初期，叶片叶脉间发黄，植株发僵，中后期上部新叶失绿黄化（彩图10），脉间组织失绿更为明显，随后由叶缘开始逐渐转为浅红色至浅紫红色，同时茎基部也呈现紫红色。缺硫时，幼叶多呈现症状，而老叶保持绿色；生育期延迟，结实率低，籽粒不饱满。

【防治方法】

1）施用硫酸铵、硫酸钾、过磷酸钙等含硫化肥，可以有效地预防玉米出现缺硫症状。

2）遇到缺硫、缺氮出现相似症状不易确诊时，则可施用硫酸铵。

3）遇到有机质少、质地轻、交换量低的沙壤土，可以增施有机肥料，提高土壤的供硫能力。

4）在玉米生长期出现缺硫症状，可叶面喷施0.5%硫酸盐溶液。

7. 缺铁

【症状】 玉米缺铁总是从幼叶开始，叶脉间失绿呈条纹状，中、下部叶片出现黄绿色条纹，老叶为绿色；严重时整个新叶失绿发白，失绿部分色泽均一，一般不出现坏死斑点（彩图11）。

【防治方法】

1）改良土壤。在碱性土壤上使用硫黄粉或稀硫酸等降低土壤的 pH，增加土壤中铁的有效性。

2）选用耐缺铁品种。

3）施用铁肥。基施，每亩施用混有 5～6 千克硫酸亚铁的有机肥料 1000～1500 千克，以减少铁与土壤接触，提高铁肥的有效性；根外追肥，则用 0.2%～0.5% 硫酸亚铁溶液连喷 2～3 次，若能配合适量尿素可增强施用效果。

8. 缺锰

【症状】 玉米缺锰初期，幼叶叶脉间组织逐渐变黄，但叶脉及其附近部分仍保持绿色（彩图 12），脉纹清晰，因而形成黄绿相间的条纹；叶片弯曲，根系细长呈白色。严重缺锰时，叶片上会出现黑褐色斑点，并逐渐扩展到整个叶片，可能造成坏死穿洞，根纤细且长而白。

【防治方法】

1）增施有机肥料。有机肥料中含有一定量的有效锰和有机络合态锰，前者可直接供给玉米吸收利用，后者随着有机肥料的分解而释放出来，也可为玉米吸收利用。

2）施用锰肥。锰肥作为基肥的效果要好于作为追肥。每亩用硫酸锰 1～2 千克，以条施最为经济；对于已出现缺锰症状的田地，可采用叶面喷施的方法，用 0.1%～0.2% 的锰肥溶液在苗期、拔节期各喷 1～2 次，每亩用 0.1～0.2 千克。用于种子处理时，每 10 千克种子用 5～8 克硫酸锰加 150 克滑石粉。

9. 缺锌

【症状】 玉米缺锌症俗名“花叶条纹病”“花白苗”（彩图 13）。严重缺锌会出现花白苗，其主要特征是在玉米 3～5 叶期，白色幼苗开始显现，瓣生的幼叶呈浅黄色至白色，特别是叶基部 2/3 处更为明显。拔节后，病叶中脉两侧出现黄色条斑，严重时呈宽而白化的斑块，叶肉消失，呈半透明，状如白绸，以后患部出现紫红色，并渐渐形成紫红色斑块。病叶遇风容易撕裂，病株节间缩短、矮化，抽雄、吐丝延迟，有的不能吐丝，或能吐丝抽穗，但果穗发育不良，形成“稀癞子”玉米棒。

【防治方法】

1）改善土壤环境。可采用冬季耕翻晒垡、搁田、烤田等措施，提高锌的有效性。

2）合理施肥。对于低锌土壤，要严格控制磷肥和氮肥的用量，避免一次性施用大量化学磷肥；对于缺磷土壤，磷肥和锌肥要配合施用；同时，还应避免磷肥过分集中，防止局部出现磷、锌比例失调而诱发缺锌。

3）增施锌肥。锌肥的施用以作为基肥为宜。施基肥时，每亩用硫酸锌1～2千克拌细土并混匀，于播种前撒入播种沟或播种穴内；每10千克种子用硫酸锌40～60克加适量水溶解后浸种或拌种，晾干后播种；喷施的硫酸锌溶液以0.2%为宜，一般在苗期、拔节期喷施，每亩用0.1～0.2千克。

10. 缺铜

【症状】　玉米缺铜与缺铁的叶片症状相似，新叶发黄，叶尖枯死（彩图14），茎秆松软易倒伏，老叶的叶缘枯死（与缺钾的症状类似），果穗形成受影响，籽粒稀少或不结实。

【防治方法】

1）对严重缺铜的田块，可每亩施用1.5千克硫酸铜作为底肥。

2）玉米在生长期出现缺铜症状，可每亩喷施0.1%～0.15%硫酸铜溶液。

11. 缺硼

【症状】　玉米缺硼后表现为根系不发达、植株矮小，植株新叶狭长，幼叶展开困难，脉间组织变薄，呈白色透明的条纹状，叶片薄、发白甚至枯死，花药和花丝萎缩，花粉发育不良，籽粒败育，雄穗抽不出来，雄花显著退化变小，甚至萎缩，果穗退化畸形，顶端籽粒空瘪（彩图15）。

【防治方法】

1）增施有机肥料。一方面有机肥料本身含有硼，全硼含量通常在20～30毫克/千克，随着有机肥料的分解可释放出来；另一方面能增加土壤中的有机质含量、土壤有效硼的贮量，减少硼的固定和淋失，协调土壤的供硼强度和容量。

2）合理施用氮、磷、钾肥。控制氮肥的用量，防止过量氮肥引起硼的缺乏；适当增施磷、钾肥，促进作物根系增长，增强根系对硼的吸收。

3）追施、喷施硼肥。可通过追肥、喷施等方法施用硼砂、硼酸，以每亩0.1～0.2千克为宜，同时，可与磷肥、有机肥料等混合施用，以提高硼肥施用的有效性。叶面喷施硼砂或硼酸以0.1%～0.3%为宜，最常用0.2%。

12. 缺钼

【症状】　玉米缺钼时，幼嫩叶首先枯萎，随后沿其边缘枯死。有些老叶顶端枯死，继而叶边和叶脉之间出现枯斑，甚至坏死（彩图16）。

【防治方法】　可用0.15%～0.2%钼酸铵溶液进行叶面喷施。

第四章

玉米科学施肥新技术

玉米是我国主要的粮食作物，因此针对玉米的科学施肥技术研究也较多，目前比较成熟且推广应用的技术主要有：测土配方施肥技术、营养套餐施肥技术、水肥一体化技术、小麦-玉米一体化高效施肥技术、“大配方、小调整”区域配肥技术等。

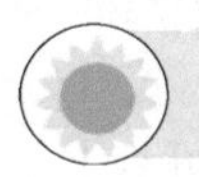

第一节　玉米测土配方施肥技术

推广玉米测土配方施肥技术，有利于推进农业节本增效，有利于促进耕地质量建设，有利于促进农作技术的发展，是贯彻落实科学发展观、维护农民切身利益的具体体现，是促进粮食稳定增产、农民持续增收、生态环境不断改善的重大举措。

一、测土配方施肥技术概述

测土配方施肥技术是综合运用现代农业科技成果，以肥料田间试验和土壤测试为基础，根据作物需肥规律、土壤供肥性能和肥料效应，在合理施用有机肥料的基础上，科学提出氮、磷、钾及中量、微量元素等肥料的施用品种、用量、施肥时期和施用方法的一套施肥技术体系。

1. 测土配方施肥技术的目标

测土配方施肥技术不同于一般的项目或工程，是一项长期性、规范性、科学性、示范性和应用性都很强的农业科学技术，是直接关系到作物稳定增产、农民收入稳步增加、生态环境不断改善的一项日常性工作。全面有效地实施测土配方施肥技术，能够达到以下5个方面目标：

(1) 高产目标　即通过该项技术使作物单产水平在原有水平的基础上有所提高，在当前生产条件下能最大限度地发挥作物的生产潜能。

（2）优质目标　即通过该项技术实施均衡作物营养，使作物在产品品质上得到明显改善。

（3）高效目标　即做到合理施肥、养分配比平衡、分配科学，提高肥料利用率，降低生产成本，提高产投比，施肥效益明显增加。

（4）生态目标　即通过测土配方施肥技术，减少肥料挥发、流失等损失，减轻对地下水、土壤、水源、大气等的污染，从而保护农业生态环境。

（5）改土目标　即通过有机肥料和化肥的配合施用，实现耕地营养平衡，在逐年提高产量的同时，使土壤肥力得到不断提高，达到培肥地力、提高耕地综合生产能力的目标。

2. 测土配方施肥技术的基本原则

推广测土配方施肥技术在遵循养分归还学说、最小养分律、报酬递减律、因子综合作用律、必需营养元素同等重要律和不可代替律、作物营养关键期等基本原理的基础上，还需要掌握以下基本原则：

（1）氮、磷、钾相配合　氮、磷、钾相配合是测土配方施肥技术的重要内容。随着产量的不断提高，在土壤高强度消耗养分的情况下，必须强调氮、磷、钾相互配合，并补充必要的中量、微量元素，如此才能获得高产稳产。

（2）有机与无机相结合　实施测土配方施肥技术必须以施用有机肥料为基础。增施有机肥料可以增加土壤的有机质含量，改善土壤的理化性状，提高土壤的保水保肥能力，增强土壤微生物的活性，提高化肥利用率。因此，必须坚持多种形式的有机肥料投入，培肥地力，实现农业可持续发展。

（3）大量、中量、微量元素配合　各种营养元素的配合是测土配方施肥技术的重要内容。随着产量的不断提高，在耕地高度集约利用的情况下，必须进一步强调大量、中量、微量元素的相互配合，如此才能获得高产稳产。

（4）用地与养地相结合，投入与产出相平衡　要使作物、土壤和肥料间形成物质和能量的良性循环，必须坚持用养结合，投入与产出相平衡，维持或提高土壤肥力，增强农业可持续发展能力。

二、测土配方施肥技术的基本内容

测土配方施肥技术包括“测土、配方、配肥、供应、施肥指导”5个

核心环节和“野外调查、田间试验、土壤测试、配方设计、校正试验、配方加工、示范推广、宣传培训、数据库建设、效果评价、技术创新”11项重点内容（图4-1）。

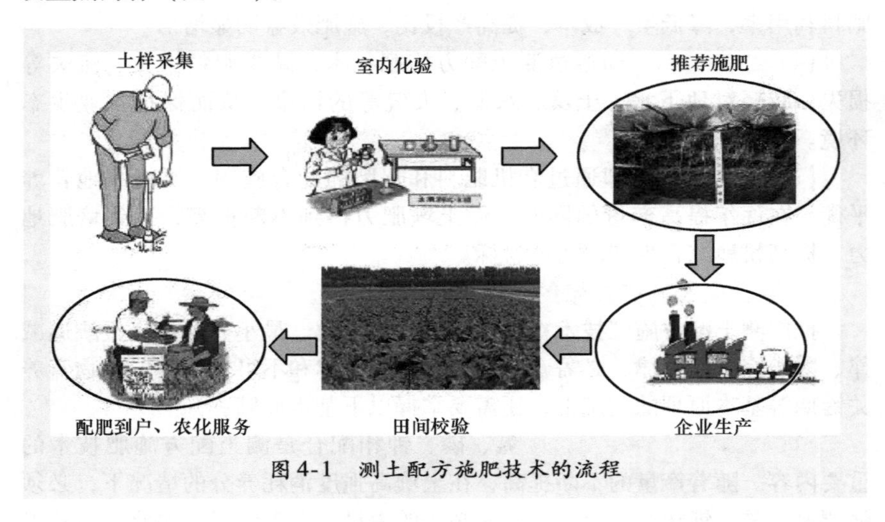

图4-1　测土配方施肥技术的流程

1. 野外调查

资料收集整理与野外定点采样调查相结合，典型农户调查与随机抽样调查相结合，通过广泛深入的野外调查和取样地块的农户调查，掌握耕地地理位置、自然环境、土壤状况、生产条件、农户施肥情况及耕作制度等基本信息，以便有的放矢地开展测土配方施肥技术工作。

2. 田间试验

田间试验是获得各种经济作物最佳施肥量、施肥时期、施肥方法的根本途径，也是筛选、验证土壤养分测试技术及建立施肥指标体系的基本环节。通过田间试验，掌握各个施肥单元不同作物的优化施肥量，基肥与追肥的分配比例、施肥时期和施肥方法；摸清土壤养分校正系数、土壤供肥量、农作物需肥参数和肥料利用率等基本参数；构建作物施肥模型，为施肥分区和肥料配方提供依据（彩图17）。

3. 土壤测试

土壤测试结果是确定肥料配方的重要依据之一，随着我国种植业结构不断调整，高产作物品种不断涌现，施肥结构和数量发生了很大的变化，

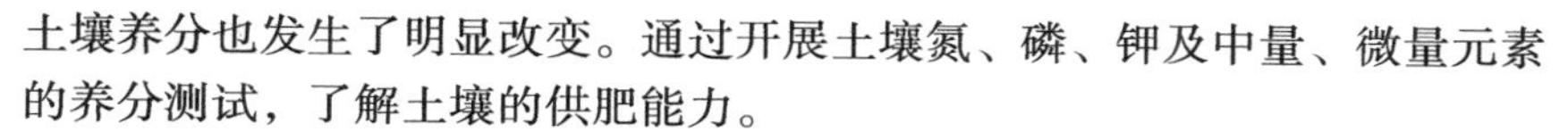

土壤养分也发生了明显改变。通过开展土壤氮、磷、钾及中量、微量元素的养分测试，了解土壤的供肥能力。

4. 配方设计

肥料配方设计是测土配方施肥技术的核心。通过总结田间试验结果、土壤养分数据等，划分不同区域，实行施肥分区；同时，根据气候、地貌、土壤、耕作制度等的相似性和差异性，结合专家经验，提出不同作物的施肥配方。

5. 校正试验

为保证肥料配方的准确性，最大限度地减少配方肥料批量生产和大面积应用的风险，在每个施肥分区单元进行配方施肥、农户习惯施肥、空白施肥 3 个处理，以当地主要经济作物及其主栽品种为研究对象，对比配方施肥的增产效果，校验施肥参数，验证并完善肥料施用配方，改进测土配方施肥技术参数。

6. 配方加工

配方落实到农户田间是提高和普及测土配方施肥技术的最关键环节。目前，不同地区有不同的模式，其中最主要的也是最具有市场前景和运作模式的就是市场化运作、工厂化加工、网络化经营。这种模式适应我国农民科技水平低、土地经营规模小、技物分离的现状。

7. 示范推广

为促进测土配方施肥技术能够落实到田间，解决测土配方施肥技术市场化运作的难题，让广大农民亲眼看到实际效果，可建立测土配方施肥示范区，为农民创建窗口，树立样板，全面展示测土配方施肥技术的效果。将测土配方施肥技术物化成产品，打破技术推广“最后一公里”的“坚冰”。

8. 宣传培训

测土配方施肥技术的宣传培训是提高农民科学施肥意识和普及技术的重要手段。农民是测土配方施肥技术的最终使用者，因而迫切需要向农民传授科学施肥方法和模式；同时还要加强对各级技术人员、肥料生产企业、肥料经销商的系统培训，逐步建立技术人员和肥料经销商持证上岗制度。

9. 数据库建设

运用计算机技术、地理信息系统和全球卫星定位系统，按照规范化测土配方施肥技术数据要求，以野外调查、农户施肥状况调查、田间试验和

分析化验数据为基础，时时整理历年土壤肥料田间试验和土壤监测数据资料，建立不同层次、不同区域的测土配方施肥技术数据库。

10. 效果评价

农民是测土配方施肥技术的最终执行者和落实者，也是最终受益者。所以应检验测土配方施肥技术的实际效果，及时获得农民的反馈信息，从而不断完善管理体系、技术体系和服务体系。为了科学地评价测土配方施肥技术的实际效果，需要对一定的区域进行动态调查。

11. 技术创新

技术创新是保证测土配方施肥技术长效性的科技支撑，应重点开展田间试验方法、土壤养分测试技术、肥料配制方法、数据处理方法等方面的创新研究工作，不断提升测土配方施肥技术水平。

三、测土配方施肥技术的主要环节

1. 土壤样品采集与测试

（1）土壤样品采集 土壤样品采集应具有代表性和可比性，并根据不同分析项目采取相应的采样和处理方法。

一般情况下，玉米每个采样单元为：平原地区 100～200 亩，丘陵地区 30～80 亩采一个样。采样时间一般在前茬作物收获后、整地施基肥前。采样深度为 0～20 厘米。采样必须多点混合，每个采样点由 15～20 个分点混合而成。一般采用“S”形路线布点采样。在地形变化小、测土面积小、地力较均匀、采样单元面积较小的情况下，也可采用“梅花”形布点采样（图 4-2）。混合土样以取土 1 千克左右为宜。

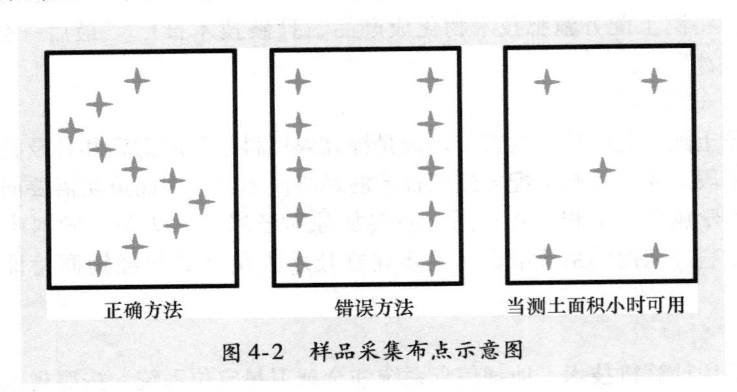

图 4-2 样品采集布点示意图

采集的样品放入统一的样品袋，用铅笔写好标签，内外各 1 张。采样

标签样式见表4-1。

表4-1　土壤采样标签（式样）

统一编号：（和农户调查表编号一致）　　　　　　邮编：

采样时间：　　年　　月　　日　　时

采样地点：　　省　　地　　县　　乡（镇）　　村　　地块　　农户名：

地块在村的（中部、东部、南部、西部、北部、东南、西南、东北、西北）

采样深度：①0~20厘米　②______厘米（不是①的，在②填写）该土样由______个分点混合（规范要求15~20个分点）

经度：______度______分______秒　　纬度：______度______分______秒

采样人：　　　　　　　　联系电话：

（2）土壤测试　测土配方施肥和耕地地力评价的土壤样品测试项目汇总见表4-2。

表4-2　测土配方施肥和耕地地力评价的土壤样品测试项目汇总表

序号	测试项目	测土配方施肥	耕地地力评价
1	土壤质地，手测法	必测	
2	土壤质地，比重计法	选测	
3	土壤容重	选测	
4	土壤含水量	选测	
5	土壤田间持水量	选测	
6	土壤pH	必测	必测
7	土壤交换酸	选测	
8	石灰需要量	pH<6的样品必测	
9	土壤阳离子交换量	选测	
10	土壤水溶性盐分	选测	
11	土壤氧化还原电位	选测	
12	土壤有机质	必测	必测
13	土壤全氮	选测	必测
14	土壤水解性氮	至少测试1项	
15	土壤铵态氮		
16	土壤硝态氮		
17	土壤速效磷	必测	必测

（续）

序号	测试项目	测土配方施肥	耕地地力评价
18	土壤缓效钾	必测	必测
19	土壤速效钾	必测	必测
20	土壤交换性钙、镁	pH <6.5 的样品必测	
21	土壤有效硫	必测	
22	土壤有效硅	选测	
23	土壤有效铁、锰、铜、锌、硼	必测	
24	土壤有效钼	选测，豆科作物产区必测	

注：用于耕地地力评价的土壤样品，除以上必测的养分指标外，项目县如果选择其他养分指标作为评价因子，也应当进行分析测试。

2. 玉米的样品采集与测试

（1）玉米的样品采集 一般采用多点取样，避开田边1米，按“梅花”形（适用于采样单元面积小的情况）或“S”形采样法采样。在采样区内采取10个分点的样品组成一个混合样。采样量根据检测项目而定，籽实样品一般重1千克左右，装入纸袋或布袋。要采集完整的玉米植株，样品可以稍多些，重2千克左右，用塑料纸包扎好。

（2）玉米的样品测试 玉米的样品测试项目汇总见表4-3。

表4-3 玉米的样品测试项目汇总表

序号	测试项目	必测或选测
1	全氮、全磷、全钾	必测
2	水分	必测
3	粗灰分	选测
4	全钙、全镁	选测
5	全硫	选测
6	全硼、全钼	选测
7	全量铜、锌、铁、锰	选测
8	硝态氮田间快速诊断	选测
9	冬小麦/夏玉米植株氮营养田间诊断	选测

3. 基于田块的肥料配方设计

基于田块的肥料配方设计，首先确定氮、磷、钾养分的用量，然后确定相应的肥料组合，通过提供配方肥料或发放配肥通知单，指导农民使用。施肥量的确定主要包括肥料效应田间试验、土壤与植物测试推荐施肥方法、养分平衡法等。

（1）肥料效应田间试验　肥料效应田间试验的设计，取决于试验目的。对于一般玉米施肥量的研究，推荐采用“3414”方案设计，在具体实施过程中可根据研究目的选用“3414”完全实施方案、部分实施方案或其他试验方案。

1）“3414”完全实施方案。“3414”完全实施方案设计（表4-4）吸收了回归最优设计处理少、效率高的优点，是目前应用较为广泛的肥料效应田间试验方案。“3414”是指氮、磷、钾3个因素、4个水平、14个处理。4个水平的含义：0水平指不施肥，2水平指当地推荐施肥量，1水平（指施肥不足）=2水平×0.5，3水平（指施肥过量）=2水平×1.5。如果需要研究有机肥料和中量、微量元素肥料的效应，可在此基础上增加处理。

表4-4　“3414”完全实施方案设计（推荐方案）

处理编号	处　理	N	P	K
1	$N_0P_0K_0$	0	0	0
2	$N_0P_2K_2$	0	2	2
3	$N_1P_2K_2$	1	2	2
4	$N_2P_0K_2$	2	0	2
5	$N_2P_1K_2$	2	1	2
6	$N_2P_2K_2$	2	2	2
7	$N_2P_3K_2$	2	3	2
8	$N_2P_2K_0$	2	2	0
9	$N_2P_2K_1$	2	2	1
10	$N_2P_2K_3$	2	2	3
11	$N_3P_2K_2$	3	2	2
12	$N_1P_1K_2$	1	1	2
13	$N_1P_2K_1$	1	2	1
14	$N_2P_1K_1$	2	1	1

该方案可应用14个处理进行氮（N）、磷（P）、钾（K）三元二次效应方程拟合，还可分别进行氮、磷、钾中任意二元或一元效应方程拟合。例如，进行氮、磷二元效应方程拟合时，可选用处理2～7和11、12，求得在以K_2水平为基础的氮、磷二元二次效应方程；选用处理2、3、6、11，可求得在以P_2K_2水平为基础的氮肥效应方程；选用处理4、5、6、7，可求得在以N_2K_2水平为基础的磷肥效应方程；选用处理6、8、9、10，可求得在以N_2P_2水平为基础的钾肥效应方程。此外，通过处理1，可以获得基础地力产量，即空白区产量。其具体操作可参照有关试验设计与统计技术资料。

2）“3414”部分实施方案。试验氮（N）、磷（P）、钾（K）某一个或其中两个养分的效应，或者因其他原因无法实施“3414”完全实施方案，可选择其中的相关处理，即“3414”的部分实施方案，这样既保持了测土配方施肥田间试验总体设计的完整性，又考虑到不同区域土壤养分的特点和不同试验目的要求，满足不同层次的需要。若有些区域重点要试验氮、磷的效果，可在K_2作为肥底的基础上进行氮、磷二元肥料效应试验，但应设置3次重复，具体处理及其与“3414”完全实施方案处理编号对应见表4-5。

表4-5　氮、磷二元二次肥料效应田间试验设计与“3414”完全实施方案处理编号对应表

处理编号	“3414”完全实施方案处理编号	处　理	N	P	K
1	1	$N_0P_0K_0$	0	0	0
2	2	$N_0P_2K_2$	0	2	2
3	3	$N_1P_2K_2$	1	2	2
4	4	$N_2P_0K_2$	2	0	2
5	5	$N_2P_1K_2$	2	1	2
6	6	$N_2P_2K_2$	2	2	2
7	7	$N_2P_3K_2$	2	3	2
8	11	$N_3P_2K_2$	3	2	2
9	12	$N_1P_1K_2$	1	1	2

注：本方案也可分别建立氮、磷一元效应方程。

在肥料效应田间试验中，为了取得土壤养分供应量、作物吸收养分量、土壤养分丰缺临界指标等参数，一般把试验设计为5个处理：空白对照（CK）、缺氮区（PK）、缺磷区（NK）、缺钾区（NP）和氮、磷、钾区（NPK）。这5个处理分别是“3414”完全实施方案中的处理1、2、4、8和6（表4-6）。如果要获得有机肥料的效应，可增加有机肥料处理区（M）；试验某种中（微）量元素的效应，则在氮、磷、钾区处理的基础上，进行加与不加该中（微）量元素处理的比较。试验要求测试土壤养分和玉米植株养分含量，进行考种和计产。试验设计中，氮、磷、钾、有机肥料等的用量应接近肥料效应函数计算的最高产量施肥量或用其他方法推荐的合理用量。

表4-6　肥料效应田间试验常规处理与“3414”完全实施方案处理编号对应表

分　区	“3414”完全实施方案处理编号	处　理	N	P	K
空白对照（CK）	1	$N_0P_0K_0$	0	0	0
缺氮区（PK）	2	$N_0P_2K_2$	0	2	2
缺磷区（NK）	4	$N_2P_0K_2$	2	0	2
缺钾区（NP）	8	$N_2P_2K_0$	2	2	0
氮、磷、钾区（NPK）	6	$N_2P_2K_2$	2	2	2

表4-7为山西省运城市盐湖区金井乡某地块的夏玉米“3414”试验结果。

表4-7　夏玉米“3414”试验结果（单位：千克/亩）

处理编号	处　理	氮肥（N）	磷肥（P_2O_5）	钾肥（K_2O）	产　量
1	$N_0P_0K_0$	0	0	0	280.0
2	$N_0P_2K_2$	0	6	8	398.4
3	$N_1P_2K_2$	6	6	8	546.7
4	$N_2P_0K_2$	12	0	8	488.9
5	$N_2P_1K_2$	12	3	8	540.0
6	$N_2P_2K_2$	12	6	8	555.6

（续）

处理编号	处　　理	氮肥（N）	磷肥（P_2O_5）	钾肥（K_2O）	产　　量
7	$N_2P_3K_2$	12	9	8	600.0
8	$N_2P_2K_0$	12	6	0	522.2
9	$N_2P_2K_1$	12	6	4	566.7
10	$N_2P_2K_3$	12	6	12	564.4
11	$N_3P_2K_2$	18	6	8	544.4
12	$N_1P_1K_2$	6	3	8	524.4
13	$N_1P_2K_1$	6	6	4	537.8
14	$N_2P_1K_1$	12	3	4	535.6

经过分析，得到肥料效应回归方程为

$$Y = 282.14 + 24.82N + 19.47P + 18.69K - 1.25N^2 - 1.19P^2 - 1.07K^2 + 0.71NP + 0.10NK - 0.68PK \quad (R^2 = 0.9859, F = 31.17^{**})$$

经计算，最高产量为602.3千克/亩，最高产量所需施肥量为：氮肥（N）为13.1千克/亩、磷肥（P_2O_5）为10.4千克/亩、钾肥（K_2O）为6.1千克/亩。经济最佳施肥产量为592.2千克/亩，经济最佳施肥量为：氮肥（N）为11.6千克/亩、磷肥（P_2O_5）为9.3千克/亩、钾肥（K_2O）为3.8千克/亩。

（2）土壤与植物测试推荐施肥方法　对于玉米，在综合考虑有机肥料、作物秸秆应用和管理措施的基础上，根据氮、磷、钾和中量、微量元素养分的不同特征，采取不同的养分优化调控与管理策略。其中，氮肥应根据土壤供氮状况和作物需氮量，进行实时动态监测和精确调控，包括基肥和追肥的调控；磷、钾肥则通过土壤测试和养分平衡进行监控；中量、微量元素宜采用因缺补缺的矫正施肥策略。对应的施肥方法分别为氮素实时监控施肥技术，磷、钾养分恒量监控施肥技术，以及中量、微量元素养分矫正施肥技术。

1）氮素实时监控施肥技术。根据不同土壤、不同作物、同一作物的不同品种、不同目标产量确定作物需氮量，以需氮量的30%～60%作为基肥用量。具体比例根据土壤全氮含量，同时参照当地的丰缺临界指标来确定。一般在全氮含量偏低时，采用需氮量的50%～60%作为基肥用量；在

全氮含量居中时，采用需氮量的40%～50%作为基肥用量；在全氮含量偏高时，采用需氮量的30%～40%作为基肥用量。30%～60%的基肥用量比例可根据上述方法确定，并通过“3414”方案进行校验，建立当地不同作物的施肥指标体系。有条件的地区可在播种前对0～20厘米深的土壤中的无机氮（或硝态氮）进行监测，再调节基肥用量。

$$\text{基肥用量(千克/亩)}=\frac{\text{(目标产量需氮量}-\text{土壤无机氮)}\times(30\%\sim60\%)}{\text{肥料中养分含量}\times\text{肥料当季利用率}}$$

$$\text{土壤无机氮(千克/亩)}=\text{土壤无机氮测试值(毫克/千克)}\times0.15\times\text{校正系数}$$

氮肥追肥用量推荐以作物关键生育期的营养状况诊断或土壤中硝态氮的测试结果为依据，这是实现氮肥准确推荐的关键环节，也是控制施氮过量或施氮不足、提高氮肥利用率和减少损失的重要措施。测试项目主要有土壤全氮含量、土壤硝态氮含量、玉米最新展开叶叶脉中部硝酸盐浓度。中国农业大学资源与环境学院提出的华北地区冬小麦-夏玉米轮作条件下夏玉米氮肥基肥、追肥推荐用量（表4-8），可供参考。

表4-8　在不同的夏玉米目标产量条件下氮肥基肥、追肥推荐用量

（单位：千克/亩）

硝态氮含量（0～60厘米土层）	夏玉米目标产量							
	400		500		600		700	
	基肥	追肥	基肥	追肥	基肥	追肥	基肥	追肥
30	4.0	7.6	4.7	8.9	5.1	10.1	6.5	12.3
45	3.0	6.6	3.5	7.9	4.1	9.1	5.7	11.0
60	2.0	5.6	2.5	6.9	3.1	8.1	5.0	10.3
75	1.0	4.6	1.5	5.9	2.1	7.1	4.3	9.3
90	—	3.6	0.5	4.9	1.3	6.1	3.7	8.3
105	—	2.6	—	3.9	0.7	5.1	2.7	7.3
120	—	1.6	—	2.9	—	4.1	2.0	6.3

2）磷、钾养分恒量监控施肥技术。根据土壤有（速）效磷、钾的含量，以土壤有（速）效磷、钾养分不成为实现玉米目标产量的限制因子为前提，通过土壤测试和养分平衡监控，使土壤有（速）效磷、钾含量保持在一定范围内。对于磷肥，施用的基本思路是根据土壤有效磷测试结

果和养分丰缺临界指标进行分级，当有效磷水平处在中等偏上时，可以将目标产量需肥量（只包括带出田块的收获物）的100%～110%作为当季的磷肥用量；随着有效磷含量的增加，需要减少磷肥用量，直至不施；随着有效磷的降低，需要适当增加磷肥用量，在极缺磷的土壤上，可以施到目标产量需肥量的150%～200%。经过2～3年再次测土时，根据土壤中有效磷的含量和玉米产量的变化再对磷肥用量进行调整。一般将玉米用的磷肥全部作为基肥施用。按照中国农业大学资源与环境学院近年来的研究结果，将冬小麦、夏玉米整个轮作周期中的磷统一运筹，具体见表4-9。

表4-9　基于土壤有效磷测试和磷平衡的冬小麦-夏玉米磷养分恒量监控技术指标

作　物	目标产量/(千克/亩)	土壤有效磷（P）含量/(毫克/千克)		
		7～14	>14～30	>30
		磷肥（P_2O_5）用量/(千克/亩)		
冬小麦	300～400	5.1～6.7	3.3～4.7	0
	>400～500	5.7～8.7	4.7～5.7	0
夏玉米	300～400	4.0～5.3	2.7～3.7	0
	>400～500	5.3～6.7	3.7～4.7	0

对于钾来说，管理策略与磷相似。首先需要确定施用钾肥是否有效，再参照上面的方法确定钾肥用量，但需要考虑有机肥料和秸秆还田带入的钾量。一般将玉米钾肥全部用作基肥。按照中国农业大学资源与环境学院近年来的研究结果，将冬小麦、夏玉米整个轮作周期中的钾统一运筹，具体见表4-10。

表4-10　基于土壤速效钾测试和钾平衡的冬小麦-夏玉米钾养分恒量监控技术指标

作　物	目标产量/(千克/亩)	土壤速效钾（K）含量/(毫克/千克)		
		<70	70～100	>100
		钾肥（K_2O）用量/(千克/亩)		
冬小麦	300～400	2.7～3.3	1.7～2.3	0
	>400～500	4.0～5.0	3.0～3.7	0
夏玉米	300～400	3.0～5.0	2.0～3.7	0
	>400～500	4.0～7.3	2.3～4.7	0

注：该用量为秸秆还田基础上的推荐用量。

基于上述研究，中国农业大学资源与环境学院提出了华北平原地区冬小麦-夏玉米轮作条件下夏玉米的磷、钾肥推荐用量（表4-11、表4-12），可供参考。

表4-11　华北平原地区土壤有效磷的分级及夏玉米的磷肥推荐用量

产量水平/(千克/亩)	肥力等级	土壤有效磷含量/(毫克/千克)	磷肥推荐用量/(P_2O_5，千克/亩)
400	极低	<7	4.0
	低	7~14	2.7
	中	15~30	2.0
	高	>30~40	1.0
	极高	>40	0
500	极低	<7	5.3
	低	7~14	4.0
	中	15~30	2.7
	高	>30~40	1.3
	极高	>40	0
600	极低	<7	6.7
	低	7~14	5.0
	中	15~30	3.3
	高	>30~40	1.7
	极高	>40	0
700	极低	<7	8.0
	低	7~14	6.3
	中	15~30	4.7
	高	>30~40	2.3
	极高	>40	1.3

3）中量、微量元素养分矫正施肥技术。中量、微量元素养分的含量变幅大，作物对其需要量也各不相同，这主要与土壤特性（尤其是母

质)、作物种类和产量水平等有关。矫正施肥就是通过土壤测试，评价土壤中量、微量元素的丰缺状况，进行有针对性的因缺补缺。表 4-13 为中国农业大学资源与环境学院提出的夏玉米土壤中微量元素的丰缺临界指标基施推荐用量，可供参考。

表 4-12　华北平原地区土壤速效钾的分级及夏玉米的钾肥推荐用量

肥力等级	土壤速效钾含量/（毫克/千克）	钾肥（K_2O）推荐用量/（千克/亩）	
		产量≤500 千克/亩	产量>500 千克/亩
低	<90	4	5
中	90～120	2	4
高	120～150	0	2
极高	>150	0	0

表 4-13　夏玉米土壤中微量元素的丰缺临界指标及基施推荐用量

元素	提取方法	丰缺临界指标/（毫克/千克）	基施推荐用量/（千克/亩）
锌	石灰性土壤：DTPA	0.5	七水硫酸锌 1.67～10.0
	酸性土壤：盐酸	1.5	七水硫酸锌 1.67～10.0
硼	沸水	0.5	硼砂 0.73～1.53
钼	草酸、草酸铵	0.15	钼酸铵 0.05～0.11
锰	醋酸、醋酸铵	5.0	一水硫酸锰 0.2～0.4

（3）养分平衡法　根据作物目标产量所需养分量与土壤供肥量之差估算施肥量，计算公式为

$$\text{施肥量(千克/亩)}=\frac{\text{作物目标产量所需养分量}-\text{土壤供肥量}}{\text{肥料中有效养分含量}\times\text{肥料当季利用率}}$$

1）养分平衡法涉及作物目标产量、作物需肥量（即目标产量所需养分量）、土壤供肥量、肥料当季利用率和肥料中有效养分含量五大参数。土壤供肥量为“3414”方案中处理 1 的作物养分吸收量。作物目标产量确定后因土壤供肥量的确定方法不同，形成了地力差减法和土壤有效养分校正系数法两种。

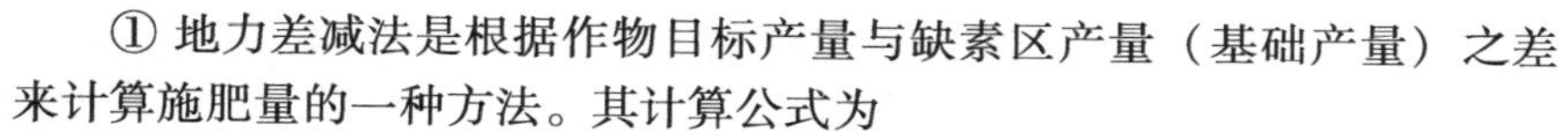

① 地力差减法是根据作物目标产量与缺素区产量（基础产量）之差来计算施肥量的一种方法。其计算公式为

$$施肥量(千克/亩)=\frac{作物目标产量\times全肥区经济产量单位养分吸收量-缺素区产量\times缺素区经济产量单位养分吸收量}{肥料中有效养分含量\times肥料当季利用率}$$

② 土壤有效养分校正系数法是通过测定土壤有效养分含量来计算施肥量。其计算公式为

$$施肥量(千克/亩)=\frac{作物单位产量养分吸收量\times作物目标产量-土壤测试值\times0.15\times土壤有效养分校正系数}{肥料中有效养分含量\times肥料当季利用率}$$

2）养分平衡法涉及的五大参数的确定方法如下：

① 作物目标产量。作物目标产量可采用平均单产法来确定。平均单产法是以施肥区前3年的平均单产和年递增率为基础来确定作物目标产量的，其计算公式为

$$作物目标产量(千克/亩)=(1+递增率)\times前3年平均单产$$

一般玉米的递增率为10%～15%。

② 作物需肥量。通过对正常成熟的作物全株养分的分析，测定各种作物百千克经济产量所需养分量，乘以目标产量即可获得作物需肥量（即目标产量所需养分量）。

$$作物需肥量(千克)=\frac{作物目标产量}{100}\times百千克经济产量所需养分量$$

如果没有试验条件，玉米百千克经济产量所需养分量可参考表4-14进行确定。

③ 土壤供肥量。土壤供肥量可以通过测定基础产量、土壤有效养分校正系数两种方法估算。

表4-14　玉米百千克经济产量所需养分量　　（单位：千克）

作物名称	收获物	从土壤中吸收氮、磷、钾的量		
		N	P_2O_5	K_2O
春玉米	籽粒	3.5～4.0	1.2～1.4	4.5～5.5
夏玉米	籽粒	2.57～3.43	0.86～1.23	2.14～3.26

通过基础产量估算（处理1产量）：不施肥区作物所吸收的养分量作为土壤供肥量。

$$土壤供肥量(千克)=\frac{不施肥区作物产量}{100}\times百千克经济产量所需养分量$$

④ 肥料当季利用率。一般通过差减法来计算：利用施肥区作物吸收的养分量减去缺素区作物吸收的养分量，其差值视为肥料供应的养分量，再除以所用肥料中有效养分含量就是肥料当季利用率。

$$肥料当季利用率(\%)=\frac{施肥区作物吸收的养分量-缺素区作物吸收的养分量}{肥料施用量\times肥料中有效养分含量}\times100$$

上述公式以计算氮肥利用率为例来进一步说明。施肥区（NPK）农作物吸收的养分量（千克/亩）："3414" 方案中处理 6 的作物总吸氮量；缺氮区（PK）农作物吸收的养分量（千克/亩）："3414" 方案中处理 2 的作物总吸氮量；肥料施用量（千克/亩）：施用的氮肥肥料用量；肥料中有效养分含量（%）：施用的氮肥肥料所标明的含氮量。如果同时使用了不同品种的氮肥，应计算所用的不同氮肥品种的总氮量。

如果没有试验条件，常见肥料当季利用率也可参考表 4-15。

表 4-15　常见肥料的当季利用率

肥料	利用率（%）	肥料	利用率（%）
堆肥	25～30	尿素	60
一般圈粪	20～30	过磷酸钙	25
硫酸铵	70	钙镁磷肥	25
硝酸铵	65	硫酸钾	50
氯化铵	60	氯化钾	50
碳酸氢铵	55	草木灰	30～40

⑤ 肥料中有效养分含量。供施肥料包括无机肥料与有机肥料。无机肥料、商品有机肥料中的有效养分含量按其标明量，不明有效养分含量的有机肥料的有效养分含量可参照当地不同类型的有机肥料中的有效养分平均含量获得。

(4) 肥料效应函数法　肥料效应函数常以 "3414" 肥料试验为依据进行确定。根据 "3414" 方案田间试验结果建立当地主要作物的肥料效应函数，直接获得某一区域、某种作物的氮、磷肥的最佳施用量，为肥料

配方和施肥推荐提供依据。其具体操作可参照有关试验设计与统计技术资料。

4. 基于县域施肥分区与肥料配方设计

县域测土配方施肥以土壤类型（土种）、土地利用方式和行政区划（村）的结合作为施肥指导单元，在具体工作中可应用土壤图、土地利用现状图和行政区划图叠加求交生成施肥指导单元。应用最适合于当地实际情况的肥料用量推荐方式计算每一个施肥指导单元所需要的氮、磷、钾及微量元素肥料用量，根据氮、磷、钾的比例，结合当地肥料生产、销售、使用的实际情况为不同作物设计肥料配方，形成县域施肥分区图。

（1）施肥指导单元目标产量的确定及单元肥料配方设计　施肥指导单元目标产量的确定可采用平均单产法或其他适合于当地的计算方法。根据每一个施肥指导单元中氮、磷、钾及微量元素肥料的需要量设计肥料配方，可只考虑氮、磷、钾的比例，暂不考虑微量元素肥料。在氮、磷、钾3种元素中，可优先考虑磷、钾的比例设计肥料配方。

（2）区域肥料配方设计　区域肥料配方一般以县为单位进行设计，施肥指导单元肥料配方要做到科学性、实用性的统一，应该突出个性化。区域肥料配方在考虑科学性、实用性的基础上，还要兼顾企业生产供应的可行性，数量不宜太多。

区域肥料配方设计以施肥指导单元肥料配方为基础，应用相应的数学方法（如聚类分析），将大量的配方综合形成有限的几种配方。

设计配方时不仅要考虑农艺需要，还要综合考虑肥料生产厂家、销售商及农民用肥习惯等多种因素，确保设计的肥料配方不仅科学合理，而且切实可行。

（3）制作县域施肥分区图　区域肥料配方设计完成后，按照最大限度节省肥料的原则为每一个施肥指导单元推荐肥料配方，具有相同肥料配方的施肥指导单元即为同一个施肥分区。将施肥指导单元图根据肥料配方进行渲染后即形成县域施肥分区图。

（4）肥料配方校验　在肥料配方区域内针对特定作物，进行肥料配方验证试验。

（5）测土配方施肥建议发布　充分应用信息手段，如报纸、电视、互联网、掌上电脑、智能手机等发布施肥建议信息，也可制作测土配方施肥建议卡（表4-16）。

表 4-16　测土配方施肥建议卡

农户姓名：____　____省____地（市）____县____乡（镇）____村　编号：____

地块面积：____亩　地块位置：____________　距村距离：____

<table>
<tr><td rowspan="2"></td><td rowspan="2">测 试 项 目</td><td rowspan="2">测试值</td><td>丰缺临界</td><td colspan="3">养分水平评价</td></tr>
<tr><td>指标</td><td>偏低</td><td>适宜</td><td>偏高</td></tr>
<tr><td rowspan="17">土壤
测试
数据</td><td>全氮/(克/千克)</td><td></td><td></td><td></td><td></td><td></td></tr>
<tr><td>碱解氮/(毫克/千克)</td><td></td><td></td><td></td><td></td><td></td></tr>
<tr><td>速效磷/(毫克/千克)</td><td></td><td></td><td></td><td></td><td></td></tr>
<tr><td>速效钾/(毫克/千克)</td><td></td><td></td><td></td><td></td><td></td></tr>
<tr><td>缓效钾/(毫克/千克)</td><td></td><td></td><td></td><td></td><td></td></tr>
<tr><td>有机质/(克/千克)</td><td></td><td></td><td></td><td></td><td></td></tr>
<tr><td>pH</td><td></td><td></td><td></td><td></td><td></td></tr>
<tr><td>有效铁/(毫克/千克)</td><td></td><td></td><td></td><td></td><td></td></tr>
<tr><td>有效锰/(毫克/千克)</td><td></td><td></td><td></td><td></td><td></td></tr>
<tr><td>有效铜/(毫克/千克)</td><td></td><td></td><td></td><td></td><td></td></tr>
<tr><td>有效锌/(毫克/千克)</td><td></td><td></td><td></td><td></td><td></td></tr>
<tr><td>有效硼/(毫克/千克)</td><td></td><td></td><td></td><td></td><td></td></tr>
<tr><td>有效钼/(毫克/千克)</td><td></td><td></td><td></td><td></td><td></td></tr>
<tr><td>交换性钙/(毫克/千克)</td><td></td><td></td><td></td><td></td><td></td></tr>
<tr><td>交换性镁/(毫克/千克)</td><td></td><td></td><td></td><td></td><td></td></tr>
<tr><td>有效硫/(毫克/千克)</td><td></td><td></td><td></td><td></td><td></td></tr>
<tr><td>有效硅/(毫克/千克)</td><td></td><td></td><td></td><td></td><td></td></tr>
</table>

<table>
<tr><td colspan="2">作 物 名 称</td><td></td><td>作物品种</td><td></td><td>目标产量/(千克/亩)</td><td></td></tr>
<tr><td>方案</td><td>施肥方式</td><td>肥料配方</td><td>用量/(千克/亩)</td><td>施肥时间</td><td>施肥方法</td><td>备注</td></tr>
<tr><td rowspan="2">推荐方案一</td><td>基肥</td><td></td><td></td><td></td><td></td><td></td></tr>
<tr><td>追肥</td><td></td><td></td><td></td><td></td><td></td></tr>
<tr><td rowspan="2">推荐方案二</td><td>基肥</td><td></td><td></td><td></td><td></td><td></td></tr>
<tr><td>追肥</td><td></td><td></td><td></td><td></td><td></td></tr>
</table>

技术指导单位：　　　　联系方式：　　　　联系人：　　　　日期：

5. 测土配方施肥技术示范

每县分别设20～30个测土配方施肥示范点，进行田间对比示范（图4-3）。示范点设置常规施肥对照区和测土配方施肥区两个主要区域，另外设一个不施肥的空白区域，其中大田作物测土配方施肥、农民常规施肥处理面积不少于200米^2，空白对照（不施肥）处理面积不少于30米^2。其他参照一般肥料试验要求。通过田间示范，综合比较肥料投入、作物产量、经济效益、肥料当季利用率等指标，客观评价测土配方施肥效益，为测土配方施肥技术参数的校正及进一步优化肥料配方提供依据。田间示范应包括规范的田间记录档案和示范报告，填写测土配方施肥田间示范结果汇总表。

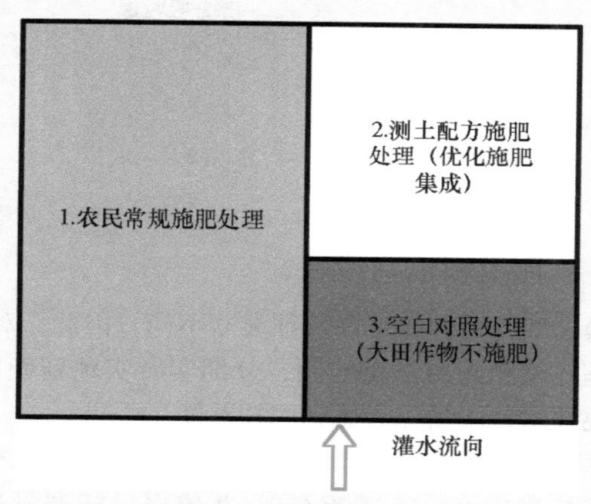

图4-3　测土配方施肥示范小区排列示意图

注：农民常规施肥处理完全由农民按照当地习惯进行施肥管理；测土配方施肥处理只是按照试验要求改变施肥用量和方式；空白对照处理则不施任何化肥，其他管理与习惯处理相同。各区域间要筑田埂及排、灌沟，单灌单排，禁止串排串灌。

四、春玉米测土配方施肥技术的应用

下面以东北春玉米为例，来说明春玉米测土配方施肥技术的应用。

1. 东北春玉米的分布和特性

东北春玉米主要分布在黑龙江、吉林、辽宁和内蒙古的东部地区，该地区属于寒温带湿润、半湿润气候带。冬季低温干燥，全年平均降水量在

400～800毫米，其中60%集中在7～9月。东北春玉米主要是旱作春玉米，有灌溉条件的面积少，基本上是雨养农业。春玉米属一年一熟制，大部分多年连作。

东北春玉米一般4月下旬～5月上旬播种，9月底～10月上旬收获，适宜的种植密度：稀植型品种3000～3500株/亩，耐密型品种4000～5000株/亩，中间型品种3500～4000株/亩。

2. 东北春玉米的养分需求

东北春玉米在不同产量水平条件下的氮、磷、钾吸收量见表4-17。

表4-17 东北春玉米在不同产量水平条件下的氮、磷、钾吸收量

（单位：千克/亩）

产量水平	养分吸收量		
	氮（N）	磷（P_2O_5）	钾（K_2O）
<500	11	3.5	9.5
500～650	13	4.0	12.5
>650	15	4.5	14.5

3. 东北春玉米测土配方施肥技术

由于氮、磷、钾等养分的资源特征显著不同，因此，对东北春玉米的施肥管理策略是：氮肥采用总量控制，分期实时实地精确监控技术；磷、钾采用恒量监控技术；微量元素做到因缺补缺。

（1）东北春玉米氮的实时实地监控技术 根据大量试验总结，东北春玉米氮肥总量控制在9～15千克/亩，并依据目标产量进行总量调控，其中30%～40%的氮肥在播前耕翻入土，60%～70%的氮肥追施。东北春玉米氮肥总量控制、分期调控指标见表4-18。基肥推荐用量见表4-19、追肥（大喇叭口期）推荐用量见表4-20。

表4-18 东北春玉米氮肥总量控制、分期调控指标

（单位：千克/亩）

目标产量	氮肥总量	基肥用量	追肥用量
<500	9～11	3～4	6～7
500～650	11～13	4～5	7～8
>650	13～15	5～6	8～9

表 4-19　东北春玉米氮肥基肥推荐用量　（单位：千克/亩）

0~20 厘米耕层土壤硝态氮含量/(毫克/千克)	东北春玉米目标产量/(千克/亩)		
	<500	500~650	>650
15	4	5	6
22	3.5	4.5	5.5
30	3	4	5
37	2.5	3.5	4.5
45	2	3	4
60	1.5	2.5	3

表 4-20　东北春玉米氮肥追肥（大喇叭口期）推荐用量

（单位：千克/亩）

0~90 厘米耕层土壤硝态氮含量/(毫克/千克)	东北春玉米目标产量/(千克/亩)		
	<500	500~650	>650
75	8	9	10
90	7.5	8.5	9.5
105	7	8	9
120	6.5	7.5	8.5
135	6	7	8
150	5.5	6.5	7.5

（2）东北春玉米磷恒量监控技术　磷肥施用量同样与土壤肥料、品种及密度有关。因磷肥具有后效，并在土壤中残留，所以，在连续多年大量施用磷肥的地块，磷肥可以考虑减量施用。东北春玉米基于目标产量和土壤有效磷的磷肥推荐用量见表 4-21。

表 4-21　东北春玉米基于目标产量和土壤有效磷的磷肥（P_2O_5）推荐用量

土壤肥力等级	相对产量（%）	土壤有效磷含量/(毫克/千克)	目标产量/(千克/亩)	磷肥推荐用量/(千克/亩)
低	<75	<10	<500	4.5~5.5
			500~650	5.5~6.5
			>650	6.5~7.5

（续）

土壤肥力等级	相对产量（%）	土壤有效磷含量/（毫克/千克）	目标产量/（千克/亩）	磷肥推荐用量/（千克/亩）
中	75 ~ <90	10 ~ <25	<500	3 ~4
			500 ~650	3.5 ~4.5
			>650	4.5 ~5.5
高	90 ~ <95	25 ~ <40	<500	2 ~3
			500 ~650	3 ~4
			>650	4 ~5
极高	≥95	≥40	<500	1 ~2
			500 ~650	1.5 ~2.5
			>650	2 ~3

（3）东北春玉米钾恒量监控技术　根据近年的试验结果，在低、中、高、极高肥力的土壤上，基于目标产量和土壤速效钾含量的钾肥推荐用量见表4-22。

（4）东北春玉米微量元素推荐用量　东北春玉米微量元素采用因缺补缺主要是针对锌和硼来说的。该地区微量元素丰缺临界指标及推荐用量见表4-23。

表4-22　东北春玉米基于目标产量和土壤速效钾含量的钾肥（K_2O）推荐用量

土壤肥力等级	相对产量（%）	土壤速效钾含量/（毫克/千克）	目标产量/（千克/亩）	磷肥推荐用量/（千克/亩）
低	<75	<60	<500	3.5 ~4.5
			500 ~650	4 ~5
			>650	4.5 ~5.5
中	75 ~ <90	60 ~ <120	<500	2.5 ~3
			500 ~650	3 ~4
			>650	3.5 ~4.5
高	90 ~ <95	120 ~ <160	<500	0
			500 ~650	1.5 ~2.5
			>650	2 ~4
极高	≥95	≥160	<500	0
			500 ~650	1
			>650	2

表 4-23　东北春玉米微量元素丰缺临界指标及推荐用量

元素	提取方法	丰缺临界指标/(毫克/千克)	施用方法
锌	DTPA	0.6	基施：硫酸锌 1～2 千克/亩 拌种：硫酸锌 4 克/千克种子 浸种：0.1%～0.3% 硫酸锌溶液 叶面喷施：0.1%～0.2% 硫酸锌溶液
硼	沸水	0.5	基施：硼砂 0.5～1 千克/亩 拌种：硼砂或硼酸 0.2～0.5 克/千克种子 浸种：0.01%～0.05% 硼砂溶液 叶面喷施：0.1%～0.2% 硼砂或硼酸溶液

（5）东北春玉米有机肥料施用量　在施用氮、磷、钾肥的基础上，以每亩施优质粗制有机肥料 2000 千克或精制有机肥料 600 千克为宜。在秋天或春天进行撒施，也可条施。

4. 东北春玉米施肥建议

（1）东北春玉米施肥原则　东北春玉米施肥，以基肥为主，追肥为辅；以农家肥为主，化肥为辅；以氮肥为主，磷肥为辅；以穗肥为主，粒肥为辅。有机肥料，以及全部磷、钾肥和 1/3 氮肥作为基肥施入。采用底肥、种肥、追肥相结合的方法，做到深松施肥、种肥隔离和分次施肥。

（2）东北春玉米在不同产量水平条件下的施肥方案　可参考表 4-24。

五、夏玉米测土配方施肥技术的应用

我国夏玉米主要集中在黄淮海平原夏播玉米区，包括河南、山东、河北中南部、陕西中部、山西南部、江苏北部、安徽北部等，另外西南、山区玉米区、西北灌溉玉米区、南方丘陵玉米区等也有广泛种植。

1. 不同区域夏玉米的推荐施肥量

夏玉米一般水地播种面积较大，绝大部分是中高肥力耕地，但也有一定面积的旱地、山地及有障碍因子的低产田。

（1）河南夏玉米测土施肥配方　河南夏玉米播种面积达 3630 万亩，平均亩产 289.3 千克，最高亩产 1006.8 千克，主要分布在郑州、开封、洛阳、平顶山、安阳、鹤壁、新乡、焦作、濮阳、许昌、漯河、三门峡、南阳、商丘、周口、驻马店、济源等市。

表 4-24　东北春玉米在不同产量水平条件下的施肥方案

产量水平/（千克/亩）	总施肥量/（千克/亩）	推荐方案	施肥方案/（千克/亩）		
			基　肥	种　肥	追　肥
<500	氮肥（N）：9～11 磷肥（P_2O_5）：3.5～4.5 钾肥（K_2O）：0～3	1	有机肥料1000、磷酸二铵5～6，缺锌土壤施硫酸锌1～2	磷酸二铵3～4	尿素15～17
		2	有机肥料1000、复合肥（15-23-8）9～10，缺锌土壤施硫酸锌1～2	复合肥（15-23-8）4～5	尿素15～17
500～650	氮肥（N）：12～13 磷肥（P_2O_5）：4～6 钾肥（K_2O）：3～5	1	有机肥料1500、磷酸二铵5～6	磷酸二铵3～4	尿素15～17
		2	有机肥料1500、复合肥（15-15-15）20	—	尿素20
		3	有机肥料1500、复合肥（30-10-10）35～40	—	—
>650	氮肥（N）：15 磷肥（P_2O_5）：4.5 钾肥（K_2O）：4.5	1	有机肥料1500、复合肥（15-15-15）30	—	尿素20～27
		2	有机肥料1500、磷酸二铵6、氯化钾7	磷酸二铵4	尿素20～25

1）河南夏玉米氮肥推荐用量。河南夏玉米基于目标产量和不同生产区域的氮肥推荐用量见表 4-25。

表 4-25　河南夏玉米分区氮肥推荐用量　（单位：千克/亩）

生产区域	目标产量				
	<400	400 ~ <600	600 ~ <700	700 ~ <800	≥800
豫北	8 ~ 12	12 ~ 14	14 ~ 16	16 ~ 18	20 ~ 22
豫东	10 ~ 12	12 ~ 14	14 ~ 16	18 ~ 21	22 ~ 24
豫中南	8 ~ 10	10 ~ 12	12 ~ 14	15 ~ 18	18 ~ 20
豫西南	7 ~ 9	9 ~ 12	12 ~ 14	13 ~ 16	16 ~ 18
豫西水浇地	8 ~ 10	10 ~ 12	12 ~ 14	16 ~ 18	18 ~ 20
豫西旱地	7 ~ 8	8 ~ 10			

2）河南夏玉米磷肥推荐用量。河南夏玉米基于目标产量和土壤速效磷含量的磷肥推荐用量见表 4-26。

表 4-26　河南夏玉米分区磷肥推荐用量　（单位：千克/亩）

土壤速效磷含量/（毫克/千克）	目标产量				
	<400	400 ~ <600	600 ~ <700	700 ~ <800	≥800
<7	2 ~ 3	3 ~ 5	—	—	—
7 ~ <14	1 ~ 2	2 ~ 3	4 ~ 5	—	—
15 ~ <20	0	0 ~ 2	3 ~ 4	4 ~ 6	5 ~ 8
≥20	0	0	0 ~ 3	2 ~ 4	3 ~ 5

3）河南夏玉米钾肥推荐用量。河南夏玉米基于目标产量和土壤速效钾含量的钾肥推荐用量见表 4-27。

表 4-27　河南夏玉米分区钾肥推荐用量　（单位：千克/亩）

土壤速效钾含量/（毫克/千克）	目标产量				
	<400	400 ~ <600	600 ~ <700	700 ~ <800	≥800
<80，连续还田 3 年以上	0	0 ~ 3	3 ~ 4	3 ~ 6	6 ~ 8
<80，没有或还田 3 年以下	2 ~ 3	3 ~ 4	4 ~ 5	6 ~ 8	8 ~ 10
≥80，连续还田 3 年以上	0	0 ~ 2	2 ~ 4	4 ~ 5	5 ~ 6
≥80，没有或还田 3 年以下	0 ~ 2	2 ~ 3	3 ~ 5	4 ~ 6	6 ~ 8

4）微量元素推荐用量。河南夏玉米各产区建议每亩底施硫酸锌 1～2 千克。

（2）山东夏玉米测土施肥配方 山东夏玉米播种面积达 3600 万亩，平均亩产 400 千克，最高亩产 700 千克，主要分布在山东中西部的潍坊、德州、聊城、临沂、淄博等市。山东夏玉米土壤养分状况及基于目标产量和耕地类型的氮、磷、钾肥推荐用量见表 4-28 和表 4-29。

表 4-28　山东夏玉米土壤养分状况

耕地类型	有机质含量/（克/千克）	碱解氮含量/（毫克/千克）	速效磷含量/（毫克/千克）	速效钾含量/（毫克/千克）
高产田	12～14	100～120	20～30	120～150
中高产田	11～13	80～100	18～25	100～130
中产田	8～11	70～90	15～20	90～110
低产田	8～10	50～70	10～15	80～100

表 4-29　山东夏玉米的氮、磷、钾肥推荐用量　（单位：千克/亩）

耕 地 类 型	目 标 产 量	氮（N）	磷（P_2O_5）	钾（K_2O）
高产田	≥600	16	3～6	6～8
中高产田	500～<600	14～16	2～4	6～8
中产田	400～<500	12～14	0～2.5	5～6
低产田	<400	10～12	0	0～5

（3）河北夏玉米测土施肥配方 河北夏玉米播种面积在达 2900 万亩，主要集中在冀中南山前平原、冀东等地区。河北夏玉米基于目标产量和土壤速效养分的氮、磷、钾肥推荐用量见表 4-30。

（4）山西夏玉米测土施肥配方 山西夏玉米播种面积达 630 万亩，平均亩产 290.3 千克，最高亩产 686.8 千克，主要分布在运城、临汾、晋城、晋中、太原、长治等地区。山西夏玉米基于目标产量和土壤养分状况的氮、磷、钾肥推荐用量见表 4-31。

（5）湖北夏玉米测土施肥配方 湖北夏玉米播种面积达 643.2 万亩，平均亩产 308 千克，最高亩产 661.1 千克，主要分布在恩施、宜昌、襄樊、十堰等地区。湖北夏玉米土壤养分状况及在施用有机肥料 2000～3000 千克基础上，氮、磷、钾肥的推荐用量见表 4-32 和表 4-33。

表 4-30　河北夏玉米氮、磷、钾肥推荐用量

土壤养分状况				目标产量650千克/亩时的推荐用量/（千克/亩）			目标产量600千克/亩时的推荐用量/（千克/亩）			目标产量550千克/亩时的推荐用量/（千克/亩）			目标产量500千克/亩时的推荐用量/（千克/亩）		
有机质含量/（克/千克）	碱解氮含量/（毫克/千克）	速效磷含量/（毫克/千克）	速效钾含量/（毫克/千克）	氮（N）	磷（P_2O_5）	钾（K_2O）	氮（N）	磷（P_2O_5）	钾（K_2O）	氮（N）	磷（P_2O_5）	钾（K_2O）	氮（N）	磷（P_2O_5）	钾（K_2O）
≥20	≥80	≥20	≥120	17	1.5	2	15	1	0	12.5	0	0	—	—	—
>15～20	70～<80	>15～20	100～<120	—	—	—	17.5	2.5	3.5	15	1.8	1.6	—	—	—
10～15	60～<70	10～15	80～<100	—	—	—	20.5	4.7	7	18	4	5	15.5	3.2	3
<10	<60	<10	<80	—	—	—	—	—	—	21	6	8	18	5	7

表 4-31　山西夏玉米氮、磷、钾肥推荐用量

配方区	配方亚区	土壤养分状况			产量/(千克/亩)		推荐用量/(千克/亩)					
		有机质含量/(克/千克)	速效磷含量/(毫克/千克)	速效钾含量/(毫克/千克)	前3年平均产量	目标产量	氮 (N)			磷 (P_2O_5)		钾 (K_2O)
							基肥	种肥	追肥	基肥	种肥	基肥
晋中区	平川水地高产	>9	7.0 左右	>150	500 左右	500~600	7~8.5		4~5	5~7		6~10
	平川水地中产	7~9	5.0 左右	<150	300~450	400~500	6~7		3~4.5	5~7		3~6
	丘陵旱塬	6~8	3~7	150 左右	300 左右	350~450	8~9			4~5	1	
晋东南区	平川水地高产	>17	8~20	>200	400	450~500	7~9		4~5	6~7.5		3~5
	平川水地中产	13~17	6~15	150~200	300	350~450	6~8		3~5	5~7		3
	旱塬梯田	13~20	4~13	<150	200	250~350	7~9			4~6		
晋南区	平川水地	>10	5~10	>120	400~500	450~600		1	10~14		2	4~10
		10 左右	3~5	<120	200~350	350~400		1	7~8.5		2	4~8
	旱塬	10 左右	5 左右	120 左右	200~250	250~350		1	5~7		2	

表 4-32　湖北夏玉米土壤养分状况

耕地类型	有机质含量/（克/千克）	碱解氮含量/（毫克/千克）	速效磷含量/（毫克/千克）	速效钾含量/（毫克/千克）
高产田	>30	>110	>22	>105
中高产田	20~30	60~110	15~22	70~105
中产田	5~20	40~60	5~15	18~70
低产田	<5	<40	<5	<18

表 4-33　湖北夏玉米氮、磷、钾肥推荐用量

（单位：千克/亩）

耕地类型	目标产量	氮（N）	磷（P_2O_5）	钾（K_2O）
高产田	≥600	17	2~4	3~8
中高产田	500~<600	15~17	3~6	5~8
中产田	400~<500	12~13	3~6	3~7
低产田	<400	12	1.8~3.5	3~5

（6）陕西夏玉米测土施肥配方　陕西夏玉米播种面积达1699万亩，平均亩产379.9千克，最高亩产700千克，主要分布在宝鸡、咸阳、西安、渭南等市。陕西夏玉米土壤养分状况及在施用有机肥料2000~3000千克基础上，氮、磷、钾肥推荐用量见表4-34和表4-35。

表 4-34　陕西夏玉米土壤养分状况

耕地类型	有机质含量/（克/千克）	碱解氮含量/（毫克/千克）	速效磷含量/（毫克/千克）	速效钾含量/（毫克/千克）
高产田	12~13	65~85	24~30	125~140
中产田	9.8~11	50~65	17~24	115~125
低产田	8.0~8.7	40~50	14~17	100~115

（7）重庆、四川夏玉米测土施肥配方　重庆夏玉米播种面积达690万亩，四川夏玉米播种面积达2100万亩。

表 4-35　陕西夏玉米氮、磷、钾肥推荐用量

（单位：千克/亩）

耕地类型	目标产量	氮（N）	磷（P_2O_5）	钾（K_2O）
高产田	≥600	17	2～4	3～8
中高产田	500～<600	15～17	3～6	5～8
中产田	400～<500	10～13	3～6	3～7
低产田	<400	12	1.8～3.5	3～5

1）重庆、四川夏玉米氮肥推荐用量。重庆、四川夏玉米基于目标产量和土壤肥力的氮肥推荐用量见表 4-36。

表 4-36　重庆、四川夏玉米氮肥推荐用量

（单位：千克/亩）

土壤肥力		目标产量/（千克/亩）		
基础地力产量	土壤有机质含量/（克/千克）	400～<500	500～<600	≥600
<100	<10	12～14	15～17	17～19
100～<150	10～<20	10～12	13～15	15～17
150～<200	20～<30	9～11	11～13	13～15
200～<250	30～<40	8～10	9～11	11～13
≥250	≥40	6～8	8～10	9～11

2）重庆、四川夏玉米磷肥推荐用量。重庆、四川夏玉米基于目标产量和土壤速效磷的磷肥推荐用量见表 4-37。

表 4-37　重庆、四川夏玉米磷肥推荐用量

（单位：千克/亩）

速效磷（P）/（毫克/千克）	产量水平		
	400～<500	500～<600	≥600
<7	6～7	7～8	8～10
7～<12	5～6	6～7	6～8
12～<22	4～5	5～6	4～6
22～<30	3～4	3～5	2～4
≥30	0	0	0

3）重庆、四川夏玉米钾肥推荐用量。重庆、四川夏玉米基于土壤交速效钾含量的钾肥推荐用量见表4-38。

表4-38　重庆、四川夏玉米钾肥推荐用量

土壤速效钾含量/（毫克/千克）	钾肥推荐用量/（千克/亩）	
	除钙质紫色土以外的其他土壤	钙质紫色土
<50	7~9	4~6
50~<80	5~7	3~5
80~<100	3~5	2~3
100~<120	2~3	0
≥120	0	0

4）微量元素推荐用量。重庆、四川夏玉米微量元素丰缺临界指标及推荐用量见表4-39。

表4-39　重庆、四川夏玉米微量元素丰缺临界指标及推荐用量

元素	提取方法	丰缺临界指标/（毫克/千克）	基施推荐用量/（千克/亩）
锌	DTPA	0.5	硫酸锌1~2
硼	沸水	0.5	硼砂0.5~0.75

（8）云南夏玉米测土施肥配方　云南夏玉米种植面积达1500万亩，全省各地均有种植。

1）云南夏玉米氮肥推荐用量。氮肥基肥推荐用量见表4-40、追肥推荐用量见表4-41。

表4-40　云南夏玉米氮肥基肥推荐用量　（单位：千克/亩）

0~20厘米土壤硝态氮含量/（毫克/千克）	玉米目标产量		
	400~<500	500~<600	≥600
30	5~6	6~8	7~9
45	4~5	5~7	6~8
60	3~4	4~6	5~7
75	2~3	3~5	4~6
90	—	2~4	3~5

表 4-41　云南夏玉米氮肥追肥（大喇叭口期）推荐用量

（单位：千克/亩）

0～30 厘米土壤硝态氮含量/(毫克/千克)	玉米目标产量		
	400～<500	500～<600	≥600
30	8～10	9～11	10～12
45	7～9	8～10	9～10
60	6～8	7～8	8～9
75	5～6	6～7	7～8
90	4～5	5～6	6～7
105	3～5	4～5	5～6
120	2～4	4	4～5

2）云南夏玉米磷肥推荐用量。基于目标产量和土壤速效磷含量的夏玉米磷肥推荐用量见表 4-42。

表 4-42　云南夏玉米磷肥（P_2O_5）推荐用量

目标产量/(千克/亩)	土壤肥力等级	土壤有效磷含量/(毫克/千克)	磷肥（P_2O_5）推荐用量/(千克/亩)
400～<500	极低	<7	4～5
	低	7～<14	3～4
	中	14～<30	2～3
	高	30～<40	1～2
	极高	≥40	0
500～<600	极低	<7	5～6
	低	7～<14	4～5
	中	14～<30	3～4
	高	30～<40	2～3
	极高	≥40	0
≥600	极低	<7	6～7
	低	7～<14	5～6
	中	14～<30	4～5
	高	30～<40	3～4
	极高	≥40	0

3）云南夏玉米钾肥推荐用量。基于速效钾含量的夏玉米钾肥推荐用量见表4-43。

表4-43　云南夏玉米钾肥（K_2O）推荐用量

土壤肥力等级	速效钾含量/（毫克/千克）	钾肥（K_2O）推荐用量/（千克/亩）
极低	<50	8～10
低	50～<90	6～8
中	90～<120	4～6
高	120～<150	2～4
极高	≥150	0

4）云南夏玉米微量元素推荐用量。云南夏玉米微量元素丰缺临界指标及推荐用量见表4-44。

表4-44　云南夏玉米微量元素丰缺临界指标及推荐用量

元　素	提取方法	丰缺临界指标/（毫克/千克）	基施推荐用量/（千克/亩）
锌	DTPA	0.5	硫酸锌1～2
硼	沸水	0.5	硼砂0.5～0.75

2. 夏玉米施肥建议

（1）肥料运筹　夏玉米施肥以有机肥为主，重施氮肥、适施磷肥、增施钾肥、配施微肥；采用有机肥料与磷、钾、微肥混合作为底肥，氮肥以追施为主；追肥应前重后轻。针对夏玉米抢茬复播的特点，要抓好前茬小麦基肥的施用，特别是有机肥料和磷肥的施用；要注意播种时氮肥、磷肥的施用；及时追促苗肥，大喇叭口期重追氮肥；注意锌、硼微肥的施用。

结合整地灭茬一次施入玉米专用肥，全部的有机肥料、磷肥、钾肥、锌肥及氮肥总量的40%作为基肥。氮肥总量的50%在大喇叭口期追施，氮肥总量的10%在抽雄期追施。

（2）施肥方法　夏玉米施肥应掌握追肥为主，基肥并重，种肥为辅；基肥前施，磷、钾肥早施，追肥分期施等原则。

1）施足基肥。夏玉米的基肥比较特殊，一般在前茬作物底肥中适当增施。施肥配方中磷、钾肥全作为基肥；氮肥总量的60%作为基肥。对于保水保肥性能差的土壤以作为追肥为主。基肥要均匀撒于地表，随耕翻入20厘米深的土壤中。

2）巧施种肥。播种时，从施肥配方中拿出氮肥（N）1～1.5千克、磷肥（P_2O_5）3千克、钾肥（K_2O）1～1.5千克作为种肥，条施或穴施。严禁与种子接触，为培养壮苗打基础。

3）用好追肥。追肥分为苗肥、拔节肥、穗肥3种。

一是抓紧追促苗肥。夏玉米定苗后，抓紧第一次追促苗肥，一般可在距苗10厘米处开沟或挖穴深施（10厘米以下）重施（尿素10千克/亩或配方专用肥30千克/亩）。

二是重施拔节肥。玉米拔节时（7叶展开），在距苗10厘米处开沟或挖穴深施（10厘米以下）重施（约占追肥总量的60%，未施底肥、种肥、促苗肥者应占追肥总量的80%）。

三是补施穗肥。玉米大喇叭口期（10～11叶展开）每亩穴施尿素5～10千克，施后要及时覆土。

4）活用根外追肥。常在缺素症状出现时或根系功能出现衰退时采用此法。用1%的尿素溶液或0.08%～0.1%的磷酸二氢钾溶液，于晴天16：00进行叶面喷洒。

5）配施微肥。微量元素缺乏的田块，每亩锌、硼、锰基肥用量为0.5千克、0.5千克、1.2千克。施用时掺入适量细土，均匀撒于地表，犁入土中。用作种肥时，可用0.01%～0.05%的硫酸锌、硼砂或硼酸、硫酸锰溶液浸种12～24小时，晾干后即可播种。也可用0.1%～0.2%的硫酸锌、硼砂或硼酸、硫酸锰溶液作为根外追肥，喷施2次，时间间隔15天左右。

身边案例

平塘县推广玉米测土配方施肥技术的效果与措施

平塘县农业局在承担实施农业部（现为农业农村部）测土配方施肥项目及整乡推进省级示范项目过程中，在不同土壤类型、肥力水平上实施了大量的玉米田间肥效试验，收集试验数据并利用系统软件进行分析，初步摸索县域玉米生产的氮、磷、钾肥不同施用量的最佳配比，提出配方建议，通过发放施肥建议卡、创办示范点形式，指导大田生产，既降低了生产成本，减少了农业面源污染，又取得了较好的产量水平，提高了农业生产效益，主要体现在肥料利用率和产量的提高方面。

1. 平塘县域的基本情况

平塘县国土部门“二调”耕地面积达73万余亩，常年玉米种植面积达15万亩，属于典型的山区农业县。土种主要有黄沙泥土、黄泥土、石渣质土、石灰土等。项目实施前3年全县玉米单产水平仅为374.65千克/亩。导致产量低的主要原因：一是土地瘠薄、施肥不足、干旱严重等客观原因；二是栽培技术水平较低，盲目施用化肥，氮、磷、钾肥配比不合理等主观原因。在玉米生产上实施测土配方施肥技术很有必要。

2. 实施测土配方施肥技术取得的成效

（1）增产效果明显　4年累计推广实施测土配方施肥面积达30万亩，保收面积达27万亩。对各示范点上、中、下等地块按丰收计划验收方法进行测产验收，4年项目平均单产为406.3千克/亩，比项目前3年增31.65千克/亩，增幅为8.45%；比同期农民习惯施肥373.45千克/亩增产32.39千克/亩，增幅为8.68%。

（2）经济效益显著　测土配方施肥项目区4年平均产值达686.8元/亩，投入504.24元/亩，纯收入182.56元/亩，投入产出比为1∶1.36；农民习惯施肥平均产值为632.23元/亩，投入486.69元/亩，纯收入145.54元/亩，投入产出比为1∶1.30。项目区与习惯施肥区相比，平均亩节本37.12元/亩，新增产值55.5元/亩，累计新增总产值1484.92万元，新增成本17.55万元，新增总成本471.01万元，新增总收入1015.88万元，新增投产比为1∶2.16。

（3）肥料利用率提高　根据对4年来17个玉米同田对比试验结果进行计算分析，配方区的氮、磷、钾肥平均利用率分别为43.13%、20.71%、42.70%，而习惯施肥区的氮、磷、钾肥平均利用率为34.62%、15.19%、33.91%；配方肥与习惯施肥相比，氮、磷、钾肥利用率分别提高9.51、5.52、8.79个百分点。

3. 采取的主要措施

（1）科学制订施肥配方　2007年以来，连续4年实施农业部测土配方施肥项目，共开展玉米“3414”试验9个，同田对比试验17个，采集旱地土样2800个，并进行pH、有机质、速效磷、全氮、碱解氮、缓效钾、速效钾七大指标，以及有效硫、有效铁、有效锰、有效铜、有效锌、有效硼、交换性钙、交换性镁、石灰需要量测定。根据4年

7000个土样化验结果，pH平均值为5.8，土壤偏酸性；有机质为34.69克/千克，中等偏高；全氮为1.887克/千克，中等偏低；速效磷为12.50毫克/千克，中等；速效钾为55.81毫克/千克，中等偏低。在玉米种植主要区域的不同土壤类型、肥力水平地块上安排实施玉米"3414"及同田对比试验。试验前采集试验地块土样并进行室内分析测试，验收时取所需处理号植株样品（茎秆、籽粒）进氮、磷、钾测试，根据试验结果、测试数据进行分析，制订不同施肥配方。主要配方为：$N:P_2O_5:K_2O$ = 15:10:16，14:9:14，12:8:10。在此配方基础上根据各地区田块的土壤测试值进行"大配方、小调整"。

（2）创办示范亮点　根据不同区域施肥配方制订示范技术实施方案，结合玉米高标准栽培、病虫害综合防治等技术措施，把具体的施肥技术，如施单质氮、磷、钾肥品种总量，以及施肥时期、各期施肥量等上墙公示。在全县19个乡镇70个行政村都分别将测土配方施肥建议方案进行上墙公示，为农民群众种植高产玉米提供技术指导。

（3）加大宣传，深入开展培训　为确保示范成效带动农民积极推广测土配方施肥技术，根据玉米田间管理不同农事季节进行现场技术指导，通过有线电视、宣传标语、田间现场及室内理论技术培训等，加大宣传培训力度。2007—2010年共开展培训63期次，完成培训人员5800人次，其中，培训技术骨干550人次、培训农民4600人次、经销人员650人次，发放宣传资料1.4万份，开展各种技术现场26次，编写简报25期，科技赶集宣传37场次，制作墙体广告535条，发放施肥挂图1.5万张，制作电视节目24次。

（根据熊永勤发表在《耕作与栽培》上论文摘录）

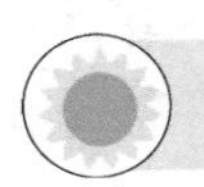

第二节　玉米营养套餐施肥技术

近年来，农业农村部推广测土配方施肥技术，采取"测土、试验、配方、配肥、供肥、施肥指导"一条龙服务的技术模式，因此，引入人体健康保健营养套餐理念，在测土配方施肥技术的基础上建立作物营养套餐施肥技术，在提高或稳定作物产量的基础上，改善作物品质、保护生态环境，为农业可持续发展做出相应的贡献。

一、作物营养套餐施肥技术概述

作物营养套餐施肥技术是借鉴人体健康保健营养套餐理念，考虑人体营养元素与作物必需营养元素的关系，在测土配方的基础上，在养分归还学说、最小养分律、因子综合作用律等施肥基本理论指导下，按照各种作物生育期对营养的吸收规律，综合调控作物生长发育与环境的关系，对农用化学品投入进行科学的选择、经济的配置，实现高产、高效、安全的栽培目标，统筹考虑栽培管理因素，以最优的配置、最少的投入、最优的管理达到最高的产量。

1. 作物营养套餐施肥技术的基本理念

作物营养套餐施肥技术是在总结和借鉴国内外作物科学施肥技术和综合应用最新研究成果的基础上，根据作物的养分需求规律，针对各种作物主产区的土壤养分特点、结构性能差异、最佳栽培条件及高产量、高质量、高效益的现代农业栽培目标，引入人体健康保健营养套餐理念，精心设计出的系统化的施肥方案。其核心理念是实现作物各种养分资源的科学配置及其高效综合利用，让作物“吃出营养”“吃出健康”“吃出高产高效”。

2. 作物营养套餐施肥技术的技术创新

作物营养套餐施肥技术有两大方面创新：一是从测土配方施肥技术中走出了简单掺混的误区，不仅仅是在测土的基础上设计每种作物需要的大量、中量、微量元素的数量组合，更重要的是为了满足各种作物养分需求中有机营养和矿质营养的定性配置；二是在营养套餐施肥方案中，除了传统的根部施肥配方外，还强调配合施用高效专用或通用的配方叶面肥，使两种施肥方式互相补充、相互完善，起到施肥增效的作用。

3. 作物营养套餐施肥技术与测土配方施肥技术的区别

作物营养套餐施肥技术与测土配方施肥技术的不同之处在于：第一，测土配方施肥技术是以土壤为中心，作物营养套餐施肥技术是以作物为中心。作物营养套餐施肥技术强调作物与养分的关系，因此，要针对不同的土壤理化性质、作物特性制订多种配方，真正做到按土壤、按作物科学施肥。第二，测土配方施肥技术施肥方式单一，作物营养套餐施肥技术施肥方式多样。作物营养套餐施肥技术实行配方化底肥、配方化追肥和配方化叶面肥三者结合，属于系统工程，要做到不同的配方肥料产品之间和不同的施肥方式之间的有机配合，如此才能增产提效，做到科学施肥。

4. 作物营养套餐施肥技术的技术内涵

作物营养套餐施肥技术是通过引进和吸收国内外有关作物营养科学的最新技术成果，融肥料效应田间试验、土壤养分测试、营养套餐配方、农用化学品加工、示范推广服务、效果校核评估为一体，组装技物结合连锁配送、技术服务到位的测土配方营养套餐系列化平台，逐步实现测土配方与作物营养套餐施肥技术的规范化、标准化。其技术内涵主要表现在以下方面：

（1）提高作物对养分的吸收能力 众所周知，大多数作物生长所需要的养分主要通过根系吸收，但也能通过茎、叶等根外器官吸收养分。因此，促进作物根系生长就能够大大提高养分的吸收利用率。通过合理施肥、植物生长调节剂、菌肥菌药，以及适宜的农事管理措施，均能有效地促进根系生长。例如，德国康朴集团的凯普克、华南农业大学的根得肥、云南金星化工有限公司的高活性有机酸水溶肥、新疆慧尔农业有限公司的氨基酸生物复混肥、云南金星化工有限公司的 PPF 等。

（2）解决养分的科学供给问题 一是有机肥与无机肥并重。作物营养套餐施肥技术的一个重要内容就是在底肥中配置一定数量的生态有机肥、生物有机肥等精制商品有机肥，实施有机肥与无机肥并重的施肥原则，实现补给土壤有机质、改良土壤结构、提高化肥利用率的目的；二是保证大量元素和中量、微量元素的平衡供应。从养分平衡和平衡施肥的角度出发，作物营养套餐施肥技术十分重视在科学施用氮、磷、钾肥的基础上，合理施用微肥和有益元素肥。

（3）灵活运用多个施肥技术是作物营养套餐施肥技术的重要内容 一是养套餐施肥技术是肥料种类（品种）、施肥量、养分配比、施肥时期、施肥方法和施肥位置等项技术的总称。其中第一项技术与施肥效果密切有关。只有在平衡施肥的前提下，各种施肥技术之间相互配合、互相促进，才能发挥肥料的最大效果。二是大量元素肥料应以基肥和追肥为主，基肥应以有机肥料为主，追肥应以氮、磷、钾肥为主。三是因为作物对微量元素的需求量小，坚持根部补充与叶面补充相结合，充分重视叶面补充的重要性。四是在氮肥的施用上，提倡深施覆土，反对撒施肥料。五是化肥的施用量是个核心问题，要根据具体作物的营养需求和各个时期的需肥规律，确定合理的化肥用量，真正做到因作物施肥，按需施肥。六是在考虑底肥的施用量时，要统筹考虑到追肥和叶面肥选用的品种和作用量，应做到各品种间的互相配合、互相促进，真正起到 $1+1+1>3$ 的效果。

（4）坚持技术集成的原则，简化施肥程序与节约成本 作物营养套餐专用肥是根据耕地土壤养分实际含量和作物的需肥规律，有针对性地配置生产出来的一种多元素掺混肥料。具有以下几个特点：一是配方灵活，可以满足营养套餐配方的需要；二是生产设备投资小，生产成本低，竞争力强。年产10万吨的复合肥生产造粒设备需要500万元，同样年产10万吨作物营养套餐专用肥设备仅需50余万元。三是作物营养套餐专用肥养分利用率高，并有利于保护环境。由于这种产品的颗粒大，养分释放较慢，肥效稳长，利于作物吸收，因而损失较少，可以减少肥料养分淋失，减少污染。四是添加各种新产品比较容易。作物营养套餐专用肥的生产工艺属于一种纯物理性质的搅拌（掺混）过程，只要解决了共容性问题，就可以容易地添加各种中量、微量元素及各种控释尿素、硝态氮肥、有机物质，能够实现新产品的集成运用，形成相容互补的有利局面，能够真正帮助农民实现只用一袋子肥料种地，也能实现增产增收的梦想。

二、玉米营养套餐施肥的技术环节

玉米营养套餐施肥的重要技术环节包括：土壤样品的采集、制备与养分测试；肥料效应田间试验；玉米营养套餐施肥的效果评价方法；县域施肥分区与营养套餐施肥设计；玉米营养套餐施肥技术的推广普及等。

1. 土壤样品的采集、制备与养分测试

（1）混合土样的采集

1）采样前的田间基本情况调查。调查记录内容：在田间取样的同时，调查田间基本情况。主要调查记录内容包括取样地块前茬作物种类、产量水平和施肥水平等。调查方法：询问陪同取样调查的村组人员和地块所属农户。

2）采样数量。要保证足够的采样点，使之能代表采样单元的土壤特性。采样点的多少，取决于采样单元的大小、土壤肥力的一致性等，一般以10～20个点为宜。平均采样单元为100亩（平原区大田作物每100～500亩采一个混合样；丘陵区大田作物每30～80亩采一个混合样）。为便于田间示范追踪和施肥分区需要，采样集中在位于每个采样单元相对中心位置的典型农户的面积为1～10亩的典型地块。

3）采样时间。玉米在收获后或播种前采集（上茬作物已经基本完成生育进程，下茬作物还没有施肥），一般在秋后。进行氮肥追肥推荐时，应在追肥前（或作物生长的关键时期）采用土壤无机氮测试或植株氮营

养诊断方法。同一采样单元，无机氮每季或每年采集1次，或者进行植株氮营养快速诊断；土壤有效磷、速效钾2~4年采集1次，中量、微量元素3~5年采集1次。

(2) 样品的风干、制备和保存

1）将采回的土样放在木盘中或塑料布上，摊成薄薄的一层，置于室内通风阴干。为防止样品在干燥过程中发生成分与性质的改变，不能以太阳暴晒或烘箱烘干，即使因急需而使用烘箱，也只能限于低温鼓风干燥。在土样半干时，应将大土块捏碎（尤其是黏性土壤），以免完全干后结成硬块，难以磨细。风干场所力求干燥通风，并要防止酸蒸汽、氨气和灰尘的污染。必要时应使用干净的薄纸覆盖土面，避免尘埃、异物等落入。

样品风干后，应拣去动植物残体，如根、茎、虫体和石块、结构（石灰、铁、锰）等。如果石子过多，应当将拣出的石子称重，记下其所占的比例。

2）粉碎过筛风干后的土样，用木棍研细，使之全部通过2毫米或1毫米孔径的筛子，有条件时，可用土壤样品粉碎机粉碎。充分混匀后用四分法分成两份，一份作为物理分析用，另一份作为化学分析用，即土壤pH、交换性能、有效养分等测定之用。同时要注意，土壤不宜研得太细，这样会破坏单个的矿物晶粒。因此，研碎土样时，不能用榔头锤打，因为矿物晶粒破坏后，暴露出新的表面，增加了有效养分的溶解。

为了保证样品不受到污染，必须注意制样的工具与存储方法等。磨制样品的工具应取未上过漆的木盘、木棒或木杵。对于坚硬的、必须通过很细筛孔的土粒，应用玛瑙乳钵和玛瑙杵研磨，因玛瑙（SiO_2）可使任何土粒研细通过100目的筛孔。但不可敲击玛瑙制品，以免损坏。在筛分样品时，应取尼龙网眼的筛子，不用金属筛，防止过筛时因摩擦而使金属成分进入样品。

全量分析的样品包括有机质、全氮等的测定，为了减少称样误差和使样品容易分解，需要将样品磨得更细。方法是取部分已混匀的2毫米或1毫米的样品铺开，划成许多小方格，用骨匙多点取出土壤样品约20克，磨细，使之全部通过100目筛子。

3）样品的保存。一般样品用磨口塞的广口瓶或塑料瓶保存半年至1年，以备必要时查核之用。样品瓶上的标签必须注明样品号、采样地点、土类名称、试验区号、深度、采样日期、筛孔、采集人等项目。

用于控制分析质量的标样叫标准样品，可从国家标准物质中心购买。

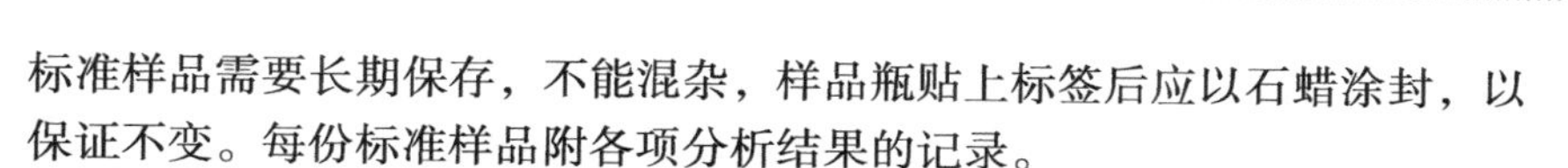

标准样品需要长期保存，不能混杂，样品瓶贴上标签后应以石蜡涂封，以保证不变。每份标准样品附各项分析结果的记录。

（3）土壤样品的养分测试　应按照测土配方施肥技术规范中的“土壤与养分测试”中提供的方法测试。

2. 肥料效应田间试验

（1）示范方案　每万亩营养套餐施肥田设 2 ~ 3 个示范点，进行田间对比示范。示范点设置农民常规施肥对照区和营养套餐施肥区两个处理，另外，加设一个不施肥的空白处理。其中营养套餐施肥、农民常规施肥处理不少于 200 米，空白（不施肥）处理不少于 30 米。其他参照一般肥料试验要求。通过田间示范，综合比较肥料投入、玉米产量、经济效益、肥料利用率等指标，客观评价玉米营养套餐施肥的效益，为营养套餐施肥技术参数的校正及进一步优化肥料配方提供依据。田间试验应包括规范的田间记录档案和示范报告。

（2）结果分析与数据汇总　对于每一个示范点，可以利用 3 个处理之间产量、肥料成本、产值等方面的比较从增产和增收等角度进行分析，同时也可以通过营养套餐施肥产量结果与计划产量之间的比较进行参数校验。

（3）农户调查反馈　农户是营养套餐施肥的具体应用者，通过收集农户施肥数据进行分析是评价营养套餐肥效效果与技术准确度的重要手段，也是修正肥料配方的基本途径。因此，需要进行营养套餐施肥的反馈与评价工作。该项工作可以由各级配方施肥管理机构进行独立调查，结果可以作为营养套餐配方施肥执行情况评价的依据之一，也是社会监督和社会宣传的重要途径，甚至可以作为配方技术人员工作水平考核的依据。调查内容数据包括以下内容：

1）测土样点农户的调查与跟踪以每县主要作物选择 30 ~ 50 个农户，填写农户测土配方施肥田块管理记载反馈表，留作测土配方施肥反馈分析。反馈分析的主要目的是评价农户执行测土配方施肥推荐方案的情况和效果，建议配方的准确度。具体分析方法见下节测土配方施肥的效果评价方法。

2）农户施肥调查以每县选择 100 户左右的农户，开展农户施肥调查，最好包括测土配方施肥农户和常规施肥农户，调查内容略。主要目的是评价测土配方施肥与常规施肥相比的效益，具体方法见下节测土配方施肥的效果评价方法。

3. 玉米营养套餐施肥的效果评价方法

（1）玉米营养套餐施肥农户与常规施肥农户及玉米营养套餐施肥前后的比较 主要从养分投入量、玉米产量、效益方面进行评价。通过比较两类农户、施肥前后氮、磷、钾养分投入量来检验玉米营养套餐施肥的节肥效果，也可利用结果分析与数据汇总的方法计算营养套餐施肥的增产率、增收情况和投入产出效率。

（2）玉米营养套餐施肥准确度的评价 从农户和玉米两方面对玉米营养套餐施肥技术的准确度进行评价。主要比较营养套餐施肥技术推荐的目标产量和实践执行后获得的产量来判断技术的准确度，找出存在的问题和需要改进的地方，包括推荐施肥方法是否合适、采用的配方参数是否合理、丰缺临界指标是否需要调整等。也可以作为配方人员技术水平的评价指标。

4. 县域施肥分区与营养套餐施肥设计

（1）收集与分析研究有关资料 玉米营养套餐施肥技术的涉及面极广，如土壤类型及其养分供应特点、当地的种植业结构、玉米养分需求规律、产量状况及发展目标、现阶段的土壤养分含量、农民的习惯施肥方法等，无不关系到技术推广的成败。要搞好玉米营养套餐施肥，就必须大量收集与分析研究这些有关资料，如此才能制订出正确的科学施肥方案。例如，当地的第二次土壤普查资料、主要作物的种植生产技术现状、农民目前的施肥特点、玉米养分需求状况、肥料施用及田间试验数据等，尤其是当地的土地利用现状图、土壤养分图等更应关注，可作为县城肥分区的重要参考资料。

（2）确定研究区域 所谓确定研究区域，就是按照本区域的主栽作物及土壤肥力状况，分成若干县域施肥区域，根据各类施肥区内的测土化验资料（没有当时的化验资料也可参照第二次土壤普查的数据）和肥料田间试验结果，结合当地农民的实践经验，确定该区域的营养套餐施肥技术方案。具体应用时，一般以县为单位，按其自然区域及主栽作物分为几个套餐配方施肥区域，每个区又按土壤肥力水平分成若干个施肥分区，并分别制订分区内（主栽作物）的营养套餐施肥技术方案。

（3）县级土壤养分分区图的制作 县级土壤养分分区图编制的基础资料便是分区区域内的土壤采样分析测试资料。如果资料不够完整，也可参照第二次土壤普查资料及肥料田间试验资料编制，即首先将该分区内的土壤采样点标在施肥区域的土壤图上，并综合大量、中量、微量元素含量制定出整个分区的土壤养分含量的标准。例如，某县东部（或东北部）中氮高磷低钾缺锌，西部（或西北部）低氮中磷低钾缺锌和硼，北部（西北部）中氮中磷中钾缺锌等，并大致勾画出主要元素变化分区界限，形成完整的县级土壤养分分区图。原则上，每个施肥分区可以形成2～3个推荐施肥单元，用不同颜色分界。

（4）施肥分区和营养套餐施肥技术方案的形成 根据当地的玉米栽培目标及养分丰缺现状，并认真考虑影响玉米产量、品质、安全的主要限制因子等，就可以科学地制订当地的施肥分区和营养套餐施肥技术方案。

玉米营养套餐施肥技术方案应包括如下内容：玉米的养分需求特点；当地农民现行施肥的误区；当地土壤的养分丰缺现状与主要增产限制因子；营养套餐施肥技术方案。

其中，营养套餐施肥技术方案包括：①基肥的种类及推荐用量；②追肥的种类及推荐用量；③叶面肥的喷施时期与种类、用量推荐；④主要病虫草害的有效农用化学品投入时间、种类、用量及用法；⑤其他集成配套技术。

5. 玉米营养套餐施肥技术的推广普及

（1）组织实施 以县、镇农技推广部门为主，企业积极参与，成立玉米营养套餐施肥专家技术服务队；以点带面，推广玉米营养套餐施肥技术；建立玉米营养套餐施肥技物结合、连锁配送的生产、供应体系；按照“讲给农民听、做给农民看、带着农民干”的方式，开展玉米营养套餐施肥技术的推广普及工作。

（2）宣传发动 广泛利用多媒体宣传；层层动员和认真落实，让玉米营养套餐施肥技术进村入户；召开现场会，扩大玉米营养套餐施肥技术影响。

（3）技术服务 培训玉米营养套餐施肥专业技术队伍；培训农民科技示范户；培训广大农民；强化产中服务，提高技术服务到位率。

三、玉米主要营养套餐肥料

目前我国各大肥料生产厂家生产的玉米营养套餐肥料品种主要有以下类型：一是根际施肥用的增效肥料、有机型作物专用肥、有机型缓释复混肥、功能性生物有机肥等；二是叶面喷施用的螯合态高活性水溶肥；三是其他一些专用营养套餐肥，如滴灌用的长效水溶性滴灌肥等。

1. 包裹型长效腐殖酸尿素

包裹型长效腐殖酸尿素是用经过活化的腐殖酸在少量介质参与下，与尿素包裹反应生成的腐脲络合物及包裹层。产品核心为尿素，尿素的表层为活性腐殖酸与尿素反应形成络合层，最外层为活性腐殖酸包裹层，包裹层量占产品的10%~20%（不同型号含量不同）。产品含氮量不低于30%，有机质含量不低于10%，中量元素含量不低于1%，微量元素含量不低于1%。试验结果统计，包裹型长效腐殖酸尿素的肥效比尿素长30~35天，施肥35天后在土壤中保留的氮比尿素多40%~50%；其氮的利用率比尿素平均提高10.4%（相对提高38.1%），与等重量的尿素相比增产7.5%~13.5%。

2. 硅包缓释尿素

硅包缓释尿素以硅肥包裹尿素，消除化肥对农产品质量的不良影响，同时提高化肥利用率，减少尿素淋失，提高土壤肥力，方便农民使用。肥料中加入中量、微量营养元素，可以平衡作物营养。硅包缓释尿素减缓氮的释放速度，有利于减少尿素的流失。硅包缓释尿素使用高分子化合物作为包裹造粒黏合剂，使粉状硅肥与尿素紧密包裹，延长了尿素的肥效，消除了尿素的副作用，使产品具有抗倒伏、抗干旱、抗病虫，以及促进光合作用、促进根系生长发育、促进养分利用的“三抗三促”功能。目前，该产品技术指标见表4-45所示。该产品的施用方法同尿素。

表4-45　硅包缓释尿素产品技术指标

成　　分	高浓度	中浓度	低浓度
含氮量（%）	≥30	≥20	≥10
活性硅含量（%）	≥6	≥10	≥15
中量元素含量（%）	≥6	≥10	≥15
微量元素含量（%）	≥1	≥1	≥1
水分含量（%）	5	5	5

硅包缓释尿素与单质尿素相比较，具有以下作用：提高植物对硅的利用，有利于植物进行光合作用进行；增强植物对病虫害的抵抗能力，增强植物的抗倒伏能力；减少土壤对磷的固定，改良土壤酸性，消除重金属污染；对根治水稻的烂根病有良好效果；改善作物品质，使农产品色、香、味俱佳。

3. 树脂包膜的尿素

树脂包膜的尿素采用各种不同的树脂材料，主要由于释放慢，起到长效和缓效的作用，可以减少一些作物追肥的次数。玉米采用长效尿素可实现一次性施用底肥，改变以往在小喇叭口期或大喇叭口期追肥的不便；在水稻田于插秧时一次施足肥料便可以减少多次作用的进行。蔬菜上，特别是一些地膜覆盖栽培的蔬菜使用树脂包膜的尿素可以减少施肥的次数，提高肥料的利用率，节省肥料。试验结果表明，使用树脂包膜的尿素可以节省常规用量的50%。树脂包膜尿素的关键是包膜的均匀性和可控性及包层的稳定性，有一些包膜尿素的包层很脆，甚至在运输过程中就容易脱落，影响包膜的效果；包膜的薄厚不均匀，释放速率不一样也是影响包膜尿素应用效果的一个因素。目前，包膜尿素还存在一个问题，有的包膜过程比较复杂、包膜材料价格比较高，经过包膜后使成本增加过高。有些包膜材料在土壤中不容易降解，长期连续使用也会造成对土壤环境的污染，破坏土壤的物理性状。目前很多人都在进行包膜尿素的研究，通过新工艺、新材料的挖掘使得包膜尿素更完整。

4. 腐殖酸型过磷酸钙

腐殖酸型过磷酸钙是应用优质的腐殖酸与过磷酸钙，在促释剂和螯合剂的作用下，经过化学反应形成的腐殖酸磷复合物，能够有效地抑制肥料成品中有效磷的固定，减缓磷肥从速效性向迟效性和无效性的转化，可以使土壤对磷的固定减少16%以上，磷肥肥效提高10%～20%。该产品有效磷含量不低于10%。

腐殖酸型过磷酸钙能够为作物提供充足养分，刺激作物生理代谢，促进作物生长发育；能够提高氮肥的利用率，促进作物根系对磷的吸收，使磷缓慢分解；能够改良土壤结构，提高土壤保肥保水能力；能够增强作物的抗逆性，减少病虫害；能够改善作物品质，促进各种养分向果实、籽粒输送，使农产品质量好、营养高。

5. 增效磷酸二铵

增效磷酸二铵是应用NAM长效缓释技术研发的一种新型长效缓释肥，总养分量为53%（14-39-0）。产品特有的保氮、控氨、解磷集成动力系统，改变了养分释放模式，解除磷的固定，促进磷的扩散吸收，比常规磷酸二铵养分利用率提高1倍左右，磷肥利用率提高50%左右，并可使追肥中施用的普通尿素的利用率提高，延长肥效期，做到底肥长效、追肥减量。施用方法与普通磷酸二铵相同，施肥量可减少20%左右。

6. 有机酸型玉米专用肥

有机酸型玉米专用肥是根据玉米的需肥特性和土壤特点，在测土配方施肥的基础上，在传统玉米专用肥的基础上添加腐殖酸、氨基酸、生物制剂、螯合态微量元素、中量元素、生物制剂、增效剂、调理剂等，进行科学配方设计生产的一类有机无机复混肥料。其剂型有粉粒状、颗粒状和液体3种，可用于基肥、种肥和追肥。

综合各地玉米配方肥的配制资料，建议氮、磷、钾总养分量为35%，氮、磷、钾的比例为1:0.44:1.36。基础肥料选用及用量（1吨产品）如下：硫酸铵100千克、尿素204千克、磷酸一铵73千克、过磷酸钙100千克、钙镁磷肥10千克、氯化钾283千克、氨基酸螯合锌锰硼铁15千克、硝基腐殖酸100千克、氨基酸50千克、生物制剂23千克、增效剂12千克、调理剂30千克。

7. 腐殖酸型高效缓释复混肥

腐殖酸型高效缓释复混肥是在复混肥产品中配置了腐殖酸等有机成分，采用先进的生产工艺与制造技术，实现化肥与腐殖酸肥的有机结合，大量、中量、微量元素及有益元素的结合。例如，云南金星化工有限公司生产的品种有2个：15-5-20含量的腐殖酸型高效缓释复混肥是针对需钾较高的作物设计，18-8-4含量的腐殖酸型高效缓释复混肥是针对需氮较高的作物设计。

腐殖酸型高效缓释复混肥具有以下特点：一是有效成分利用率高。腐殖酸型高效缓释复混肥中氮的有效成分利用率可达50%左右，比尿素提高20%；有效磷的利用率可达30%以上，比普通过磷酸钙高出10%~16%。二是肥料中的腐殖酸成分能显著促进作物根系生长，有效地协调作物营养生长和生殖生长的关系。腐殖酸能有效地促进作物的光合作用，调节生理功能，增强作物对不良环境的抵抗力。腐殖酸可促进作物对营养元素的吸收利用，提高作物体内酶的活性，改善和提高作物产品的品质。

8. 腐殖酸涂层缓释肥

腐殖酸涂层缓释肥也称腐殖酸涂层长效肥、腐殖酸涂层缓释BB肥等。它是应用涂层肥料专利技术，配合氨酸造粒工艺生产的多效螯合缓释肥料。目前主要配方类型有15-10-15、15-5-20、20-4-16、18-5-13、23-15-7、15-5-10、17-5-8等多种。

腐殖酸涂层缓释肥与以塑料（树脂）为包膜材料的缓控释肥不同，

腐殖酸涂层缓释肥选择的缓释材料都可当季转化为作物可吸收的养分或成为土壤有机质成分，具有改善土壤结构、提升可持续生产能力的作用。同时，腐殖酸涂层缓释肥的促控分离的缓释增效模式使其成为目前市场上唯一对氮、磷、钾养分分别进行增效处理的多元素肥料，具有省肥、省水、省工、增产增收的特点，比一般复合肥的利用率提高 10 个百分点，作物平均增产 15%、省肥 20%、省水 30%、省工 30%，与习惯施肥对照，玉米每亩增产 70 千克，每亩节本增效 200 元以上。

9. 含促生真菌有机无机复混肥

含促生真菌有机无机复混肥是在有机无机复混肥料生产中，采用最新的生物、化学、物理综合技术，添加促生真菌孢子粉生产的一种新型肥料。目前主要配方类型有 17-5-8、20-0-10 等。

经试验证明，含促生真菌有机无机复混肥能够使肥料有效成分利用率提高 10%~20%，并减少养分流失导致的环境污染；该肥料为通用型肥料，不含任何有毒有害成分，不产生毒性残留；长期施用该肥料可以补给与更新土壤有机质，提高土壤肥力；该肥料含有具备卓越功能和明显增产、提质、抗逆效果的促生真菌孢子粉。

10. 生态生物有机肥

生态生物有机肥是选用优质有机原料（如木薯渣、糖渣、玉米淀粉渣、烟草废弃物等生物有机工厂的废弃物），采用生物高氮源发酵技术、好氧堆肥快速腐熟技术、复合有益微生物技术等高新生物技术生产的含有生物菌的一种生物有机肥。一般要求产品中生物菌数为 0.2 亿个/克或 0.5 亿个/克，有机质含量不低于 20%。

生态生物有机肥营养元素齐全，能够改良土壤，改善使用化肥造成的土壤板结。改善土壤理化性状，增强土壤保水、保肥、供肥的能力。生态生物有机肥中的有益微生物进入土壤后与土壤中的微生物形成相互间的共生增殖关系，抑制有害菌生长并转化为有益菌，相互作用、相互促进，起到群体的协同作用，有益菌在生长繁殖过程中产生大量的代谢产物，促使有机物的分解转化，能直接或间接地为作物提供多种营养和刺激性物质，促进和调控作物生长。提高土壤孔隙度、通透交换性及植物成活率，增加有益菌和土壤微生物及其种群。同时，在作物根系形成的优势有益菌群能抑制有害病原菌繁衍，增强作物抗逆抗病能力，降低重茬作物的病情指数，连年施用可大大缓解连作障碍。减少环境污染，对人、畜、环境安全、无毒，是一种环保型肥料。

11. 抗旱促生高效缓释功能肥

抗旱促生高效缓释功能肥是新疆慧尔农业科技股份有限公司针对新疆干旱少雨情况，在生产含促生真菌有机无机复混肥基础上添加腐殖酸、TE（稀有元素）生产的一种新型肥料。目前产品有玉米抗旱促生高效缓释功能肥（21-0-14-TE）类型，产品中腐殖酸含量不低于3%。

抗旱促生高效缓释功能肥是一种新型的具有多种功能的功能性有机肥料：一是抗旱保水，应用该肥料可减少灌水次数和提高作物抗旱能力40～60天；二是解磷溶磷，促进土壤中难溶性磷的分解，增加作物对磷的吸收；三是抑病净土，肥料中的腐殖酸能够提高作物的抗旱、抗盐碱、抗病虫作用，肥料中的促生真菌孢子粉的代谢产物可抑制土壤病原菌、病毒的生长与繁殖，净化土壤；四是促进作物生长发育，肥料中的腐殖酸能够强大作物的根系、茎叶和花果的生长发育，促生真菌孢子粉能分泌大量的生理活性物质，如细胞分裂素、吲哚乙酸、赤霉素等，明显提高作物的发根力。

12. 高效微生物功能菌肥

高效微生物功能菌肥是在生物有机肥生产中添加氨基酸或腐殖酸、腐熟菌、解磷菌、解钾菌等而生产的一种生物有机肥。一般要求产品中生物菌数为0.2亿/克，有机质含量不低于40%，氨基酸含量不低于10%。

高效微生物功能菌肥的功能有：一是以菌治菌，防病抗虫。一些有益菌快速繁殖、优先占领并可产生抗生素，抑制并杀死有害病菌，达到抗重茬、不死棵、不烂根的目的，可有效预防根腐病、枯萎病、青枯病等土传病害的发生。二是改良土壤，修复盐碱地。高效微生物菌肥使土壤形成良好的团粒结构，降低盐碱含量，有利于保肥、保水、通气、增温，使根系发达、健壮生长。三是培肥地力，增加养分含量。解磷、解钾，固氮迟效养分转化为速效养分，并可加快多种养分的吸收，提高肥料利用率，减少缺素症的发生。四是提高作物免疫力和抗逆性，使作物生长健壮，抗旱、抗涝、抗寒、抗虫，有利于高产稳产。五是多种放线菌产生吲多乙酸、细胞分裂素、赤霉素等，促进作物快速生长，并可协调营养生长和生殖生长的关系，使作物根多、棵壮、果丰、高产、优质。六是分解土壤中的化肥和农药残留及多种有害物质，使产品无残留、无公害，环保优质。

13. 高活性有机酸水溶肥

高活性有机酸水溶肥是利用当代最新生物技术精心研制开发的一种高效特效腐殖酸类、氨基酸类、海藻酸类等有机活性水溶肥，产品中的含氮量不低于80克/升，五氧化二磷的含量不低于50克/升，氧化钾的含量不低于克/升，腐殖酸（或氨基酸或海藻酸）的含量不低于50克/升。

该肥料具有多种功能：一是多种营养功能。其中含有作物需要的各种大量和微量营养成分，并且容易吸收利用，有效成分利用率比普通叶面肥高出20%～30%，可以有效地解决作物因缺素而引起的各种生理性病害。例如，西瓜的裂口及果树上的畸形果、裂果等生理缺素病害。二是促进根系生长。新型高活性有机酸能显著促进作物根系生长，增强根毛的亲水性，大大增强作物根系吸收水分和养分的能力，打下作物高产优质的基础。三是促进生殖生长。该肥料具有高度的生物活性，能有效调控作物营养生长与生殖生长的关系，促进花芽分化和果实发育，减少花果脱落，提高坐果率，促进果实膨大，减少畸形花、畸形果的发生，改善果实的外观品质和内在品质，果靓味甜，果品提前上市。四是提高抗病性能。叶面喷施能改变作物表面微生物的生长环境，抑制病菌、菌落的形成和发生，减轻各种病害的发生。例如，该肥料能预防番茄霜霉病、辣椒疫病、炭疽病、花叶病，还可缓解除草剂药害，降低农药残留，无毒无害。

14. 螯合型微量元素水溶肥

螯合型微量元素水溶肥是将氨基酸、柠檬酸、EDTA等螯合剂与微量元素有机结合起来，并可添加有益微生物生产的一种新型水溶肥料。一般产品要求微量元素含量不低于8%。

这类肥料溶解迅速，溶解度高，渗透力极强，内涵螯合态微量元素，能迅速被植物吸收，促进光合作用，提高碳水化合物的含量，修复叶片阶段性失绿；增加作物的抵抗力，迅速缓解各种作物因缺素所引起的倒伏、脐腐、空心开裂、软化病、黑斑、褐斑等众多生理性症状。作物施用螯合型微量元素水溶肥后，增加叶绿素含量及促进碳水化合物的形成，使水果和蔬菜的贮运期延长，可使果品贮藏期延长并增加果实硬度，明显增加果实外观色泽与光洁度，改善品质，提高产量，提升果品等级。

15. 活力钾、钙、硼水溶肥

活力钾、钙、硼水溶肥是利用高活性生化黄腐酸（黄腐酸属腐殖酸中分子量最小，活性最大的组分），添加钾、钙、硼等营养元素生产的一类新型水溶性肥料。要求黄腐酸含量不低于30%，其他元素含量达到水溶标准要求，如有效钙含量为180克/升、有效硼含量为100克/升。

该类肥料有六大功能：一是具有高生物活性功能的未知的促长因子，对作物的生长发育起着全面的调节作用。二是科学组合新的营养链，全面平衡作物需求，除高含量的黄腐酸外，还富含作物生长过程中所需的几乎全部氨基酸、氮、磷、钾、多种酶类、糖类（低聚糖、果糖等）、蛋白质、核酸、胡敏酸和维生素 C、维生素 E 及大量的 B 族维生素等营养成分。三是抗絮凝、具缓冲，溶解性能好，与金属离子相互作用能力强。增强了作物体内氧化酶活性及其他代谢活动；促进作物根系生长和提高根系活动，有利于作物对水分和营养元素的吸收，以及提高叶绿素含量，增强光合作用，以提高作物的抗逆能力。四是络合能力强，提高作物营养元素的吸收与运转。五是具有黄腐酸盐的抗寒抗旱的显著功能。六是改善品质，提高产量。黄腐酸钾叶面肥平均分子量为300，高生物活性对作物细胞膜这道屏障极具通透性，通过其吸附、传导、转运、架桥、缓释、活化等多种功能，使作物细胞能够吸收到更多原本无法获取的水分和养分，同时将通过光合作用所积累、合成的碳水化合物、蛋白质、糖分等营养物质向果实部位输送，以改善质量、提高产量。

四、玉米营养套餐施肥技术的应用

1. 夏玉米营养套餐施肥技术

各种肥料用量以高产、优质、无公害、环境友好为目标，选用有机无机复合肥料、长效缓释肥料、有机活性水溶肥料进行施用，各地在具体应用时，可根据当地夏玉米测土配方推荐用量进行调整。

（1）底肥 夏玉米基肥可根据当地夏玉米测土配方施肥情况及肥源情况，选择以下不同组合：

1）每亩可施生物有机肥 150～200 千克或无害化处理过的优质有机肥 1500～2000 千克、复合专用腐殖酸氨基酸型玉米专用肥 50～60 千克、包裹型尿素或增效尿素 20～30 千克，作为底肥深施。

2）每亩可施生物有机肥 150～200 千克或无害化处理过的优质有机肥 1500～2000 千克、腐殖酸涂层长效肥（15-5-10）50～60 千克、增效尿素 20～25 千克，作为底肥深施。

3）每亩可施生物有机肥 150～200 千克或无害化处理过的优质有机肥 1500～2000 千克、腐殖酸高效缓释复混肥（24-16-5）40～50 千克、增效尿素 10～15 千克、硫酸钾 7.5～10 千克，作为底肥深施。

4）每亩可施生物有机肥 150 千克、包裹型尿素 20～30 千克、缓释型

磷酸二铵15~20千克、硫酸钾12~15千克，作为底肥深施。

（2）种肥 缓释型磷酸二铵5千克、腐殖酸涂层长效肥（15-5-10）15千克穴施于距离种子10厘米处。

（3）生育期追肥 可根据夏玉米生育期的生长情况进行追肥。追肥分为苗肥、拔节肥、穗肥3种。

1）抓紧追促苗肥。夏玉米定苗后，抓紧第一次追促苗肥，一般可在距苗10厘米处开沟或挖穴深施（10厘米以下）重施腐殖酸高效缓释复混肥（24-16-5）20千克、增效尿素10千克。

2）重施拔节肥。玉米拔节时（7叶展开），在距苗10厘米处开沟或挖穴深施（10厘米以下）重施增效尿素20千克，未施底肥、种肥、促苗肥者应重施增效尿素30千克。

3）补施穗肥。玉米大喇叭口期（10~11叶展开）每亩穴施增效尿素10千克，施后要及时覆土。

（4）根外追肥 主要是在苗期、大喇叭口期进行叶面追肥。

1）夏玉米苗高0.5厘米时，叶面喷施螯合态高活性叶面肥、含腐殖酸水溶肥、含氨基酸水溶肥等其中一种或两种，稀释500~1000倍，喷液量为50千克。

2）夏玉米苗高10厘米时，叶面喷施氨基酸螯合态含锌、硼、锰叶面肥或微量元素水溶肥等，稀释500~1000倍，喷液量为50千克。

3）夏玉米大喇叭口期，酌情选择大量元素水溶肥、螯合态高活性叶面肥、生物活性钾肥等其中一种或两种，稀释500~1000倍进行叶面喷施。

2. 春玉米营养套餐施肥技术

各种肥料用量以高产、优质、无公害、环境友好为目标，选用有机无机复合肥料、长效缓释肥料、有机活性水溶肥料进行施用，各地在具体应用时，可根据当地春玉米测土配方推荐用量进行调整。

（1）底肥 春玉米基肥可根据当地春玉米测土配方施肥情况及肥源情况，选择以下不同组合：

1）每亩可施生物有机肥150~200千克或无害化处理过的优质有机肥1500~2000千克、复合专用腐殖酸氨基酸型玉米专用肥60~70千克、包裹型尿素或增效尿素25~30千克，作为底肥深施。

2）每亩可施生物有机肥150~200千克或无害化处理过的优质有机肥1500~2000千克、腐殖酸高效缓释复混肥（24-16-5）50~50千克、增效尿素 15～20 千克，作为底肥深施。

3）每亩可施生物有机肥 150～200 千克或无害化处理过的优质有机肥 1500～2000 千克、腐殖酸涂层长效肥（15-5-10）50～60 千克、增效尿素 20～30 千克，作为底肥深施。

4）每亩可施生物有机肥 150 千克、包裹型尿素 20～30 千克、缓释型磷酸二铵 20 千克、硫酸钾 12～15 千克，作为底肥深施。

（2）种肥 缓释型磷酸二铵 5 千克、腐殖酸涂层长效肥（15-5-10）15 千克穴施于距离种子 10 厘米处。

（3）生育期追肥 可根据春玉米生育期的生长情况进行追肥。追肥分为小喇叭口肥和大喇叭口肥。

1）重施小喇叭口肥。春玉米小喇叭口期，一般可在距苗 10 厘米处开沟或挖穴深施（10 厘米以下）重施腐殖酸高效缓释复混肥（24-16-5）30 千克、增效尿素 15 千克。

2）补施大喇叭口肥。春玉米大喇叭口期，在距苗 10 厘米处开沟或挖穴深施（10 厘米以下）重施增效尿素 10 千克。

（4）根外追肥 主要是在苗期、大喇叭口期进行叶面追肥。

1）春玉米苗高 0.5 厘米时，叶面喷施螯合态高活性叶面肥、含腐殖酸水溶肥、含氨基酸水溶肥等其中一种或两种，稀释 500～1000 倍，喷液量为 50 千克。

2）春玉米大喇叭口期，叶面喷施生物活性钾肥，稀释 500～1000 倍，喷液量为 50 千克。

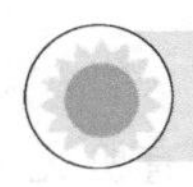

第三节 玉米水肥一体化技术

水肥一体化技术是世界上公认的提高水肥资源利用率的最佳技术。2013 年农业部下发《水肥一体化技术指导意见》，把水肥一体化列为“一号技术”加以推广。水肥一体化技术也称为灌溉施肥技术，是借助压力系统（或地形自然落差），根据土壤养分含量和作物种类的需肥规律及特点，将可溶性固体或液体肥料配制成的肥液，与灌溉水一起通过可控管道系统均匀、准确地输送到作物根部土壤，浸润作物根系发育生长区域，使主根根系土壤始终保持疏松和适宜的含水量。通俗地讲，就是将肥料溶于灌溉水中，通过管道在浇水的同时施肥，将水和肥料均匀、准确地输送到作物根部土壤。

一、水肥一体化技术的特点

1. 水肥一体化技术的优点

水肥一体化技术与传统地面灌溉和施肥方法相比具有以下优点：

（1）节水效果明显　水肥一体化技术可减少水分的下渗和蒸发，提高水分利用率。在露天条件下，微灌施肥与大水漫灌相比，节水率达50%左右。保护地栽培条件下，滴灌与畦灌相比，每亩大棚一季节水80～120米^3，节水率为30%～40%。

（2）节肥增产效果显著　水肥一体化技术具有施肥简便、施肥均匀、供肥及时、作物易于吸收、提高肥料利用率等优点。据调查，常规施肥的肥料利用率只有30%～40%，滴灌施肥的肥料利用率达80%以上。在作物产量相近或相同的情况下，水肥一体化技术与常规施肥技术相比可节省化肥30%～50%，并增产10%以上。

（3）减轻病虫草害发生　水肥一体化技术有效地减少了灌水量和水分蒸发，提高土壤养分有效性，促进根系对营养的吸收贮备，还可降低土壤湿度和空气湿度，抑制了病菌、害虫的产生、繁殖和传播，并抑制杂草生长，因此，也减少了农药的投入和防治病虫草害的劳动力投入。与常规施肥相比，利用水肥一体化技术每亩农药用量可减少15%～30%。

（4）降低生产成本　水肥一体化技术是管网供水，操作方便，便于自动控制，减少了人工开沟、撒肥等操作，因而可明显节省施肥劳动力；灌溉是局部灌溉，大部分地表保持干燥，减少了杂草的生长，也就减少了用于除草的劳动力；由于水肥一体化可减少病虫害的发生，减少了用于防治病虫害、喷药等劳动力；水肥一体化技术实现了种地无沟、无渠、无埂，大大减轻了水利建设的工程量。

（5）改善作物品质　水肥一体化技术适时、适量地供给作物不同生育期生长所需的养分和水分，明显改善作物的生长环境条件，因此，可促进作物增产，提高农产品的外观品质和营养品质；应用水肥一体化技术种植的作物，具有生长整齐一致，定植后生长恢复快、提早收获、收获期长、丰产优质、对环境气象变化适应性强等优点；通过水肥的控制可以根据市场需求提早供应市场或延长供应市场。

（6）便于农作管理　水肥一体化技术只湿润作物根区，其行间空地保持干燥，因而即使是灌溉的同时，也可以进行其他农事活动，减少了灌溉与其他农作的相互影响。

（7）改善土壤微生态环境　采用水肥一体化技术除了可明显降低大棚内空气湿度和棚内温度外，还可以增强微生物活性，滴灌施肥与常规畦灌施肥相比地温可提高2.7℃。有利于增强土壤微生物活性，促进作物对养分的吸收；有利于改善土壤物理性质，滴灌施肥克服了因灌溉造成的土壤板结、土壤容重降低、孔隙度增加，有效地调控土壤根系的水渍化、盐渍化、土传病害等障碍。水肥一体化技术可严格控制灌溉用水量、化肥施用量、施肥时间，不破坏土壤结构，防止化肥和农药淋洗到深层土壤，造成土壤和地下水的污染，同时可将硝酸盐产生的农业面源污染降到最低限度。

（8）便于精确施肥和标准化栽培　水肥一体化技术可根据作物营养规律有针对性地施肥，做到缺什么补什么，实现精确施肥；可以根据灌溉的流量和时间，准确计算单位面积所用的肥料数量。微量元素通常应用螯合态，价格昂贵，而通过水肥一体化可以做到精确供应，提高肥料利用率，降低微量元素肥料的施用成本。水肥一体化技术的应用有利于实现标准化栽培，是现代农业中的一项重要技术措施。在一些地区的作物标准化栽培手册中，已将水肥一体化技术作为标准措施推广应用。

（9）适应恶劣环境和多种作物　采用水肥一体化技术可以使作物在恶劣土壤环境下正常生长，如沙丘或沙地，因持水能力差，水分基本没有横向扩散，传统的灌水容易深层渗漏，作物难以生长，而采用水肥一体化技术，可以保证作物在这些条件下正常生长。此外，利用水肥一体化技术可以在土层薄、贫瘠、含有惰性介质的土壤上种植作物并获得最大的增产潜力，还能够有效地利用开发丘陵地、山地、沙石、轻度盐碱地等边缘土地。

2. 水肥一体化技术的缺点

水肥一体化技术是一项新兴技术，而且我国土地类型多样化，各地农业生产发展水平、土壤结构及养分间有很大的差别，用于灌溉施肥的化肥种类参差不一，因此，水肥一体化技术在实施过程中还存在如下诸多缺点：

（1）易引起堵塞，系统运行成本高　灌水器的堵塞是当前水肥一体化技术应用中最主要的问题，也是目前必须解决的关键问题。引起堵塞的原因有化学因素、物理因素，有时生物因素也会引起堵塞。因此，灌溉时水质要求较严，一般均应经过过滤，必要时还需经过沉淀和化学处理。

（2）引起盐分积累，污染水源　当在含盐量高的土壤上进行滴灌或

利用咸水灌溉时，盐分会积累在湿润区的边缘而引起盐害。施肥设备与供水管道连通后，若发生特殊情况，如事故、停电等，系统内会出现回流现象，这时肥液可能被带到水源处。另外，当饮用水与灌溉水用同一主管网时，若无适当措施，肥液可能进入饮用水管道，造成对水源的污染。

（3）限制根系发展，降低作物抵御风灾的能力　由于水肥一体化技术只湿润部分土壤，加之作物的根系有向水性，对于高大的木本作物来说，少灌、勤灌的灌水方式会导致其根系分布变浅，在风力较大的地区可能产生拔根危害。

（4）工程造价高，维护成本高　根据测算，大田采用水肥一体化技术每亩投资在400～1500元，而温室的投资比大田更高。

二、玉米水肥一体化技术的原理

1. 水肥一体化技术系统的组成

水肥一体化技术系统主要有微灌系统和喷灌系统。这里以常用的微灌为例。微灌就是利用专门的灌水设备（滴头、微喷头、渗灌管和微管等），将有压水流变成细小的水流或水滴，湿润作物根部附近土壤的灌水方法。因其灌水器的流量小而称之为微灌，主要包括滴灌、微喷灌、脉冲微喷灌、渗灌等。目前生产实践中应用广泛且具有比较完整理论体系的主要是滴灌和微喷灌技术。微灌系统主要由水源工程、首部枢纽工程、输水管网、灌水器4部分组成（图4-4）。

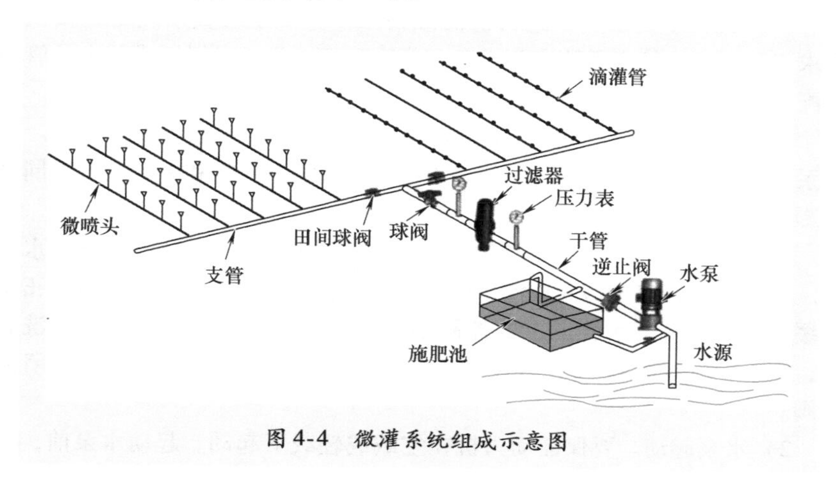

图4-4　微灌系统组成示意图

（1）水源工程　在生产中可能的水源有河流水、湖泊、水库水、塘堰水、沟渠水、泉水、井水、水窑（窖）水等，只要水质符合要求，均可作为微灌的水源，但这些水源经常不能被微灌工程直接利用，或流量不能满足微灌用水量要求，此时需要根据具体情况修建一些相应的引水、蓄水或提水工程，统称为水源工程。

（2）首部枢纽工程　首部枢纽是整个微灌系统的驱动、检测和控制中枢，主要由水泵及动力机、过滤器等水质净化设备、施肥装置、控制阀门、进排气阀、压力表、流量计等设备组成。其作用是从水源中取水经加压过滤后输送到输水管网中去，并通过压力表、流量计等量测设备监测系统运行情况。

（3）输水管网　输水管网的作用是将首部枢纽处理过的水按照要求输送到每个灌水单元和灌水器，包括干管、支管和毛管三级管道。毛管是微灌系统末级管道，其上安装或连接灌水器。

（4）灌水器　灌水器是微灌系统中的最关键的部件，是直接向作物灌水的设备，其作用是消减压力，将水流变为水滴、细流或喷洒状施入土壤，主要有滴头、滴灌带、微喷头、渗灌滴头、渗灌管等。微灌系统的灌水器大多数用塑料注塑成型。

2. 水肥一体化技术系统的操作

水肥一体化技术系统的操作包括运行前的准备、灌溉操作、施肥操作和结束灌溉等工作。

（1）运行前的准备　运行前的准备工作主要是检查系统是否按设计要求安装到位，检查系统主要设备和仪表是否正常，对损坏或漏水的管段及配件进行修复。

（2）灌溉操作　水肥一体化技术系统包括单户系统和组合系统。组合系统需要分组轮灌。系统的简繁不同，以及灌溉作物和土壤条件不同都会影响到灌溉操作。

1）管道充水试运行。在灌溉季节首次使用时，必须进行管道充水冲洗。充水前应开启排污阀或泄水阀，关闭所有控制阀门，在水泵运行正常后缓慢开启水泵出水管道上的控制阀门，然后从上游至下游逐条冲洗管道，充水中应观察排气装置工作是否正常。管道冲洗后应缓慢关闭泄水阀。

2）水泵起动。要保证动力机在空载或轻载下起动。起动水泵前，首先关闭总阀门，并打开准备灌水的管道上所有排气阀排气，然后起动水泵

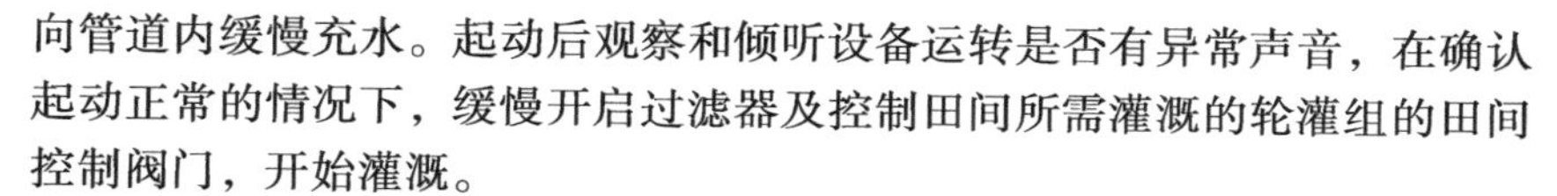

向管道内缓慢充水。起动后观察和倾听设备运转是否有异常声音，在确认起动正常的情况下，缓慢开启过滤器及控制田间所需灌溉的轮灌组的田间控制阀门，开始灌溉。

3）观察压力表和流量表。观察过滤器前后的压力表读数差异是否在规定的范围内，压差读数达到7米水柱（1毫米水柱=9.8帕），说明过滤器内堵塞严重，应停机冲洗。

4）冲洗管道。新安装的管道（特别是滴灌管）第一次使用时，要先放开管道末端的堵头，充分放水冲洗各级管道系统，把安装过程中集聚的杂质冲洗干净后，封堵末端堵头，然后才能开始使用。

5）田间巡查。要到田间巡查轮灌区的管道接头和管道是否漏水，各个灌水器是否正常。

（3）施肥操作 施肥过程是伴随灌溉同时进行的，施肥操作在灌溉进行20～30分钟后开始，并确保在灌溉结束前20分钟以上的时间内结束，这样可以保证对灌溉系统的冲洗和尽可能地减少化学物质对灌水器的堵塞。施肥操作前要按照施肥方案将肥料准备好，对于溶解性差的肥料可先将肥料溶解在水中。不同的施肥装置在操作细节上有所不同。

（4）轮灌组更替 根据水肥一体化灌溉施肥制度，观察水表水量确定达到要求的灌水量时，更换下一轮灌组地块，注意不要同时打开所有分灌阀。首先打开下一轮灌组的阀门，再关闭第一个轮灌组的阀门，进行下一轮灌组的灌溉，操作步骤按以上重复。

（5）结束灌溉 所有地块灌溉施肥结束后，先关闭灌溉系统水泵开关，然后关闭田间的各开关。对过滤器、施肥罐、管路等设备进行全面检查，达到下一次正常运行的标准。注意冬季灌溉结束后要把田间位于主管道、干管道和支管道上的排水阀打开，将管道内的水尽量排净，以避免管道留有积水冻裂管道，此阀门冬季不必关闭。

3. 水肥一体化技术系统的维护保养

要想保持水肥一体化技术系统的正常运行和提高其使用寿命，关键是要正确使用及良好地维护和保养。

（1）水源工程 水源工程建筑物有地下取水、河渠取水、塘库取水等多种形式，保持这些水源工程建筑物的完好，使其运行可靠，确保设计用水的要求，是水源工程管理的首要任务。

对泵站、蓄水池等工程经常进行维修养护，每年非灌溉季节应进行年修，保持工程完好。对蓄水池沉积的泥沙等污物应定期排除和洗刷。开敞式蓄水池的静水中藻类易于繁殖，在灌溉季节应定期向池中投放绿矾，可防止藻类滋生。

灌溉季节结束后，应排除所有管道中的存水，封堵阀门和井。

（2）水泵 运行前检查水泵与电机的联轴器是否同心，间隙是否合适，皮带轮是否对正，其他部件是否正常，转动是否灵活，如有问题应及时排除。

运行中检查各种仪表的读数是否在正常范围内，轴承部位的温度是否太高，水泵和水管各部位有没有漏水和进气情况，吸水管道应保证不漏气，水泵停机前应先停起动器后拉电闸。

停机后要擦净水迹，防止生锈；定期拆卸检查，全面检修；在灌溉季节结束或冬季使用水泵时，停机后应打开泵壳下的放水塞把水放净，防止锈坏或冻坏水泵。

（3）动力机械 电机在起动前应检查绕组对地的绝缘电阻、铭牌所标电压和频率与电源电压是否相符、接线是否正确、电机外壳接地线是否可靠等。电机运行中工作电流不得超过额定电流，温度不能太高。电机应经常除尘，保持干燥清洁。经常运行的电机每月应进行一次检查，每半年进行一次检修。

（4）管道系统 在每个灌溉季节结束时，要对管道系统进行全系统的高压清洗。在有轮灌组的情况下，要按轮灌组顺序分别打开各支管和主管的末端堵头，开动水泵，使用高压逐个冲洗轮灌组的各级管道，力争将管道内积攒的污物等冲洗出去。在管道高压清洗结束后，应充分排净水分，把堵头装回。

（5）过滤系统

1）网式过滤器。运行时要经常检查过滤网，发现损坏时应及时修复。灌溉季节结束后，应取出过滤器中的过滤网，刷洗干净，晾干后备用。

2）叠片过滤器。打开叠片过滤器的外壳，取出叠片。先把各个叠片组清洗干净，然后用干布将塑壳内的密封圈擦干放回，之后开启底部集沙膛一端的丝堵，将膛中积存物排出，将水放净，最后将过滤器压力表下的选择钮置于排气位置。

3）砂介质过滤器。灌溉季节结束后，打开过滤器罐的顶盖，检查砂石滤料的数量，并与罐体上的标识相比较，若砂石滤料数量不足应及时补充以免影响过滤质量。若砂石滤料上有悬浮物要捞出。同时在每个罐内加入一包氯球，放置30分钟后，起动每个罐各反冲洗2分钟2次，然后打开过滤器罐的盖子和罐体底部的排水阀将水全部排净。单个砂介质过滤器反冲洗时，首先打开冲洗阀的排污阀，并关闭进水阀，水流经冲洗管由集水管进入过滤罐。双砂介质过滤器反冲洗时先关闭其中一个过滤罐上的三向阀门，同时也就是打开该罐的反冲洗管进口，由另一过滤罐来的干净水通过集水管进入待冲洗罐内。反冲洗时，要注意控制反冲流流速度，使反冲流流速能够使砂床充分翻动，只冲掉罐中被过滤的污物，而不会冲掉作为过滤的介质。最后将过滤器压力表下的选择钮置于排气位置。若罐体表面或金属进水管路的金属镀层有损坏，应立即清锈后重新喷涂。

（6）施肥系统　在进行施肥系统维护时，关闭水泵，开启与主管道相连的注肥口和驱动注肥系统的进水口，排除压力。

1）注肥泵。先用清水洗净注肥泵的肥料罐，打开罐盖晾干，再用清水冲净注肥泵，然后分解注肥泵，取出注肥泵驱动活塞，用随机所带的润滑油涂在部件上，进行正常的润滑保养，最后擦干各部件重新组装好。

2）施肥罐。首先仔细清洗罐内残液并晾干，然后将罐体上的软管取下并用清水洗净，软管要置于罐体内保存。每年在施肥罐的顶盖及手柄螺纹处涂上防锈液，若罐体表面的金属镀层有损坏，立即清锈后重新喷涂。注意不要丢失各个连接部件。

3）移动式灌溉施肥机。对移动式灌溉施肥机的使用应尽量做到专人管理，管理人员要认真负责，所有操作严格按技术操作规程进行；严禁动力机空转，在系统开启时一定要将吸水泵浸入水中；管理人员要定期检查和维护系统，保持整洁干净，严禁淋雨；定期更换机油（半年），检查或更换火花塞（1 年）；及时人工清洗过滤器滤芯，严禁在有压力的情况下打开过滤器；耕翻土地时需要移动地面管，应轻拿轻放，不要用力拽管。

（7）田间设备

1）排水底阀。在冬季来临前，为防止冬季管道冻坏，把田间位于主管道、干管道、支管道上的排水底阀打开，将管道内的水尽量排净，此阀门冬季不关闭。

2）田间阀门。将各阀门的手动开关置于打开的位置。

3）滴灌管。在田间将各条滴灌管拉直，勿使其扭折。若冬季回收也要注意勿使其扭曲放置。

（8）预防滴灌系统堵塞

1）灌溉水和水肥溶液先经过过滤或沉淀。在灌溉水或水肥溶液进入灌溉系统前，先经过一道过滤器或沉淀池，然后经过滤器后才进入输水管道。

2）适当提高输水能力。根据试验，水的流量在 4 ~ 8 升/小时范围内，堵塞减到很小，但考虑流量越大则费用越高的因素，则最优流量约为 4 升/小时。

3）定期冲洗滴灌管。滴管系统使用 5 次后，要放开滴灌管末端堵头进行冲洗，把使用过程中积聚在管内的杂质冲洗出滴灌系统。

4）事先测定水质。在确定使用滴灌系统前，最好先测定水质。如果水中含有较多的铁、硫化氢、丹宁，则不适合滴灌。

5）使用完全溶于水的肥料。只有完全溶于水的肥料才能进行滴灌施肥。不要通过滴灌系统施用一般的磷肥，磷会在灌溉水中与钙反应形成沉淀，堵塞滴头。最好不要混合几种不同的肥料，避免发生相关的化学作用而产生沉淀。

（9）细小部件的维护 水肥一体化技术系统是由一套精密的灌溉装置组成的，许多部件为塑料制品，在使用过程中要注意各步操作的密切配合，不可猛力扭动各个旋钮和开关。在打开各个容器时，注意一些小部件要依原样安回，不要丢失。

水肥一体化技术系统的使用寿命与系统保养水平有直接关系，保养得越好，使用寿命越长，效益越持久。

三、玉米水肥一体化技术的应用

目前在内蒙古、吉林、黑龙江、新疆等地玉米水肥一体化面积已超过 700 万亩，亩产由 500 千克提高到 800 千克，增产 60%。2013 年农业部下发了《水肥一体化技术指导意见》，意见中指出：玉米水肥一化技术主要在西北地区和东北四省区重点推广（彩图 18）。

1. 玉米需水规律与灌溉方式

（1）玉米需水规律 玉米各生育期的需水量是“两头小，中间大”。玉米不同生育期的水分需求特点是：出苗到拔节期，植株矮小，气温较低，需水量较小，仅占全生育期总需水量的 15% ~ 18%。拔节期到灌浆期，玉米生长迅速，叶片增多，气温也升高，蒸腾量大，因而要求较多的水分，约占总需水量的 50%，特别是抽雄穗前后一个月内，缺水对玉米生长影响极为明显，常形成“卡脖旱”。成熟期对水分需求略有减少，此时需水量占全生育期总需水量的 25% ~ 30%，此时缺水，会使籽粒不饱满，千粒重下降。

（2）玉米灌溉方式　玉米是适宜用水肥一体化的粮食作物，可用滴灌、膜下滴灌、微喷带、膜下微喷带和移动喷灌等多种灌溉模式。例如，采用滴灌，一般两行玉米一条管，行距40厘米，两条滴灌管间间隔90厘米，每亩用管量约为740米。滴头间距30厘米，流量为1.0～2.0升/小时，则每株玉米每小时可获得840毫升的水量。

2. 华北地区夏玉米水肥一体化技术的应用

（1）精细整地，施足底肥　播种前整地起垄，宽窄行栽培，一般窄行为40～50厘米，宽行为60～80厘米。灭茬机灭茬或深松旋耕，耕翻深度要达到20～25厘米，做到上实下虚，无坷垃、土块，结合整地施足底肥，及时镇压，达到待播状态。一般每亩施腐熟有机肥1000～2000千克、磷酸二铵15～20千克、硫酸钾5～10千克或用复合肥30～40千克作为底肥施入。采用大型联合整地机一次完成整地起垄作业，整地效果好。

（2）铺设滴灌管道　根据水源位置和地块形状的不同，主管道铺设方法主要有独立式和复合式两种：独立式主管道的铺设方法具有省工、省料、操作简便等优点，但不适合大面积作业；复合式主管道的铺设可进行大面积滴灌作业，要求水源与地块较近，田间有可供配备使用动力电源的固定场所。

支管的铺设形式有直接连接法和间接连接法两种。直接连接法投入成本少但水压损失大，造成土壤湿润程度不均；间接连接法具有灵活性、可操作性强等特点，但增加了控制、连接件等部件，一次性投入成本加大。支管间距离在50～70米的滴灌作业速度与质量最好。

（3）科学选种，合理增密　地膜覆盖滴灌栽培，可选耐密型、生育期比露地品种长7～10天、有效积温高150～200℃的品种。播前按照常规方式进行种子处理。合理增加种植密度，用种量要比普通种植方式多15%～20%。

（4）精细播种　当耕层5～10厘米地温稳定通过8℃时即可开犁播种。用厚度为0.01毫米的地膜，地膜宽度根据垄宽而定。按播种方式可分为膜上播种和膜下播种两种。

1）膜上播种。采用玉米膜下滴灌多功能精量播种机播种，将铺滴灌带、喷施除草剂、覆地膜、播种、掩土、镇压作业一次完成，其作业顺序是铺滴灌带→喷施除草剂→覆地膜→播种→掩土→镇压。

2）膜下播种。可采用机械播种、半机械播种及人工播种等方式，播后用机械将除草剂喷施于垄上，喷后要及时覆膜。地膜两侧压土要足，每隔3~4米还要在膜上压一些土，防止风大将膜刮起。膜下播种应注意及时引苗、掩苗：当玉米普遍出苗1~2片时，及时扎孔引苗，引苗后用湿土掩实苗孔。过3~5天再进行1次，将晚出的苗引出。

（5）加强田间管理　玉米膜下滴灌栽培要经常检查地膜是否严实，发现有破损或土压不实的，要及时用土压严，防止被风吹开，做到保墒保温；按照玉米需水规律及时滴灌。河南夏玉米节水高效灌溉制度及产量水平见表4-46。

表4-46　河南夏玉米节水高效灌溉制度及产量水平

分　区	水文年份	灌水定额/（米^3/亩）					灌溉定额/（米^3/亩）
		播前	苗期	拔节	抽雄	灌浆	
豫北平原	湿润年				70		70
	一般年		50		70		120
	干旱年	50		60	70		180
豫中、豫东平原	湿润年				60		60
	一般年		50		60		110
	干旱年	50		60	60		170
豫南平原	湿润年				50		50
	一般年		50		50		100
	干旱年	50		50	50		150
南阳盆地	湿润年				50		50
	一般年		45		50		95
	干旱年	50		60	50		160

1）滴灌灌溉。设备安装调试后，可根据土壤墒情适时灌溉，每次灌溉15亩，根据毛管的长度计算出一次开启的“区”数，首部枢纽工作压力在2个压力（1标准大气压≈101千帕）内，一般10~12小时灌透，届时可转换到下一个灌溉区。

2）追肥。根据玉米需水需肥特点，按比例将肥料装入施肥器，随水施肥，防止后期脱肥早衰，提高水肥利用率。应计算出每个灌溉区的施肥量，将肥料在大的容器中溶解，再将溶液倒入施肥罐中。

3）化学控制。因种植密度大、温度高、水分足，玉米植株生长快，为防止植株生长过高引起倒伏，在6~8片展叶期要采取化学控制。

4）适当晚收。为使玉米充分成熟、降低水分、提高品质，在收获时可根据具体情况适当晚收。

（6）清除地膜、收回及保管滴灌设备 人工或机械清膜，并将滴灌设备收回，清洗过滤网。主管、支管、毛管在玉米收获后即可收回。

3. 东北地区春玉米水肥一体化技术的应用（彩图19）

（1）播种前的准备

1）优良品种的选用。建议选用生育期为126～128天，正常种植密度每亩为3500～4000株的品种。密植品种靠群体增产，一定要达到种植密度才能获得高产。

2）选地。选地势平坦肥沃，土层较深厚，排水方便，土壤以壤土或沙壤土为宜，排水方便的轻盐碱地。坡地坡度在15度以内，必须具有保水保肥的能力，陡坡地、沙石土、易涝地、重盐碱地等都不适于覆膜滴灌种植。

3）整地。要求适时耕翻，地面要整细整平，清除根茬、坷垃，做到上虚下实，能增温保墒。精细整地后结合每亩施用适量优质有机肥1000～1500千克，按测土配方施入适量化肥。没有采用测土配方施肥的地块一般每亩施入磷酸二铵8～10千克、尿素5～7千克、硫酸钾7～10千克、硫酸锌1千克。

4）起垄。膜下滴灌系统，一般采用大垄双行种植，一般垄高10～12厘米，垄底宽130厘米，垄顶宽85厘米，即将原来60～65厘米的两行垄合并成一条垄。起垄的同时深施底肥，每条大垄上施两行肥，两行施肥口的间距为40～50厘米，起垄后镇压。施肥方法为每沟施肥成65厘米新垄后把两垄合成一大垄。

（2）覆膜与铺设滴灌带

1）覆膜与铺设滴灌带有两种方式：一种是机械覆膜和铺设滴灌带同时进行，滴灌带置于膜下，也可用专门播种机覆膜、铺设滴灌带、播种同时进行；另一种是人工覆膜、铺设滴灌带、播种同步进行。覆膜、铺设滴灌带是将滴灌带、膜拖展，紧贴地面铺平，将四周用土压平盖实，将滴灌带两端系扣封死。视风力大小，每2～3米压一道腰土以防风鼓膜。

2）覆膜与铺设滴灌带规格。要求拉紧埋实，一般两膜间距为115～130厘米，开沟间距比地膜窄15～20厘米，以便压膜；覆盖要顺风，边覆边埋，拉紧埋实，同时压好腰土。

3）病虫草害的防治及抗倒伏措施。为防春季低温烂种和地下害虫，

可采用相应的种衣剂（应该选择含有戊唑醇或烯唑醇的种衣剂防治丝黑穗）对种子进行包衣处理；覆膜前要进行化学除草，选用广谱性、低毒、残效期短、效果好的除草剂。一般用阿乙合剂，即每亩用40%的阿特拉津胶悬剂200～250克加乙草胺300克，也可以用进口的甲草胺及二甲戊灵，兑水40千克喷施，进行全封闭除草，边喷边覆膜。对特殊病虫害及倒伏应采取相应的防治措施（玉米螟等）。

4）足墒覆膜铺带。铺带时要保证土壤含水量占田间持水量的60%以上，不足时可铺带覆膜后立即进行灌溉，或者覆膜前进行灌溉，或待降雨8～10毫米以上时方可进行覆膜。

（3）播种

1）播种方法。一是先播种后铺带覆膜。用机械、畜力播种，开沟播种覆土后要保证苗眼处于膜下2～3厘米处，以防出苗后地膜烫苗。之后及时在播种行两侧各开一沟，同时铺带，带铺在垄中间，膜边放入沟内压埋实。二是先覆膜铺带后播种，机械一次性在起好的垄上覆膜铺带。在膜上按照株距要求打播种孔，孔深5厘米，每孔下种子，用湿土盖严压实。用专门的机械也可覆膜、铺带、播种、喷药等一次性完成。

2）破膜放风和抠苗。对先播种后覆盖的要及时破膜放风和抠苗，在出苗50%以上时进行第一次抠苗，当出苗达到90%以上时进行第二次抠苗定植，原则是留大压小，留强压弱。放苗孔要小，放苗后及时封严。第二次抠苗定植后3～5天要查苗补抠，把后出苗的植株再次定植。此外还要看苗追肥，追肥方法可利用施肥罐边灌水边施肥，水肥同时滴入田间，也可膜面打孔穴施，或者在膜侧开沟追肥，确保养分供给。

（4）玉米膜下滴灌的灌溉制度 作物的灌溉制度随作物种类、品种、自然条件及农业技术措施的不同而变化。因此，制定灌溉制度时需要根据当地的具体情况，充分总结群众生产灌溉经验，参考灌溉试验资料，遵循水量平衡原则。

1）玉米生长期的灌溉。一是底墒水。提供种子发芽到出苗的适宜土壤水分是解决能否苗全苗壮的关键，采用早春覆膜前灌溉保湿覆膜或覆膜后滴灌均可。确保在播种前有适宜的水分状况，灌水量以25～30米^3/亩为宜。如果播后灌溉，应该严格掌握灌水量，不要过多，以免造成土温过低影响出苗。

二是育苗水。玉米苗期的需水量并不多，土壤含水量以占田间持水量的60%为宜，低于60%必须进行苗期灌溉。灌水量为15～20米^3/亩。蹲苗一般开苗后开始，至拔节前结束，持续时间约1个月，是否需水灌水，具体应根据品种类型、苗情、土壤墒情等灵活掌握。蹲苗期间，中午打绺，但傍晚又能展平的地块不急于灌水。如果傍晚叶片不能复原，则应灌1次保苗水。

三是拔节期孕穗水。拔节期土壤含水量在田间持水量的65%以下时应及时灌水，使植株根系生长良好、茎秆粗壮，有利于幼穗的分化发育，从而形成大穗，拔节初期灌溉时，灌水量应控制在20~30米^3/亩。

四是灌浆成熟水。抽穗开花期是玉米生理需水高峰期。发现缺水要及时补充灌溉。根据实践总结和研究表明，灌浆期进入籽粒中的养分，不缺水比缺水的增加2倍多。

2）灌水时间的判断。掌握灌水时间，使玉米充分利用土壤的天然降水，是节水减能、高产丰收的关键环节。为使玉米不致因缺水受旱而减产，应在缺水之前补充灌水，适时灌溉。

一是根据季节、防雨、天气等情况确定是否进行灌水。春季雨少、风多、大气干燥、底墒不足，需要灌溉。由于膜下灌墒具有较好的保水保墒性能，在炎热季节，气温高、大气干燥、田间水分蒸发快，一般有15~20天不降透雨，玉米就需要灌水。玉米生育后期，有时从生理上看并不缺水，但是为了预防霜冻等灾害也应该及时灌水。

二是看土。在没有测量设备的情况下，直观很难掌握不同类型土壤的湿润程度。当土层内的土壤攥后放开成团且湿润，则无须灌水；摇后松开就散裂的，应视为干旱，需要进行灌水。

三是看苗。是否需要灌溉主要看玉米的生长发育状况。当玉米缺水时，幼嫩的茎叶因水分供给不上先行枯萎；植株生长速度明显放缓。当出现上述现象时要及时灌水。当叶片发生变化，中午高温打绺，当晚不能完全展开的应及时灌水。

四是灌水次数，根据不同水文年份而定（实际情况）。一般中旱年份（70%频率年）可灌4次，主要在拔节、孕穗、抽雄、灌浆期灌水。大旱年（90%频率年）应灌5次水，主要在苗期、拔节、孕穗、抽雄、灌浆期灌水。

4. 西北地区春玉米水肥一体化技术的应用（彩图20）

（1）主要技术指标

1）目标产量。1100~1200千克/亩。

2）株行配置。采用地膜覆盖技术，平均行距45~50厘米，株距25

厘米。

3）产量结构。留苗密度5200～5500株/亩，收获株数4800～5000株/亩，平均粒数650～750粒/穗，平均穗粒重240～280克，千粒重330～350克。

4）土壤肥力指标。土壤有机质含量在10克/千克以上，碱解氮含量大于100毫克/千克，速效磷含量大于10毫克/千克，速效钾含量大于250毫克/千克，耕层总含盐量在0.20%以下。

5）施肥指标。施优质有机肥料2000千克/亩以上，化肥总量60～65千克/亩，其中尿素36～40千克/亩、磷肥18～20千克/亩、磷酸二氢钾3千克/亩。沙土地增施钾肥5千克/亩，缺锌土壤增施锌肥1.5千克/亩。

（2）播前准备

1）种子准备。选择优质、高产、株型紧凑的玉米品种。使用杂交一代种子，要求种子纯度为98%、净度为98%、发芽率在95%以上、含水量小于14%。

2）整地施肥。前茬收获后，及时秋翻冬灌，结合犁地施优质农家肥2000～3000千克/亩、磷肥13～15千克/亩、尿素5～8千克/亩、锌肥1.5千克/亩、钾肥5千克/亩，深翻入土，全耕层施入作为基肥，整地质量达到“墒、平、碎、齐、净”五字标准，为玉米一播全苗奠定基础。

3）滴灌材料准备。壤土应选择滴头流量为2.2～2.6升/小时，滴头间距0.3米，质量合格的滴灌带，用量为800～850米/亩。

（3）播种

1）晒种。播前晒种2～3天，促进种子后熟，降低含水量，增强种子的生活力和发芽能力。

2）播期。当土壤5厘米深处的地温稳定在10～12℃时，即可播种，一般以4月10日～20日播种为宜。

3）播种方法。可采用宽膜和窄膜两种方式播种，窄膜1膜1带，宽膜1膜2带。播种量为3.0～3.5千克/亩，播种深度4～5厘米，磷肥4～5千克/亩作为种肥。

（4）田间管理

1）滴灌系统连接。播种结束后，及时将地头滴灌带打结或浅埋入土，组织专业人员尽快铺设滴灌支管、副管，连接毛管。支管布局按照地面坡降大小和水源水量压力来计算，合理布局。出苗前，由专业人员负责开机井试水、试压，检查滴灌管网是否能正常运行，管带接头是否漏水，发现问题及时解决。

2）苗期管理。幼苗出土后，及时放苗、查苗、补种，凡漏播、缺种的要及时补种，确保全苗、苗壮。

3）中耕除草。为了提高地温，消灭膜间杂草，改善土坡通透性，从现行起立即中耕，一般苗期中耕 2～3 遍，中耕深度为 8～15 厘米，逐次加深。田间作业时注意保护滴灌设施。

4）间苗定苗。玉米在 3～4 片叶时进行定苗，缺苗处可留双株。去杂留真，去弱苗、病苗留壮苗，去苗要彻底，避免重发，以减少养分消耗。

（5）水肥管理　玉米是需水肥较多的作物，在生育期间应根据土坡、气候、不同时期的需水、需肥规律进行管理。全生育期滴水 8～9 次，总量为 240～280 米^3/亩。

1）出苗水。视土壤墒情而定，墒不足不能正常出苗的地块应立即滴水，水量为 10～15 米^3/亩，以两孔水印相接为宜。

2）一水。6 月中旬蹲苗结束后进行，水量为 40 米^3/亩左右。随水滴施尿素 5 千克/亩。

3）二水。6 月下旬，水量为 40 米^3/亩。随水滴施尿素 8 千克/亩、磷酸二氢钾 1 千克/亩。

4）三水。7 月上旬，在玉米抽雄期进行，水量为 40 米^3/亩。随水滴施尿素 5 千克/亩、磷酸二氢钾 1 千克/亩。

5）四水。7 月中旬，在玉米灌浆期进行，水量为 40 米^3/亩。随水滴施尿素 5 千克/亩、磷酸二氢钾 1 千克/亩。

6）五水。7 月下旬，在玉米灌浆后期进行，水量为 30 米^3/亩。随水滴施尿素 5 千克/亩。

7）六水。8 月上旬，在玉米乳熟期进行，水量为 30 米^3/亩。随水滴施尿素 5 千克/亩。

8）七水。8 月中旬，在玉米乳熟期进行，水量为 30 米^3/亩。

9）八水。8 月下旬，在玉米蜡熟期进行，水量为 30 米^3/亩。

（6）适时收获　玉米成熟后，及时收获、晾晒，降低籽粒含水量。当玉米棒苞叶发黄时，适时收获。

5. 华南地区甜玉米水肥一体化技术的应用（彩图 21）

（1）育苗　通过育苗盘或育苗杯育苗，选用泥炭、椰糠或树皮等作为育苗基质，也可以选用含有有机质和营养成分丰富的塘泥、菜园土作为育苗基质。将基质打碎，装入育苗盘或育苗杯，用手指轻轻将种子压入其

中，淋足水。

（2）整地及铺管　将大土块整成小碎土，然后起垄。垄宽1米，沟宽0.3米，垄高0.2米，垄顶宽0.6～0.7米。选择滴头间距为30厘米，流量为1.38升/小时的薄壁滴灌带，将滴灌带铺设在垄面的正中间。

（3）移栽　玉米苗3～4叶时移栽，每垄种植两行，行距为25厘米，株距为50厘米。

（4）水分管理　移栽后马上滴定根水，第一次滴水要滴透，直到整个垄面湿润为止。根据土壤干湿情况定期灌溉，当用手抓捏土壤成团或可以搓成条时，表示土壤不缺水。整个甜玉米生长期间保持土壤均衡湿度。田间经常检查滴灌带是否有破损，及时维修。

（5）施肥管理　整地时每亩基施生物有机肥200千克，过磷酸钙50千克，农用磷酸一铵15千克。甜玉米的目标产量为1700千克/亩（鲜穗产量）。计划追尿素30千克，白色粉状氯化钾30千克，硫酸镁10千克，分12次施入土壤。约每周施1次肥，苗期和成熟前量少一些，其他时间量多一些。每次每亩施肥量在3～7千克。施肥时，先将肥料倒入肥料池溶解，然后再通过泵将肥料吸入管道，随水一起施入玉米的根部。玉米的根系主要分布在土壤的0～30厘米，尽量将滴水肥的时间控制在2小时之内，以免滴灌时间过长将肥料淋失。甜玉米生长期喷2～3次含微量元素的叶面肥。

华南地区主要种植甜玉米，大部分在平整的田块种植，可采用普通的滴灌管或微喷带。一般要与其他作物轮作，采用移动式系统方便拆卸。输水管建议用涂塑软管。没有电力供应的地方，建议用柴油机或汽油机水泵。

6. 西北地区制种玉米水肥一体化技术的应用

表4-47是按照微灌施肥制度的制定方法，在甘肃省栽培经验基础上总结得出的制种玉米膜下滴灌施肥制度。

表4-47　制种玉米膜下滴灌施肥制度

生育时期	灌溉次数	灌水量/[米^3/(亩·次)]	每次灌溉加入的纯养分量/(千克/亩)				备注
			N	P_2O_5	K_2O	$N+P_2O_5+K_2O$	
春季	1	225	0	0	0	0	沟灌
播种前			21	9	6	36	施基肥
定植	1	18	0	0	0	0	滴灌

（续）

生育时期	灌溉次数	灌水量/[米³/(亩·次)]	每次灌溉加入的纯养分量/(千克/亩)				备注
			N	P_2O_5	K_2O	$N+P_2O_5+K_2O$	
拔节	2	18	2.3	0	0	2.3	滴灌
抽雄	2	18	4.6	0	0	4.6	滴灌
吐丝	1	20	4.6	0	0	4.6	滴灌
灌浆	3	20	4.6	0	0	4.6	滴灌
蜡熟期	1	18	0	0	0	0	滴灌
合计	11	413	37.1	9	6	52.1	

应用说明：

1）本方案适宜于西北干旱地区，土壤为灌漠土，土壤 pH 为 8.1，有机质、有效磷含量较低，速效钾含量较高。种植模式采用“一膜一管二行”，不起垄，宽窄行种植，窄行行距为 40 厘米、宽行行距为 70 厘米，株距为 25 厘米，亩保苗 4800 株，目标产量 650 千克/亩。

2）春季（3 月 20 日～25 日）灌底墒水 225 米³/亩，起到造墒洗盐的作用。

3）播种前施基肥，每亩施农家肥 3000～4000 千克、氮（N）21 千克、磷（P_2O_5）9 千克和钾（K_2O）6 千克，肥料可选用尿素 24 千克/亩、硫酸钾玉米专用肥复合肥（10-9-6）100 千克/亩。

4）在玉米拔节、抽雄、吐丝、灌浆期分别滴灌施肥 1 次，肥料品种可选用尿素，用量分别是 5 千克/亩、10 千克/亩、10 千克/亩、10 千克/亩，其他滴灌时不施肥。

5）参照灌溉施肥制度表提供的养分数量，可以选择其他的肥料品种组合，并换算成具体的肥料数量。

身边案例

南和县夏玉米水肥一体化技术应用

南和县是农业大县，常年夏玉米种植面积在 30 万亩左右。其位于气候脆弱带，是我国水资源最为匮乏的地区之一，人均水资源占有量仅为全国的 1/10，而农业用水约占社会用水总量的 70%，特别是小麦、玉米生产用水约占农业用水的 70%。从 2013 年开始，应邢台市土肥站要求，在南和县史召乡南高李村建设夏玉米施肥一体化示范田，进行节水技术研究与示范。示范区采用微喷水肥一体化模式。经过连续3年的示范与推广，目前已取得一定效果。

1. 示范方法

(1) 示范区的基本情况　示范区位于史召乡南高李村西，邢(台)清(河)公路南侧，年平均气温13℃，无霜期196天；土壤冻土期为12月19日，土壤冻结深度40厘米左右，全年日照时数2461.7小时，年均降水量475.1毫米，平均海拔39米。土壤养分基础情况如下：pH为7.8，碱解氮含量为86.9毫克/千克，速效磷含量为23.7毫克/千克，速效钾含量为121.8毫克/千克，有机质含量为10.1克/千克。

(2) 示范区的田间布置

1）工程构成及资金投入。示范区微喷水肥一体化系统由水源、首部枢纽工程、输水管道和微喷带4个部分组成。包括潜水泵、加压泵、逆止阀、过滤器、压力表、水表、排气阀、文丘里、输水干管及输水支管等组成。其中，首部枢纽工程和主管道投资450元/亩，可利用周期为10年以上；田间微喷带投资120元/亩，可利用周期为2~3年，每年折合投入85~105元/亩。

2）田间操作。采用文丘里施肥器的施肥方法举例说明如下：

① 一个微喷单元控制的亩数=开启的微喷带条数×每条微喷带的米数×微喷带间距/667。示范区每次开启3条微喷带，每条微喷带长150米，微喷带间距1.8米，那么一次喷灌亩数为3×150米×1.8米÷667米^2/亩=1.2亩。

② 确定施肥量。根据每亩施肥量计算一个微喷单元的施肥量。例如，需施N-P_2O_5-K_2O含量为33-6-11的水溶性肥20千克/亩，则每次加肥量为1.2亩×20千克/亩=24千克。

③ 溶解肥料。先向施肥罐内注水，加水量为肥量的1~2倍，然后把称好的肥料倒入施肥罐内，搅拌均匀。

④ 施肥。先浇一定时间的清水（最少5分钟），然后打开文丘里施肥器的开关，通过调整施肥器主管道上的球阀来调整施肥速度，以控制在10~15分钟施完肥为宜。施肥结束后，关闭施肥器，再浇最少5分钟的清水，冲洗管道内残余的肥料。

3）示范技术方案。在示范过程中，根据玉米整个生育期的需水需肥特点，结合以往测土配方施肥项目成果，因地制宜地确定合理的灌水时期、灌水量、施肥种类和施肥量，并确定一块3亩试验区，连续3年进行比较试验。其中，常规施肥方法采用近地表撒施，常规浇水为小白龙管灌，水肥一体化技术方案见表4-48。

表4-48　夏玉米微喷水肥一体化技术方案

灌水时期	灌水时间	灌水量/（米^3/亩）	肥料养分含量（$N-P_2O_5-K_2O$）	施肥量/（千克/亩）
播种期	6月10日~6月20日	15~20	15-15-15	15
大喇叭口期	7月25日~8月5日	15~20	33-6-11	20
抽雄期	8月15日~8月25日	10~15	27-12-14	10
灌浆期	9月5日~9月15日	10~15	27-12-14	5
合计		50~70		50

2. 生产调查与分析

2013年6月25日播种，7月10日用苗后乐除草剂进行玉米田化学除草，10月11日收获；2014年6月17日播种，6月30日用苗后乐除草剂进行玉米田化学除草，10月7日收获；2015年6月19日播种，7月2日用苗后乐除草剂进行玉米田化学除草，10月12日收获。通过室内考种可以看出：水肥一体化较常规浇水玉米平均株高增加4.3厘米，穗长增加2.5厘米，百粒重增加1.6克，每亩增产72.7千克，增产率达12.8%。

3. 示范效果

（1）节约用地　采用微喷灌溉，田间不需要垄沟和畦埂，可节约用地5%左右，对于南和县这种人多地少的地区，所节约的土地就异常珍贵，同时因田间没有垄沟和畦埂，也可提高机械作业质量，减少损失。

（2）节水、节肥、节能　微喷属于全管道输水，局部灌溉，使水分渗漏和损失降到最低，同时将可溶性复合肥加入到施肥系统，水肥结合，多次施用，养分直接均匀地施入到作物根系，可实现小范围局部控制，大大提高灌溉水利用率，减少化肥用量，通过3年试验结果

表明，仅 2013 年夏季节水较多，2014 和 2015 年度节水节肥效果显著。这对于水资源严重匮乏的南和县，发展节水农业是可持续发展的必由之路。另外，由于节约了灌溉用水，也就节约了用于抽取地下水所需的电量，达到了节能目的，这同样是在有限的资源下发展高效农业。

(3) 节约用工　由于采用微喷灌溉，减轻了用水浪费，每亩浇水所用时间可由原来的 2~3 小时降到 40~50 分钟，大大减少浇水时间，还可以降低其他田间管理环节的用工，在节约用时的同时也降低了田间劳动强度，降低了用工成本，总的来说可节约用工 30% 左右。该方法非常适合农村剩余劳动力的转移，有利于农村合作社、土地托管等集约化生产组织的实施，进一步推动农村耕地的流转。

(4) 增加产量　目前玉米常规田生产都重视大喇叭口期追肥，这在玉米生育期上还属于前中期，而开花灌浆阶段几乎没有肥料供应，但水肥一体化技术的应用在原则上注重玉米生长发育中后期，底肥和前期用肥较少，而在拔节、开花、灌浆各期都有水肥及时供应，特别是水溶性磷肥的供应，使玉米生长健壮、穗大均匀、籽粒饱满，产量大幅度提高。示范结果表明，夏玉米采用水肥一体化生产技术处理，比常规生产每亩增产 72.7 千克，增产率达 12.8%。

(5) 保护耕地、降低污染　传统灌溉方式采用大水漫灌，需水量较大，土壤受到较严重的冲刷、压实、侵蚀，降低土壤孔隙度，导致土壤板结，使土壤结构受到严重破坏。并且由于化肥的过量施用及肥料挥发、土壤淋失，对空气、土壤和地下水造成不同程度的污染。微喷系统使水分微量灌溉，水分缓慢均匀地渗入土壤，形成适宜的水、肥、气、热田间小环境，有利于玉米生长；同时还改善了土壤理化性质，降低了土壤容重，增加了土壤孔隙度，对土壤结构起到保护作用，从而提高了耕地质量。而专用肥的速溶性和分次少量使用，以及按玉米生长发育规律及时供给的突出特点，使肥料利用率大大提高，减少了化肥用量，节约了能源，减少了对空气、土壤和地下水的污染。

第四节　小麦-玉米一体化高效施肥技术

华北地区冬小麦-夏玉米轮作是我国主要的作物种植体系，目前该区

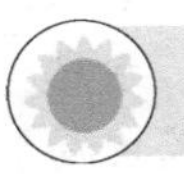

域小麦播种与收获、玉米播种与收获基本上实现了机械化，大大节约了劳动力。河南农业大学资源环境学院为配合机械化种植的生产现状，同时兼顾节肥、高效和环境友好等，在华北地区冬小麦-夏玉米一体化高效施肥关键技术研究的基础上，提出了适合不同生态区应用的冬小麦-夏玉米一体化高效施肥技术模式。

一、冬小麦-夏玉米一体化"一基一追"简化施肥

1. 冬小麦-夏玉米一体化大田专用缓控释掺混肥"一基一追"简化施肥

冬小麦-夏玉米一体化大田专用缓控释掺混肥"一基一追"简化施肥模式在冬小麦-夏玉米轮作周期中共施一次基肥、一次追肥，其中基肥于小麦播种前撒施于地表，随耕作耕翻入土；追肥于夏玉米苗期（7叶期）趁墒开沟施用或穴施，或者施后灌水。具体施用方案包括：

（1）华北中部灌区中等肥力地块　冬小麦-夏玉米目标产量为1000千克/亩，冬小麦、夏玉米两季秸秆均还田，轮作周期内氮肥总量为20～26千克/亩，其中，冬小麦季缓控释肥配方为24-8-6，夏玉米季缓控释肥配方为28-8-6，每季施用量为40～50千克/亩。

（2）华北中部灌区中上等肥力地块　冬小麦-夏玉米目标产量为1150千克/亩，冬小麦、夏玉米两季秸秆均还田，轮作周期内氮肥总量为26～32千克/亩，其中，冬小麦季缓控释肥配方为24-10-8，夏玉米季缓控释肥配方为28-8-6，每季施用量为50～60千克/亩。

（3）华北中部灌区中上等肥力地块　冬小麦-夏玉米目标产量为1300千克/亩，冬小麦、夏玉米两季秸秆均还田，轮作周期内氮肥总量为28～34千克/亩，其中，冬小麦季缓控释肥配方为28-10-8，夏玉米季缓控释肥配方为28-10-8，每季施用量为50～60千克/亩。

2. 冬小麦-夏玉米一体化有机包膜缓控释氮肥"一基一追"施肥

冬小麦-夏玉米一体化有机包膜缓控释氮肥"一基一追"施肥模式采用有机包膜缓控释尿素为核心技术产品，根据华北地区南部补灌区冬小麦-夏玉米不同生产管理目标，或者直接采用缓控释尿素、缓控释尿素掺混普通尿素，或者采用缓控释掺混肥，在冬小麦-夏玉米轮作周期中一次作为基肥，于小麦播种前撒施于地表，随耕作耕翻入土；一次作为追肥于夏玉米苗期（3叶期或7叶期）趁墒开沟施用或穴施，或者施后灌水。具体施用方案包括：

（1）减肥增效方案　轮作周期内施用缓控释尿素，施氮量为16.8千克/亩（相当于农民习惯施肥的70%）。冬小麦、夏玉米平均分配，冬小麦季在耕地时作为基肥施入；夏玉米季作为追肥在玉米3叶期条施，然后覆土，缓控释尿素施用量为40千克/亩。

经试验表明，该方案的产量与农民习惯施肥的产量相比不减产，甚至有所增加；氮肥利用率比农民习惯施肥的氮肥利用率提高了8.9%～9.9%。

（2）等肥增产增效方案　轮作周期内施用缓控释尿素，施氮量为24千克/亩（与农民习惯施的肥施氮量相同）。冬小麦、夏玉米平均分配，冬小麦季在耕地时作为基肥施入；夏玉米季作为追肥在玉米3叶期条施，然后覆土，缓控释尿素施用量为40千克/亩。

经试验表明，该方案的产量比农民习惯施肥增产11.5%～14.0%，氮肥利用率比农民习惯施肥的氮肥利用率提高了10.7%～13.2%。

（3）配肥高产高效方案　采用有机包膜缓控释尿素掺混普通尿素施用。轮作周期内施用缓控释尿素，施氮量为20千克/亩，其中有机包膜缓控释尿素提供70%的氮，普通尿素提供30%的氮。冬小麦、夏玉米平均分配，冬小麦季在耕地时作为基肥施入；夏玉米季作为追肥在玉米3叶期条施，然后覆土。

经试验表明，该方案的产量比农民习惯施肥增产16.1%～23.4%，氮肥利用率比农民习惯施肥的氮肥利用率提高了22.3%～24.3%。

（4）高产高效方案　该方案以有机包膜缓控释尿素为基础，根据作物需肥特点，制订不同配方的缓控释掺混肥，并提出施用数量和方法。冬小麦季缓控释肥配方为24-14-8，夏玉米季缓控释肥配方为24-12-12。冬小麦季缓控释肥在耕地时作为基肥施入，施用量为40千克/亩；夏玉米季缓控释肥作为追肥在玉米3叶期条施，然后覆土，施用量为40千克/亩。

二、冬小麦-夏玉米“控+减+补+优”平衡施肥

针对华北东部灌区土壤有机质有待提升、磷出现积累、钾不足及微量元素锌、硼等缺乏严重的现状，以及生产中氮肥过量施用、磷肥长期大量施用、较少施用钾肥和忽视微量元素肥料施用等突出问题，在土壤培肥，提高土壤肥力的基础上，实施平衡施肥，即控制氮肥施用、减少磷肥施用、补施钾肥和微肥、优化冬小麦-夏玉米磷、钾肥的分配比例，在轮作

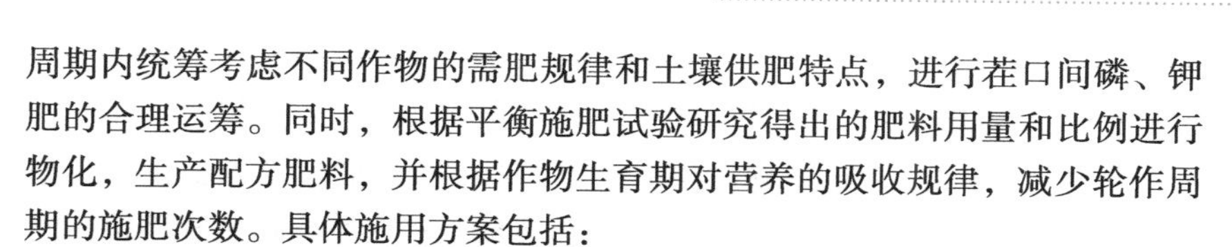

周期内统筹考虑不同作物的需肥规律和土壤供肥特点，进行茬口间磷、钾肥的合理运筹。同时，根据平衡施肥试验研究得出的肥料用量和比例进行物化，生产配方肥料，并根据作物生育期对营养的吸收规律，减少轮作周期的施肥次数。具体施用方案包括：

1. 培肥地力

一是全量秸秆还田，提高土壤有机质含量；二是增施有机肥料，冬小麦播种前施用优质有机肥料1000～1500千克/亩；三是重视中量、微量元素肥料的施用，根据当地土壤情况，推荐施用硫酸锌1.5千克/亩、硼砂1千克/亩。

2. 控制氮肥施用

冬小麦推荐氮肥施用量（N）为12～15千克/亩，夏玉米推荐氮肥施用量为（N）14～16千克/亩，比农民习惯施肥的施氮量减少13%～23%，氮肥利用率提高5%～10%。

3. 减少磷肥施用，优化茬口间磷肥的分配比例

当地农民习惯施磷肥量（P_2O_5）为14～18千克/亩，磷肥利用率一般只有20%左右。方案推荐：冬小麦施用磷肥（P_2O_5）8～10千克/亩，夏玉米施用磷肥（P_2O_5）4～6千克/亩，减少磷肥施用量11%～16%。

4. 补施钾肥与微肥，优化茬口间钾肥分配比例

方案推荐：冬小麦施用钾肥（K_2O）4～6千克/亩，夏玉米施用钾肥（K_2O）6～8千克/亩，比农民习惯施肥增加钾肥施用量15%～20%。

5. 优化冬小麦-夏玉米磷、钾肥的分配比例

根据整个轮作周期作物的需肥规律和土壤供肥特点，进行磷、钾肥的合理运筹。改变冬小麦-夏玉米均衡施用磷肥习惯，磷肥在冬小麦季重施，施入总磷量的70%；在夏玉米季轻施，施入总磷量的30%。如此，磷肥的利用率可提高10%。钾肥的分配方法与磷肥相反，在冬小麦季轻施，施入总钾量的30%；在玉米季重施，施入总钾量的70%。

6. 简化施肥环节与方法

根据“控＋减＋补＋优”平衡施肥技术方案生产配方肥，并根据作物对营养的吸收规律，将习惯上的轮作周期内6次施肥改为4次施肥。

综合运用上述技术，氮肥施用量减少13%～23%，氮肥利用率提高5%～10%；减少磷肥施用量11%～16%，磷肥利用率提高3%～5%；增加钾肥施用量15%～20%。

三、冬小麦-夏玉米两熟作物秸秆全量还田一体化施肥

冬小麦-夏玉米两熟作物秸秆全量还田一体化施肥技术模式是针对华北东部灌区当前农业生产中冬小麦和夏玉米轮作中两季作物秸秆还田比例越来越高，却少见相应与之配套或适应的施肥技术的现状而提出的。该技术的关键在于把冬小麦、夏玉米两茬作物作为一个周年轮作整体系统进行考虑，以提高地力或保持稳定的高产为中心，兼顾肥料不同养分总量及在各茬作物中的分配和每种作物关键需肥时期的养分分配。

收获冬小麦的同时机械粉碎麦秸，将麦秸覆盖田地，然后免耕播种机播种夏玉米，在夏玉米苗期进行冬小麦灭茬，于夏玉米苗期至拔节期补施肥料后深耕翻埋肥料与麦秸。待夏玉米成熟后，收获夏玉米果穗，粉碎夏玉米秸秆和根茬或联合机械收获夏玉米果穗同时粉碎夏玉米秸秆和根茬，将粉碎的夏玉米秸秆和根茬均匀覆盖田地，然后旋耕土壤或深耕翻埋夏玉米秸秆，同时补施肥料；补施肥料后整地播种冬小麦。具体施用方案如下：

1. 冬小麦500~600千克/亩、夏玉米600~700千克/亩产量水平下施肥方案

(1) 氮肥施用 氮肥（N）施用量为25~28千克/亩。冬小麦施氮量为全年总氮量的50%~55%，施肥比例为：基肥（N）∶拔节追（N）∶灌浆追肥（N）=6∶2.5∶1.5，或者基肥（N）∶孕穗追肥（N）=4∶6~6∶4。夏玉米施氮量为全年总氮量的45%~50%，施肥比例为：基肥（N）或苗期（3叶期至6叶期）追肥（N）∶大喇叭口期追肥（N）=1∶2，或者基肥（N）或苗期（3叶期至6叶期）追肥（N）∶大喇叭口期追肥（N）∶开花期追肥（N）=3∶5∶2。

(2) 磷肥施用 磷肥（P_2O_5）施用量为13~16千克/亩。冬小麦施磷量为全年总磷量的55%~60%，底肥一次性施入。夏玉米施磷量为全年总磷量的40%~45%，苗期（3叶期至6叶期）一次性施入。

(3) 钾肥施用 钾肥（K_2O）施用量为13~16千克/亩。冬小麦施钾量为全年总钾量的40%~45%，底肥一次性施入。夏玉米施钾量为全年总钾量的55%~60%，苗期（3叶期至6叶期）一次性施入。

2. 冬小麦600~700千克/亩、夏玉米700~800千克/亩产量水平下施肥方案

(1) 氮肥施用 氮肥（N）施用量为28~32千克/亩，冬小麦施氮量

为全年总氮量的52%～56%，施肥比例为：基肥（N）：拔节追肥（N）：灌浆追肥（N）=5：3：2，或者基肥（N）：孕穗追肥（N）=4：6～5：5。夏玉米施氮量为全年总氮量的44%～48%，施肥比例为：基肥（N）或苗期（3叶期至6叶期）追肥（N）：大喇叭口期追肥（N）=1：3，或者基肥（N）或苗期（3叶期至6叶期）追肥（N）：大喇叭口期追肥（N）：开花期追肥（N）=2：5：3。

（2）磷肥施用　磷肥（P_2O_5）施用量为16～18千克/亩。冬小麦施磷量为全年总磷量的50%～55%，底肥一次性施入。夏玉米施磷量为全年总磷量的45%～50%，苗期（3叶期至6叶期）一次性施入。

（3）钾肥施用　钾肥（K_2O）施用量为16～18千克/亩。冬小麦施钾量为全年总钾量的45%～50%，底肥一次性施入。夏玉米施钾量为全年总钾量的50%～55%，苗期（3叶期至6叶期）一次性施入。

四、冬小麦-夏玉米“一基二追四灌”水肥协同增效施肥

针对限制华北地区西北部冬小麦-夏玉米高产高效的主要因子养分和水分，在采用平衡施肥技术、新型肥料产品和设施节水技术的基础上，研究水肥互作控肥、节水及其耦合效应，在此基础上提出“一基二追四灌”水肥协同增效简化施肥模式。模式中，一基是指磷肥、钾肥、微肥、有机肥料、冬小麦季1/3氮肥全部用作底肥或缓控释新型肥料全部底施；二追是指冬小麦拔节期追施冬小麦季2/3氮肥和夏玉米拔节期追施氮肥；四灌是指冬小麦越冬水、冬小麦拔节水、夏玉米5～6叶壮苗水和大喇叭口期丰产水。

五、冬小麦-夏玉米“四肥五水”施肥

华北地区北部灌区基于冬小麦-夏玉米水肥耦合效应、作物品种与氮肥协同增产效应等农业资源管理技术，结合当地秸秆全部还田的农业生产现状，应用养分资源综合管理理论对新型耕作栽培制度下农田无机养分平衡效应进行研究，提出冬小麦-夏玉米“四肥五水”施肥技术模式。四肥是指冬小麦季施足基肥、拔节期适量追肥，夏玉米季在随机播种时施入少量基肥、拔节后至大喇叭口期重施追肥；五水是指冬小麦的播前水、拔节水、扬花灌浆水，夏玉米的出苗水、抽雄扬花水。

在冬小麦-夏玉米轮作周期总产量达1200千克/亩以上地力条件下的施肥指标为：氮肥（N）施用量为32～34千克/亩、磷肥（P_2O_5）施用量

为9～10千克/亩、钾肥（K_2O）施用量为12～15千克/亩、硼砂施用量为0.5千克/亩、硫酸锌施用量为1千克/亩，配合机耕机播施入基肥，肥料以氮磷钾复合肥和氮钾配方肥为主，结合全年灌水5次，即冬小麦的播前水、拔节水、扬花灌浆水，以及夏玉米的出苗水、抽雄扬花水。

冬小麦季施肥量为：氮肥（N）14千克/亩、磷肥（P_2O_5）8千克/亩、钾肥（K_2O）6千克/亩、硼砂0.5千克/亩。其中，全部磷肥、50%氮肥、50%钾肥和全部硼砂均作为基肥施入，以冬小麦专用复合肥为主；50%氮肥、50%钾肥在小麦拔节期随水追施。夏玉米季施肥量为：氮肥（N）18～20千克/亩、磷肥（P_2O_5）1～3千克/亩、钾肥（K_2O）8千克/亩、硫酸锌1千克/亩。其中，全部磷肥、25%氮肥、50%钾肥均作为基肥施入，肥料种类为复合肥并结合机播施入；75%氮肥、50%钾肥在玉米拔节后至大喇叭口期开沟追施，硫酸锌可随基肥施入或随追肥沟施。

六、沙壤土区冬小麦-夏玉米“水、肥、农艺”协同减氮施肥

选用高产高效作物品种，统筹全年光热资源，充分发挥土壤的调节作用，进行水肥耦合周年调控。通过调控上层土壤水分的亏缺，促进根系下扎，充分利用下层土壤水分、养分资源，减少水肥损失，实现水肥耦合增效、提高资源利用效率和收益的目标。

1. 冬小麦季技术要点

（1）品种选择 要求选择成熟早、初生根多、耐旱性强、水分生产率高、株高中等、穗型紧凑、穗层整齐、穗容量大、籽粒发育快、灌浆强度大、结实时间短的高产高效冬小麦品种，如科农199、周麦18、洛麦20等。

（2）足墒播种 在播种前要蓄足底墒，切忌抢墒。播前浇底墒水，使2米土体含水量达到田间持水量的90%左右，正常年份灌水量为50米^3/亩。

（3）施足基肥，氮肥后移 稳氮增磷，调配氮肥1/3用作基肥，2/3用作追肥；全年磷肥集中用于冬小麦，促进冬小麦根系发育和前中期生长，夏玉米利用磷肥后效。基肥的具体用量：氮肥（N）4.7～5千克/亩、磷肥（P_2O_5）10～13.3千克/亩，低肥力地块取上限。

（4）精耕匀播，确保播种质量 一是精细整地。前茬夏玉米收获后，秸秆粉碎到细碎，田间分布均匀，若采用深耕，要求达到20厘米，深耕后人工整地，耙平后播种。二是旋耕。要求旋耕2遍，深度达15厘米，

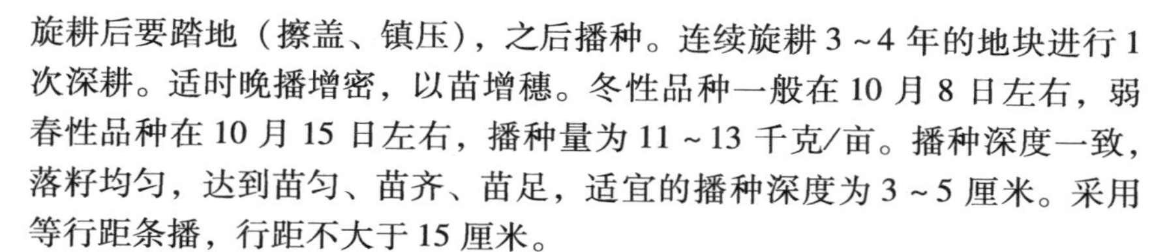

旋耕后要踏地（擦盖、镇压），之后播种。连续旋耕 3～4 年的地块进行 1 次深耕。适时晚播增密，以苗增穗。冬性品种一般在 10 月 8 日左右，弱春性品种在 10 月 15 日左右，播种量为 11～13 千克/亩。播种深度一致，落籽均匀，达到苗匀、苗齐、苗足，适宜的播种深度为 3～5 厘米。采用等行距条播，行距不大于 15 厘米。

（5）划大畦为小畦，节水灌溉　改变目前一亩一畦进行大水漫灌的习惯，畦面积控制在 40～70 米^2，畦内平整，灌水均匀。

（6）春季适时灌溉追肥　麦田不浇返青水。湿润年份，只浇 1 次拔节水；普通年份常年浇拔节水、抽穗扬花水；特别干旱年份浇越冬水、拔节水、抽穗扬花水。每次灌水量为 40～45 米^3/亩。结合浇拔节水追施氮肥（N）9.3～10 千克/亩，全生育期控制在氮肥（N）14～15 千克/亩。

（7）越冬后病虫草害防治　冬小麦起身拔节前防治小麦根腐病、纹枯病和红蜘蛛，并防治麦田杂草；孕穗期防治吸浆虫；抽穗开花期防治蚜虫、吸浆虫、锈病、白粉病、叶斑病等；抽穗扬花期防治赤霉病。

（8）适期收获　完熟初期及时收获。根茬高度小于 15 厘米，小麦秸秆粉碎后均匀覆盖还田。

2. 夏玉米季技术要点

（1）精选种子　选用高产与水氮高效的夏玉米品种，如豫玉 23、浚单 20、郑单 958 等；精选种子，进行包衣。

（2）适时早播　适当增加密度，提高整齐度，建立高效冠层。播种时间在 6 月中旬之前，采用 50 厘米左右等行距播种，播种量为 2.5 千克/亩。

（3）适时灌溉　播种后要及时浇出苗水，灌水量以小定额灌溉为宜。夏玉米各生育阶段，若 0～50 厘米深的土壤含水量不低于以下标准，可不进行灌溉：拔节期 65%、大喇叭口期至灌浆初期 70%、乳熟至蜡熟期 60% 的田间持水量。夏玉米每次灌溉量控制在 40～50 米^3/亩。

（4）适当晚定苗　夏玉米出苗后及早检查出苗情况，对缺苗断垄处进行补重；3～4 片展叶期间苗，5～6 片展叶期定间苗，留壮苗匀苗，缺苗时留双株。中、矮秆紧凑型品种留苗 4200～5200 株/亩，高秆紧凑型或中秆半紧凑型品种留苗 3600～4200 株/亩。

（5）合理施肥　减氮适当补钾，提倡施用缓控释肥。如果用尿素，可于大喇叭口期追施，一次性追施氮肥（N）11.3～13.3 千克/亩、钾肥（K_2O）5 千克/亩；也可分 2 次追施，分别在大喇叭口期、吐丝扬花期，每次用量为氮肥（N）5～6 千克/亩。施肥方法提倡深施。如果用缓控释肥，可在播种时作为种肥一起施入，肥料距种子2~3厘米处，氮肥（N）施用量为10~12千克/亩。

（6）病虫草害防治 封闭除草，防治结合。灌水后立即喷洒封闭型除草剂，同时防治灰飞虱、蚜虫、病毒病等。夏玉米苗期防治蓟马、灰飞虱、蚜虫、棉铃虫等；拔节期至大喇叭口期防治玉米螟、棉铃虫、褐斑病等；抽雄前防治玉米螟，以防其蛀茎；灌浆期防治蚜虫、螟虫、红蜘蛛、纹枯病等。

（7）适期晚收 夏玉米尽量晚收，可推迟到9月底，10月5日前均可。

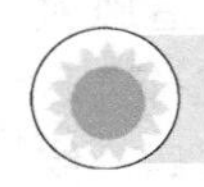

第五节 玉米化肥深施机械化技术

结合玉米主产区不同品种、种植制度、自然环境和生产条件，推广玉米免耕深施精量播种机械化技术，目前主要用于春玉米生产上。玉米机械化化肥深施技术是指使用化肥深施机具，按农艺要求的施肥品种、施肥数量、施肥部位和深度适时将化肥均匀地施于地表以下玉米根系密集部位，既能保证被玉米充分吸收，又显著减少肥料有效成分的挥发和流失，具有提高肥效和节肥增产双重效果的实用技术。它包括耕翻土地的犁底施肥技术、播种时的种肥深施技术和生长前期的化肥追施技术。这项技术可以同时完成开沟（或穴）、施肥、覆盖和镇压等多道工序，并确保合理的施肥数量，适宜的施肥深度和位置，以及严密的覆盖和有效的镇压。

一、玉米化肥深施机械化技术的优点

1. 提高化肥利用率

化肥深施可减少化肥损失和浪费。根据中国农业科学院土壤肥料研究所试验，碳酸氢铵、尿素深施地表以下6~10厘米的土层中，比表面撒施氮肥利用率可分别由27%和37%提高到58%和50%，深施比表施的利用率相对提高了115%和35%。大面积应用化肥深施机械化技术，化学氮肥的平均利用率由30%提高到40%以上。磷、钾肥等深施也减少了化肥的风蚀、水蚀和挥发损失，促进玉米吸收和延长肥效。

2. 增加玉米产量

化肥深施可促进玉米根系发育，增强玉米吸收养分、水分和抗旱的能

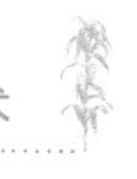

力，有利于植株生长，从而提高玉米产量。在同样的条件下，化肥深施比地表撒施玉米能增产 15～45 千克/亩，大豆可增产 15～25 千克/亩，增产幅度在5%～15%。

3. 避免烧种烧苗

种肥同床混施，化肥直接与种子接触，极易腐蚀侵伤种子和幼苗根系，发生烧种烧苗现象。而机械化作业能保证种、肥定位隔离，避免烧种烧苗现象发生。

4. 节支效果明显

机引化肥深施机具每小时的生产量一般在 5～10 亩，效率比人工作业提高 10～20 倍；人畜力化肥深施机具的效率比人工作业也可提高 3～5 倍，大大减轻了劳动强度，节约了施肥用工，作业费用降低。此外，广泛应用化肥深施机械化技术还可以有效减轻化肥对环境的污染。

综上所述，玉米化肥深施机械化技术具有显著的节支增效效益，是我国大力推广的一项重点农机化适用技术。

二、玉米化肥深施机械化技术的要点

1. 基肥深施技术

基肥深施应同土壤耕翻作业相结合。目前，基肥深施的方法有 2 种：一是先撒肥后耕翻，二是边耕翻边将化肥施于犁沟内，以第二种方法为好。

（1）先撒肥后耕翻的深施方法 该方法要尽可能缩短化肥暴露在地表的时间，尤其对碳酸氢铵等在空气中易挥发的化肥，要做到随撒肥随耕翻深埋入土。该法可在犁前加装撒肥装置，也可使用专用撒肥机，肥带宽基本同后边犁耕幅相当即可。先撒肥后耕翻的作业要求：化肥撒施均匀，施肥量符合玉米栽培的农艺要求，耕翻后化肥埋入土壤深度大于 6 厘米，地表无可见的颗粒。

（2）边耕翻边施肥的方法 该方法基本上可以做到耕翻与施肥作业同步，避免化肥露天造成的挥发损失，一般可对现有耕翻犁进行改造，增加排肥装置，通常将排肥导管安装在犁铧后面，随着犁铧翻垡将化肥施于垡面上或犁沟底（根据当地农艺要求的底肥深浅调整），然后犁铧翻垡覆盖，达到深施肥的目的，许多地方习惯称该法为犁沟施肥。边耕翻边施底肥作业要求：施肥深度大于 6 厘米，肥带宽 3～5 厘米，排肥均匀连续，无明显断条，施肥量满足玉米栽培的农艺要求。

2. 种肥深施技术

种肥应在播种的同时深施，可通过在播种机上安装肥箱和排肥装置来完成。对机具的要求是不仅能较严格地按农艺要求保证肥、种的播量、深度、株距和行距等，而且在种、肥间能形成一定厚度（一般在3厘米以上）的土壤隔离层，既满足玉米苗期生长对营养成分的需求，又避免肥、种混合出现的烧种、烧苗现象。应用该项技术对田块土壤处理要求较高，应保证土壤耕深一致，无漏耕，做到土碎田平，土壤虚实得当。

按施肥和种子的位置，有侧位深施和正位深施（俗称肥、种分层）2种形式。技术要求如下：

（1）侧位深施种肥 肥施于种子的侧下方，小麦种肥一般在种子的侧、下方各2.5～4厘米，玉米种肥施深一般在5.5厘米，肥带宽度宜在3厘米以上，肥条均匀连续，无明显断条和漏施。

（2）正位深施种肥 种肥施于种床正下方，肥层同种子之间土壤隔离层在3厘米以上，并要种、肥深浅一致，肥条均匀连续，肥带宽度略大于播种宽度。要注意，在播种的同时将化肥一次施入土壤中，要根据肥料品种、施用量等决定种与肥的距离；防止种、肥过近造成烧种、烧苗。

3. 追肥深施技术

按农艺要求的追肥施用量、深度和部位等使用追肥作业机具，一机完成开沟、排肥、覆土和镇压等多道工序的追肥作业，相对于人工地表撒施和手工工具深追施，可显著地提高化肥的利用率和作业效率。追肥机具要有良好的行间通过性能，对玉米后期生长无明显不利影响（如伤根、伤苗和倒伏等）。追肥深度（以玉米植株同地面交点为基准）应为6～10厘米。追肥部位应在玉米株行两侧的10～20厘米（视玉米品种定），肥带宽度大于3厘米，无明显断条，施肥后覆盖严密。

三、化肥深施对作业机具的要求与注意事项

1. 机具性能要求

深施化肥机具应符合农艺要求，施肥深度不小于6厘米，具有可调节施肥量的装置，排肥装置有高度可靠性，作业时不应有断条现象，肥带宽度变异不超过1厘米，单季作业换件或故障修理不超过1次/台（件、组）。

2. 深施化肥作业应达到的要求

深施化肥作业应达到的要求：排肥断条率小于3%。肥条均匀度：碳

酸氢铵为20%~30%，尿素等颗粒肥为20%~25%；其中底肥深施均匀性变异系数不超过60%；播种深施排肥均匀性变异系数不超过40%；中耕深追施肥均匀性变异系数不超过40%。各行排量一致性变异系数均应不超过13%。化肥的土壤覆盖率要达到100%，种肥、追肥作业要保证镇压密实。施肥位置准确率不小于70%。中耕深追施肥作业伤苗率不超过3%。各种机具的使用可靠性系数均应不小于90%。

3. 机械深施化肥的注意事项

1）操作机手在进行作业前要经过专门的技术培训，以便熟知化肥深施技术的作业要点和掌握机具操作使用技术，能按要求调整机具和排除机具作业中出现的故障。

2）深施作业前要检查机具的技术状况，重点检查施肥机械或装置各连接部件是否紧固，润滑状况是否良好，以及转动部分是否灵活。

3）调整施肥量、深度和宽度，使机具满足农艺要求。调整时肥箱里的化肥量应占容积的1/4以上，并将施肥机具或装置架起处于水平状态，然后按实际作业时的转速转动地轮，其回转圈数以相当于行进长度50米折算而定，同时在各排肥口接取肥料并称重，确定好施肥量后机具进地进行实际作业试验，当机具入土行程稳定后，视情况选取宽度和观察点个数，在截面中肥带部位测量带宽及化肥距地表和种子（植株）的最短距离，如多点测试均满足要求，即可投入正常施肥作业。

4）作业中要做到合理施用化肥，应遵循以下基本原则：

① 选择适宜的化肥品种。要根据土壤条件和作物的需肥特性选择化肥品种，确定合理的施肥工艺（如基肥和追肥的比例，以及追肥的次数和每次的追肥量），以充分发挥化肥肥效（如硝态氮肥应避免在水田上施用，防止由于硝化、反硝化造成氮的损失）。

② 化肥与有机肥料配合施用。化肥和有机肥料配合施用，利用互补作用满足各个时期玉米对养分的需要。通过施用有机肥料避免单施化肥对土壤理化性状的不良影响，提高土壤的保肥、供肥能力。化肥和有机肥料配合施用的方法有2种：一种是以有机肥料作为基肥，化肥作为追肥或种肥施用；另一种方法是有机肥料与化肥直接混合施用。需要注意的是化肥和有机肥料不是可以任意混合的，有些混合后能提高肥效，有些则相反，会降低肥效，如硝态氮肥（如硝酸铵）与未腐熟的堆肥、厩肥或新鲜秸秆混合堆沤，在厌氧条件下，由于反硝化作用，易引起硝态氮变成氮气跑掉，损失养分。

③ 按施肥量和各种营养元素的适宜比例搞好施肥作业。施肥不仅是要获得较高的产量，还要有较高的经济效益，为此要根据土壤条件、玉米的种类、化肥品种和施肥方法等具体条件确定施肥用量和各种营养元素的适宜比例。玉米的高产、稳产，需要氮、磷、钾等多种养分协调供应，施用单一化肥，往往不能满足玉米生长发育的需要。根据我国目前土壤中氮、磷、钾的分布情况，北方要重视氮、磷肥的混合施用，南方要做到氮、磷、钾肥的混合施用。此外，还要根据农艺要求和化肥特性，确定化肥的施用季节、施肥部位（如侧位深施、正位深施）、施肥方法（如集中施、根外追施）等，为提高化肥利用率创造条件。

四、化肥深施机具

1. 底肥深施机具

（1）犁底施肥机 犁底施肥机是在现有各种犁耕、旋耕机具上，加装肥箱、排肥器、传动机构和输肥管，在犁耕或旋耕作业的同时，将化肥施入犁沟底部或耕层中去的一种组合式联合作业机具。不进行施肥作业时，卸下施肥装置，不影响原机具的使用。

（2）垄体施肥机 垄体施肥机是一种联合作业机型（彩图22），可在玉米等垄作作物的播种起垄作业时，将尿素等颗粒状化肥分两层施入垄体，两层化肥之间相隔5～8厘米土层，化肥在作物生长不同时期发挥作用，上层肥料主要起种肥作用，下层肥料主要起底肥作用，所以这种施肥机是兼有种肥施肥机和底肥施肥机作用的一种机型。

2. 种肥深施机具

种肥深施机具通常为施肥播种机，在一个机架和传动机构上并列着两套机构，一套播种，另一套施肥，可在播种的同时施肥，是化肥深施机具中运用最广、型号最多的联合作业机型。有的机型采用精量、半精量排种器，节种增效作用明显，有的机型还装有铺膜等机构，联合作业项目更多。施肥位置不同，按施肥播种机可分为正位施肥和侧位施肥两类机型。

（1）正位施肥播种机 这类机型的开沟器一般分两排排列，前排开沟器施肥，后排开沟器播种，两排开沟器处于前进方向的同一纵向平面内，施肥开沟器工作深度较深，使肥料处于种子正下方，种肥之间有3.5～5厘米土层相隔，所以有的机型也称作种肥分层播种机。

（2）侧位施肥播种机 这类机型的结构与正位施肥播种机基本相同，只不过它的施肥开沟器与播种开沟器不在同一条线上，而处于播种开沟器的两侧，把化肥施在种子两侧，多用于玉米、大豆、高粱和棉花等宽行距的中耕作物播种施肥作业。

3. 追肥深施机具

追肥机具是在作物生长中期和后期施肥的机具，排施的肥料以尿素等速效肥为主，有的机型也可排施碳铵。

（1）中耕施肥机　中耕施肥是利用中耕播种施肥机或中耕机悬挂机架配套单体施肥（播种）机，用拖拉机牵引或装小动力机自走，进行行间或株侧深施肥。

（2）手动追肥机具　由于追肥期是作物生长的中、后期，植株高大，限制了机械追肥作业，近年来，各地针对这一矛盾，相继研制出一批手动追肥机具，可分别排施固态化肥和液态化肥。

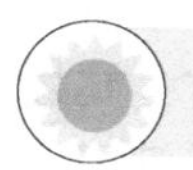

第六节　玉米规模化生产秸秆还田技术

在我国很多地区，每到收获季节，农民就在田边地头大量焚烧玉米秸秆，不仅污染空气，而且有大量树木被烧坏，已成为社会的一大公害。目前，各地之所以大量焚烧作物秸秆，原因主要有以下几个方面：一是燃料结构的变化。农民由烧柴改烧煤、烧气、用电；二是秋季是农忙时期，农村劳动力紧张，农民为腾茬种麦，便就地焚烧秸秆；三是农民缺乏科学知识；四是缺少秸秆还田机械。因此，积极推广秸秆还田技术具有转变传统观念、培肥地力的双重作用，对农业生产意义重大。

一、玉米秸秆还田的优势

1. 有利于发展有机农业

大量使用化肥使我国农田用肥结构不合理的状况日趋严重。近几年来，有机肥料使用越来越少，化肥使用量直线上升。由于我国对土地有机肥料的使用越来越少，化肥的使用越来越多，给农业生产造成了严重的危害。有些地区甚至不种绿肥，不施人粪尿、土杂肥及荷塘泥，完全依靠化肥，其后果令人忧虑。我国耕地平均化肥用量大幅超过世界平均水平，农田化肥用量为世界平均水平的2.6倍，有机肥料与化肥的使用比例逐年下降，使用化肥的副作用日益明显。世界各国大量用化肥进行农业生产给人类有限的生存环境造成空前的污染。有机农业的研究和探索日益引起各国的重视。许多国家相继建立了推广有机农业的机构。有机农业是克服农业危机唯一可行的道路。有机农业最大的好处是保护土地，通过施粪肥而获得高产。发展有机农业，除了多施用畜禽粪肥以外，采用水稻、小麦等作物秸秆还田也是一条重要途径，其是农业生产上重要的肥源之一。

2. 促进作物生长

作物的生长发育需要全面均衡的养分。长期施用化肥将导致作物营养缺乏，因此生长不良，引起减产。如果施用有机肥料较少，作物就很容易出现营养元素缺乏症，像常见的一些作物缺硼，以油菜花而不实、棉花蕾而不花、小麦形成空瘪粒。因此，尽管投入较多的化肥，但是作物产量难以提高。有机肥料属于完全肥料，相比化肥而言，不仅含有氮、磷、钾、钙、镁、硫等大量元素，还含有各种微量元素，如铁、硼、锰、铜等，可以为作物提供均衡的应用，其优势明显。秸秆含有丰富的有机质，可达15%，其氮、磷、钾含量也很可观，以玉米秸秆为例，其含量分别为0.61%、0.27%、2.28%。如果应用鲜玉米秸秆还田1250千克/亩，其提供的养分与施用土杂肥4000千克/亩相当。美国、加拿大、阿根廷等国大部分玉米都进行了还田处理，值得其他国家借鉴。

3. 培肥地力

土地是永续利用的长远资源。俗话说，用地要养地。施用有机肥料可以培肥地力，使土壤的理化性状得以改善，将大部分养分贮于土壤，增加有机质的含量。化肥的养分含量虽然比有机肥料高，同时其速效性强，发挥肥效快，增产效果显著，但主要是针对某种作物的短期效果，单施化肥无法改良土壤。根据试验研究，连年实施小麦、玉米秸秆切碎还田，土壤中速效氮和有机质分别增加3倍和2倍以上。只有有机肥料与化肥科学配合施用才能使地力不退化，同时使土壤结构疏松，增强保墒能力，达到作物增产目的。

4. 改良土壤结构

施用化肥容易造成土壤板结、地力衰退。土壤中的腐殖质含量对其保水保肥能力具有重要影响，如果腐殖质含量过低（低于0.5%）则土壤保墒效果差，在此基础上增施化肥难以发挥其应有的作用。据测定，我国耕地有机质含量仅为1.5%，明显低于发达国家。秸秆还田可以使耕地增强蓄水保墒性能，改善土壤团粒结构和理化性状。秸秆切碎还田耕翻后，秸秆在分解、腐熟过程中，据测定，可使土壤有机质含量增加、土壤容重降低、空隙度增加。实施秸秆还田之前，耕翻性极差的黏土，拖拉机用1档进行耕地较为困难，秸秆还田后，拖拉机耕地时用2档不超负荷，还使地

温提高 1 ~ 2 ℃，而提高地温可使冬小麦返青期提前 3 ~ 5 天。

5. 减少农作物病害

各地普遍反映，以化学氮肥为“主粮”的作物的抵抗力较弱，不如长期施用有机肥料的作物。近年来，许多地区发生穗颈病、白叶枯病、纹枯病。虽然与气候条件有关，但那些偏施化学氮肥的地方与别的地方相比，发病率特别高、面积特别大，应引起人们的高度重视。出于农业生产的长远考虑，应强调增施有机肥料。

6. 经济效益明显

采用机械使秸秆直接切碎还田，用机械代替了以往手工作业，生产效率可提高 40 倍以上，抢了农时，同时也防止了焚烧秸秆引起的严重污染。据一些试点测定可增产 10% ~ 30%，耕地还田秸秆 1000 千克/亩，第四年粮食增产 30%；连续秸秆还田 3 年后，小麦增加产量逾 60 千克/亩，玉米增产 100 千克/亩以上。低产田经 2 年还田后，可增产 20% ~ 30%；高产田可增产 10% ~ 15%。由此看来，充分认识秸秆还田的重要性，认真抓好秸秆及根茬还田机的生产，积极推广秸秆及根茬还田技术，对于促进农业稳产高产有着十分重要的意义。

二、玉米规模化生产秸秆还田技术的应用

1. 玉米秸秆粉碎还田技术（彩图 23）

玉米秸秆粉碎还田技术使用的主要机具设备：上海-50、铁牛-55、东方红-75 等大中型拖拉机；12-15 马力小型拖拉机；4F 系列、4JQ 系列、4Q 系列、4JH 系列、9Q-2 型等各种秸秆粉碎还田机；各种旋耕机、深耕犁；IBY-18 片圆盘耙、MQ-24 片缺口耙；机引镇压器；2B-12 型半精量小麦播种机及各种带圆盘开沟器的小麦播种机；各种铡草机、切脱机、青贮机及相应动力。

机械化玉米秸秆粉碎还田工艺路线：机械化切碎：摘穗→机械直接切碎并抛撒秸秆→补氮→重耙或旋耕灭茬→深耕整地→播种。半机械化切碎：摘穗→割倒堆放→人工喂入切碎→补氮堆沤→机械灭茬或人工刨茬→人工铺撒→耕翻整地→播种。

（1）机械化秸秆还田的技术规范　第一步，摘穗。玉米成熟趁秸秆青绿及时摘穗，并连苞叶一起摘下。第二步，切碎并抛撒秸秆。摘穗后趁秸秆青绿及时用拖拉机装配各种秸秆切碎机切碎秸秆（最适宜含水量在 30% 以上）。切碎后秸秆长度不大于 10 厘米；茬高不大于 5 厘米，防止漏

切。第三步，补氮。秸秆切碎后进行补氮，将玉米秸秆碳氮比由80∶1补到25∶1。一般将一定量氮肥均匀撒于秸秆粉碎后的田间，除应正常施底肥外，每亩增施碳酸氢铵12千克即可。第四步，灭茬。用生耙或旋耕机作业一遍，在切碎根茬的同时将碎秸秆、化肥与表层土壤充分混合。第五步，深耕翻埋。用东方红-75拖拉机牵引1L-5-35型机引犁，或者改后的1L-525悬挂中型5铧犁；或者12～15马力（1马力≈0.735千瓦）小型拖拉机悬挂1L-130型单铧犁深耕，耕深小于20厘米，耕后耙透、镇实、耢平（东方红-75拖拉机牵引时，尽量复式作业，将耕翻、合、镇压、擦耢一次完成）。通过耕翻、压盖，消除因秸秆造成的土壤架空，为播种创造条件。第六步，播种。用2BX-12型、2BTXB-7型等圆盘开沟器小麦播种机播种，播种深度为3～5厘米，覆土镇压严紧，种子破碎率不大于0.5%，田间无漏播，地头无重播，断条率不大于5%。

（2）半机械化玉米秸秆还田的技术规范　第一步，摘穗。摘穗时机同前，可不摘苞叶。第二步，割倒堆放。要求及时将秸秆割倒堆放以保持含水量。第三步，切碎。割倒后立即抓紧时间，用铡草机、切脱机或青贮机切碎。切碎长度不大于5厘米。第四步，补氮堆沤。将玉米秸秆碳氮比由80∶1补到25∶1；按每亩补碳酸氢铵12千克以上（一般将底肥掺于碎秸秆中）拌匀后堆沤，堆高不小于150厘米，堆底间直径不小于200厘米。堆沤时间不少于24小时（在补氮的同时掺入生物催熟剂，效果更好）。第五步，灭茬。人工用镐刨茬，要求把根茬在地下的三叉股刨掉，并将刨下的根茬清出田外（也可以旋耕或重耙灭茬）。第六步，铺撒。人工铺撒堆沤后的碎秸秆，要求尽量铺撒均匀。第七步，耕翻。用大型或小型拖拉机耕翻即可，耕深不小于15厘米。第八步，整地。要求耙均、镇压实、擦耢平。第九步，播种。用圆盘开沟器小麦播种机播种，质量要求同前。

2. 机械化玉米根茬粉碎还田技术

机械化根茬粉碎还田技术是将玉米割去秸秆后剩余根茬，用机械粉碎后混于耕层土壤中的一项机械化技术。玉米根茬还田是改变施肥结构、减少化肥施用量、增加土壤有机质、培肥地力、提高产量的有效方法，也是增加农业后劲的有效途径。

（1）玉米根茬还田前的准备　一是地块准备。将割后的秸秆运出地块，测定玉米行距和垄高，并观察地块中有无影响机械作业的障碍物，如有要清除。二是选择适合玉米根茬行距的根茬还田机，要保证拖拉机轮胎走在垄沟上，工作幅宽要足够，确保根茬都能粉碎还田。三是试作，并调

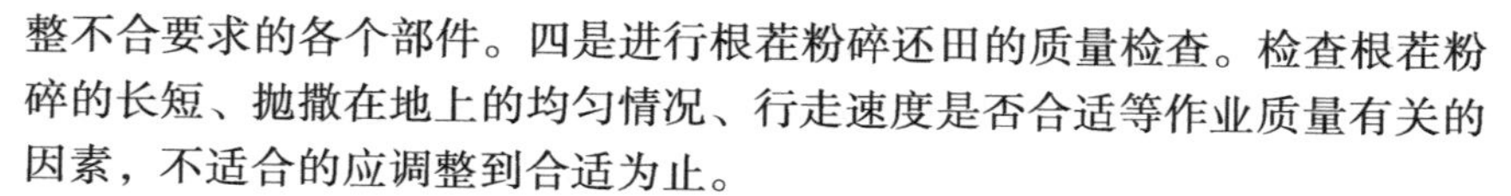

整不合要求的各个部件。四是进行根茬粉碎还田的质量检查。检查根茬粉碎的长短、抛撒在地上的均匀情况、行走速度是否合适等作业质量有关的因素，不适合的应调整到合适为止。

（2）玉米根茬还田机的主要技术规格 玉米根茬还田作业期可在秋季也可在春季。根茬还田还必须注意农机、农艺的紧密结合，机具要符合农艺要求，农艺也要为机具作业创造适当的条件。以1GQN-180D型灭茬机为例，其主要技术规格为：机器重量为4300千克；作业速度为1～4千米/小时；耕幅为180厘米；生产率为3～5亩/小时；配套动力为38kW（50马力）拖拉机；耕深14～20厘米。

（3）玉米根茬还田技术要求 第一，玉米根茬还田要选择在根茬含水率在30%时为宜，粉碎后长度在5厘米以下，站立或漏切的根茬不超过0.5%，碎土率达到93.8%。第二，根茬粉碎还田后，要及时追施底肥，除施粪肥外，一定要施撒20～50千克氮肥，这样可防止微生物分解有机质时，与下茬作物争养分，而且有利于根茬的腐烂。第三，撒肥后要及时进行蛇翻，将粉碎后的根茬尽量埋入地下。这样做一是有利于根茬和土壤保持水分，以利于分解；二是可以避免化肥的挥发，以保持肥效。第四，为防止还田地种子架空，影响出苗，要进行全面耙压，以保证墒情，促进下茬种子发芽和根茬的腐烂。

3. 玉米秸秆粉碎覆盖还田技术

玉米秸秆粉碎覆盖还田技术是指作物收获后用机械对其秸秆直接粉碎后覆盖于地表的一项作物秸秆还田技术。可以与免耕、浅耕及深松等技术结合，形成保护性耕作，能有效培肥地力、蓄水保墒、防止水土流失、保护生态环境、降低生产成本（彩图24）。

（1）覆盖时间 覆盖时间要结合农田、作物和农时等进行确定。夏玉米应在7～8片叶展开时覆盖。春播作物覆盖秸秆的时间，春玉米以拔节初期为宜，大豆以分枝期为宜。

（2）技术要求 玉米秸秆粉碎还田覆盖时要求如下：

1）尽可能采取玉米联合收获，一次完成玉米收获与秸秆粉碎还田覆盖；也可采取秸秆直接粉碎还田覆盖。

2）抛撒均匀，不产生堆积和条状堆积现象。

3）秸秆覆盖率不低于30%；秸秆覆盖量应满足小麦免耕播种机正常播种。

4）秸秆量过大或地表不平时可采用浅旋、圆盘耙等表土处理措施。

5）秸秆切碎长度应不超过10厘米。

6）秸秆切碎合格率不低于90%；抛撒不均匀率不超过20%；漏切率不超过1.5%。

秸秆粉碎覆盖还田与免耕、浅耕等技术结合，是目前农耕中较为先进的技术。例如，秸秆还田免耕播种保护性耕作技术是利用玉米联合收获机将玉米秸秆直接粉碎后均匀抛撒在地表，然后用免耕播种机免耕播种，以达到改善土壤结构、培肥地力、实现农业节本增效的先进耕作技术。其工作程序为：玉米联合收获或玉米收获并秸秆还田覆盖→深松（2～4年深松1次）。其主要技术内容包括：

一是玉米免耕播种技术。玉米免耕播种作业选择2BYQF-3型等玉米贴茬直播机，夏玉米播种量一般为1.5～2.5千克/亩，播种深度一般控制在3～5厘米，施肥深度一般为8～10厘米（种肥分施），即在种子下方4～5厘米。

二是秸秆覆盖技术。要求播种后秸秆覆盖率不小于30%，并能满足后续环节作业。

三是深松技术。深松选用单柱振动式深松机，作业方式选择小麦播前深松，深松间隔达40～60厘米，深度为25～30厘米，一般2～4年深松1次。

四是病虫草害的控制和防治技术。病虫草害防治的要求：为了能充分发挥化学药品的有效作用并尽量防止可能产生的危害，必须做到使用高效、低毒、低残留化学药品，使用先进可靠的施药机具，采用安全合理的施药方法。化学除草剂的选择和使用：化学除草剂的剂型主要有乳剂、颗粒剂和微粒剂。施用化学除草剂的时间：玉米选择在播种后出苗前进行。施药的技术要求：根据以往地块杂草病虫的情况，合理配方，适时打药；药剂搅拌均匀，漏喷重喷率不超过5%；作业前注意天气变化，注意风向；及时检查，防止喷头、管道堵漏。

身边案例

青冈县实施玉米秸秆翻埋还田技术成效显著

青冈县作物种植以玉米为主，年产玉米秸秆大约150万吨。2016年，为了改善土壤状况，保护黑土耕地，建立了7万亩玉米秸秆翻埋作业试验示范基地，在秋季玉米机械收获后，全部采用翻转犁翻埋玉米秸秆还田，第二年、第三年免耕播种的“一翻两免（卡）”机械化

生产模式，较好地解决了玉米秸秆还田难、耕地质量有所下降的问题，保护了农业生态。

1. 玉米秸秆翻埋还田技术标准

（1）玉米秸秆粉碎　玉米联合收获机带秸秆还田粉碎装置的，秸秆切碎长度要小于10厘米，以撕裂状秸秆为宜。秸秆抛撒要均匀。留茬高度小于5厘米。若秸秆长度过大，需使用秸秆粉碎还田机，将秸秆粉碎抛撒在地表，长度小于10厘米，不得有堆积。

（2）深翻扣埋秸秆　秋季选择单铧耕宽在35~55厘米的翻转犁，作业地块不出现堑沟。翻深达到30厘米，扣垡严密，地表残茬不超过10%，不重不漏，耕堑直，百米内直线度误差不超过20厘米。为了保证地头耕作达到深度，最好沿地边横向作业一遍，保证起垄时地头垄体饱满。

（3）耙地作业　秋季深翻后要耙地两遍，耙后地表平整，10米内高低差不超过10厘米，土壤细碎，耙层表土疏松。重型耙耙深16~20厘米，耙深误差不超1厘米。中型耙耙深12~15厘米，不重耙、不漏耙、不拖堆。装配轻型耢子，耙耢结合复式作业，起到保墒作用。

（4）起垄作业。秋季起垄垄高20厘米左右，要达到垄向笔直，垄体饱满，100米偏差不超过5厘米，垄距误差不大于1厘米，不起阀块，不出名条，不出张口垄，地头整齐，起垄后镇压，达到待播状态。

（5）机械播种。采取机械精量播种，同时进行机械深施肥，施肥深度在种床下3~5厘米。

2. 玉米秸秆翻埋还田实施效果

实行土地连片规模作业，使用大型机械采取“一翻两免（卡）”标准化作业模式，可降低作业成本，提高粮食产量，取得良好的经济效益、社会效益和生态效益。

（1）节约生产成本　一是大机械精量点播，平均每亩节省种子0.5千克，每亩节支17元。二是机械深施肥，提高化肥利用率25%以上，平均每亩节省化肥10千克，每亩节支30元。三是节省作业费。按照当地作物品种和土壤状况，秸秆粉碎10元、深翻25元、耙25元（2遍）、起垄8元、精播25元，5个作业环节每亩作业费共计93元；第二年免耕原垄卡种，第三年灭茬原垄卡种，作业费均为35元左右。三年合计每亩作业费163元，平均每年每亩作业费54元，作业费较低。

(2) 有效提高产量　示范区采取"一翻两免（卡）"耕种模式，通过采用深翻整地、化肥深施、大垄双行精量播种等系列农机标准化作业，每亩保苗由原来的3900株增加到4500株，每亩产量由原来预计的603千克增加到634千克，每亩增产31千克，增幅5.14%，按每千克1.4元计算，每亩增收43.40元，增产效果明显。

(3) 生态效益明显　在示范区内建立了新的科学耕作体系，实施以秸秆还田为重点，以深松（深翻）为主体，少免耕相结合的"一翻两免（卡）"耕作制度。对促进"三减"，改善土壤理化性能，保护黑土地，提高玉米抗御自然灾害的能力，使中低产田变高产，改善农业生态环境起到保障作用。示范区由于实现土地规模经营，富余劳动力从工经商、外出打工或从事养殖业，促进了农民增产增收。

第五章

不同区域的玉米科学施肥技术

我国的玉米种植纵跨寒温带、暖温带、亚热带和热带，分布在低地平原、丘陵和高原山区等不同自然条件下。由于不同地区的光、热、水、无霜期等自然条件相差很大，我国常将玉米种植划分为6个生态区：（北方春玉米区、西北内陆灌溉玉米区、黄淮海夏玉米区、西南玉米区、南方丘陵玉米区和青藏高原玉米区。各区的种植制度也不相同，因此，玉米的施肥也有所差异。

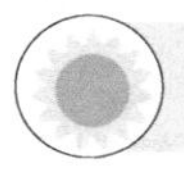

第一节　北方春玉米科学施肥技术

北方春玉米区主要包括黑龙江、吉林、辽宁和内蒙古，以及山西、宁夏大部，河北、陕西北部和甘肃的一部分。该区域无霜期达130～180天，积温达2900～3400℃，降水量为400～800毫米。春玉米的生育期一般为100～140天，基本上为一年一熟制。该区域主要玉米种植又可以分为东北冷凉春玉米区、东北半湿润春玉米区、东北半干旱春玉米区、东北温暖湿润春玉米区、北方雨养旱作春玉米区等。

一、东北冷凉春玉米科学施肥

东北冷凉地区主要包括黑龙江的大部和吉林的东部。

1. 施肥原则

根据该地区自然条件和生产实际，应遵循以下施肥原则：依据测土配方施肥结果，确定氮、磷、钾肥的合理用量；氮肥分次施用，高产田适当增加钾肥的施用比例；依据气候和土壤肥力条件，农机和农艺相结合，种肥和基肥配合施用；增施有机肥料，提倡有机肥料和无机肥料配合，秸秆适量还田；重视硫、锌等中量、微量元素的施用，酸化严重的土壤增施碱性肥料；建议玉米和大豆间作或套种，同时减少化肥的施用量，增施有机肥料和生物肥料。

2. 施肥量推荐

借鉴2011—2017年农业部玉米科学施肥指导意见及相关测土配方施肥技术研究资料和书籍，提出施肥配方（表5-1），以供参考。

表5-1　东北冷凉春玉米施肥配方

目标产量/（千克/亩）	推荐施肥量/（千克/亩）		
	氮（N）	磷（P_2O_5）	钾（K_2O）
<500	7～8	3～4	2～3
500～<600	8～10	4～5	3～4
600～<700	10～12	5～6	4～5
≥700	12～14	6～7	4～5

3. 科学施肥

该地区推荐施用14-18-13（N-P_2O_5-K_2O）或相近配方的玉米专用配方肥。

（1）基肥　一般每亩施优质粗制有机肥料2000～3000千克或精制有机肥料1000千克，玉米专用配方肥（14-18-13）或相近配方的玉米专用配方肥依据目标产量确定：目标产量在500千克/亩以下时，玉米专用配方肥的推荐用量为18～23千克/亩；目标产量为500～600千克/亩时，玉米专用配方肥的推荐用量为23～28千克/亩；目标产量为600～700千克/亩时，玉米专用配方肥的推荐用量为28～32千克/亩；目标产量在700千克/亩（含）以上时，玉米专用配方肥的推荐用量为32～37千克/亩。

如果施用其他配方肥料，可按该配方进行折算，不足部分用单质肥料补充。

（2）根部追肥　该地区追肥一般用尿素，追施时期一般在7叶期。依据目标产量确定：目标产量在500千克/亩以下时，7叶期追施尿素9～11千克/亩；目标产量为500～600千克/亩时，7叶期追施尿素11～13千克/亩；目标产量为600～700千克/亩时，7叶期追施尿素13～16千克/亩；目标产量在700千克/亩（含）以上时，7叶期追施尿素16～18千克/亩。

（3）叶面追肥　可在春玉米3～5叶期叶面喷施600倍含氨基酸水溶肥料或含腐殖酸水溶肥料或高活性有机酸叶面肥料、0.1%～0.2%硫酸锌

的混合水溶液；大喇叭口期叶面喷施0.3%～0.5%磷酸二氢钾水溶液，或者叶面喷施600倍活力钾叶面肥料、600倍微量元素水溶肥料混合液。

二、东北半湿润春玉米科学施肥

东北半湿润地区包括黑龙江西南部、吉林中部和辽宁北部。

1. 施肥原则

根据该地区自然条件和生产实际，应遵循以下施肥原则：控制氮、磷、钾肥的施用量，氮肥分次施用，适当降低基肥用量，充分利用磷、钾肥后效；一次性施肥的地块，选择缓控释肥料，适当增施磷酸二铵作为种肥；速效钾含量高、产量水平低的地块在施用有机肥料的情况下可以少施或不施钾肥；土壤pH高、产量水平高和缺锌的地块注意施用锌肥，长期施用氯基复合肥的地块应改施硫基复合肥；增加有机肥料的用量，加大秸秆还田力度；推广应用高产耐密品种，适当增加玉米的种植密度，提高玉米的产量，充分发挥肥料的效果；深松打破犁底层，促进根系发育，提高水肥的利用效率；地膜覆盖种植区，可考虑在施底（基）肥时，选用缓控释肥料，以减少追肥次数；中高肥力土壤采用施肥方案推荐量的下限。

2. 施肥量推荐

借鉴2011—2017年农业部玉米科学施肥指导意见及相关测土配方施肥技术研究资料和书籍，提出施肥配方（表5-2），以供参考。

表5-2　东北半湿润春玉米施肥配方

目标产量/（千克/亩）	推荐施肥量/（千克/亩）		
	氮（N）	磷（P_2O_5）	钾（K_2O）
<550	8～10	3～4	2～3
550～<700	10～12	4～5	3～4
700～<800	12～14	5～6	4～5
≥800	14～16	6～7	4～5

3. 科学施肥

（1）基追结合施肥　一般每亩施优质粗制有机肥料2000～3000千克或精制有机肥料1000千克。推荐15-18-12（N-P_2O_5-K_2O）或相近配方的玉米专用配方肥。目标产量在550千克/亩以下时，配方肥推荐用量为20～24千克/亩，大喇叭口期追施尿素10～13千克/亩；目标产量为550～

700千克/亩时，配方肥推荐用量为24～31千克/亩，大喇叭口期再追施尿素13～16千克/亩；目标产量为700～800千克/亩时，配方肥推荐用量为31～35千克/亩，大喇叭口期追施尿素16～18千克/亩；目标产量在800千克/亩（含）以上时，配方肥推荐用量为35～40千克/亩，大喇叭口期追施尿素18～21千克/亩。

如果施用其他配方肥料，可按该配方进行折算，不足部分用单质肥料补充。

（2）一次性施肥建议 一般每亩施优质粗制有机肥料2000～3000千克或精制有机肥料1000千克。推荐29-13-10（$N-P_2O_5-K_2O$）或相近配方。目标产量在550千克/亩以下时，配方肥推荐用量为27～33千克/亩，作为基肥或苗期追肥一次性施用；目标产量为550～700千克/亩时，配方肥推荐用量为33～41千克/亩，作为基肥或苗期追肥一次性施用；目标产量为700～800千克/亩时，要求有30%释放期为50～60天的缓控释氮素，配方肥推荐用量为41～47千克/亩，作为基肥或苗期追肥一次性施用；目标产量在800千克/亩（含）以上时，要求有30%释放期为50～60天的缓控释氮素，配方肥推荐用量为47～53千克/亩，作为基肥或苗期追肥一次性施用。

如果施用其他配方肥料，可按该配方进行折算，不足部分用单质肥料补充。

（3）叶面追肥 可在春玉米3～5叶期叶面喷施600倍含氨基酸水溶肥料或含腐殖酸水溶肥料或高活性有机酸叶面肥料、0.1%～0.2%硫酸锌的混合水溶液；大喇叭口期叶面喷施0.3%～0.5%磷酸二氢钾水溶液，或者叶面喷施600倍活力钾叶面肥料、600倍微量元素水溶肥料混合液。

三、东北半干旱春玉米科学施肥

东北半干旱地区包括吉林西部、内蒙古东北部、黑龙江西南部。

1. 施肥原则

根据该地区自然条件和生产实际，应遵循以下施肥原则：采用有机肥料与无机肥料结合施肥技术，风沙土可采用秸秆覆盖免耕施肥技术；氮肥深施，施肥深度应达8～10厘米；分次施肥，提倡大喇叭口期追施氮肥；充分发挥水肥耦合作用，利用玉米对水肥需求最大效率期同步规律，结合灌水施用氮肥；掌握平衡施肥原则，氮、磷、钾肥应协调供应，缺锌地块要注意锌肥的使用；根据该区域的土壤特点，采用生理酸性肥料，种肥宜

采用磷酸一铵；中高肥力土壤采用施肥方案推荐量的下限。

2. 施肥量推荐

借鉴2011—2017年农业部玉米科学施肥指导意见及相关测土配方施肥技术研究资料和书籍，提出施肥配方（表5-3），以供参考。

表5-3　东北半干旱春玉米施肥配方

目标产量/（千克/亩）	推荐施肥量/（千克/亩）		
	氮（N）	磷（P_2O_5）	钾（K_2O）
<450	6~8	4~5	2~3
450~<600	8~11	5~7	3~4
600~<700	11~12.5	7~8	4~5
≥700	12.5~14	8~9	4~6

3. 科学施肥

该地区推荐施用13-20-12（N-P_2O_5-K_2O）或相近配方的玉米专用配方肥。

（1）基肥　一般每亩施优质粗制有机肥料2000~3000千克或精制有机肥料1000千克，玉米专用配方肥（13-20-12）或相近配方的玉米专用配方肥依据目标产量确定：目标产量在450千克/亩以下时，配方肥推荐用量为19~25千克/亩；目标产量为450~600千克/亩时，配方肥推荐用量为25~33千克/亩；目标产量在600千克/亩以上时，配方肥推荐用量为33~38千克/亩。

如果施用其他配方肥料，可按该配方进行折算，不足部分用单质肥料补充。

（2）根部追肥　该地区一般追肥用尿素，追施时期一般在大喇叭口期。依据目标产量确定：目标产量在450千克/亩以下时，大喇叭口期追施尿素8~10千克/亩；目标产量为450~600千克/亩时，大喇叭口期追施尿素10~14千克/亩；目标产量在600千克/亩以上时，大喇叭口期追施尿素14~16千克/亩。

（3）叶面追肥　可在春玉米3~5叶期叶面喷施600倍含氨基酸水溶肥料或含腐殖酸水溶肥料或高活性有机酸叶面肥料、0.1%~0.2%硫酸锌的混合水溶液；大喇叭口期叶面喷施0.3%~0.5%磷酸二氢钾水溶液，或者叶面喷施600倍活力钾叶面肥料、600倍微量元素水溶肥料混合液。

四、东北温暖湿润春玉米科学施肥

东北温暖湿润地区包括辽宁的大部和河北东北部。

1. 施肥原则

根据该地区自然条件和生产实际，应遵循以下施肥原则：依据测土配方施肥结果，确定合理的氮、磷、钾肥用量；氮肥分次施用，尽量不采用一次性施肥，高产田适当增加钾肥的施用比例和次数；加大秸秆还田力度，增施有机肥料，提高土壤有机质含量；重视硫、锌等中量、微量元素的施用；肥料施用必须与深松、增密等高产栽培技术相结合；中高肥力土壤采用施肥方案推荐量的下限。

2. 施肥量推荐

借鉴2011—2017年农业部玉米科学施肥指导意见及相关测土配方施肥技术研究资料和书籍，提出施肥配方（表5-4），以供参考。

表5-4 东北温暖湿润春玉米施肥配方

目标产量/（千克/亩）	推荐施肥量/（千克/亩）		
	氮（N）	磷（P_2O_5）	钾（K_2O）
<500	8.5~10.5	3~4	2.5~3
500~<600	10.5~12.5	4~5	3~3.5
600~<700	12.5~14.5	5~6	3.5~4
≥700	14.5~17	6~7	4~5

3. 科学施肥

该地区推荐施用17-17-12（$N-P_2O_5-K_2O$）或相近配方的玉米专用配方肥。

（1）基肥　一般每亩施优质粗制有机肥料2000~3000千克或精制有机肥料1000千克，玉米专用配方肥（17-17-12）或相近配方的玉米专用配方肥依据目标产量确定：目标产量在500千克/亩以下时，配方肥推荐用量为20~24千克/亩；目标产量为500~600千克/亩时，配方肥推荐用量为24~29千克/亩；目标产量为600~700千克/亩时，配方肥推荐用量为29~34千克/亩；目标产量在700千克/亩（含）以上时，配方肥推荐用量为34~39千克/亩。

如果施用其他配方肥料，可按该配方进行折算，不足部分用单质肥料

补充。

（2）根部追肥　该地区一般追肥用尿素，追施时期一般在大喇叭口期。依据目标产量确定：目标产量在500千克/亩以下时，大喇叭口期追施尿素11～14千克/亩；目标产量为500～600千克/亩时，大喇叭口期追施尿素14～16千克/亩；目标产量为600～700千克/亩时，大喇叭口期追施尿素16～19千克/亩；目标产量在700千克/亩（含）以上时，大喇叭口期追施尿素19～22千克/亩。

（3）叶面追肥　可在春玉米3～5叶期叶面喷施600倍含氨基酸水溶肥料或含腐殖酸水溶肥料或高活性有机酸叶面肥料、0.1%～0.2%硫酸锌的混合水溶液；大喇叭口期叶面喷施0.3%～0.5%磷酸二氢钾水溶液，或者叶面喷施600倍活力钾叶面肥料、600倍微量元素水溶肥料混合液。

五、北方雨养旱作春玉米科学施肥

该区域包括河北北部、北京北部、内蒙古南部、山西大部、陕西北部、宁夏北部、甘肃东部。

1. 施肥原则

根据该地区自然条件和生产实际，应遵循以下施肥原则：有机肥料与无机肥料相结合，以腐熟和含水量偏大的有机肥料为好；贯彻肥料深施原则，施肥深度达10～20厘米，播前表面撒施肥料要做到随撒随耕；掌握平衡施肥原则，缺锌地块要注意锌肥的使用；根据春玉米需肥特性施肥，提倡大喇叭口期追施氮肥。

2. 施肥量推荐

借鉴2011—2017年农业部玉米科学施肥指导意见及相关测土配方施肥技术研究资料和书籍，提出施肥配方（表5-5），以供参考。

表5-5　北方雨养旱作春玉米施肥配方

目标产量/（千克/亩）	推荐施肥量/（千克/亩）		
	氮（N）	磷（P_2O_5）	钾（K_2O）
<450	8.0～10.5	4～5	2.0～2.5
450～<600	11.5～13.0	6～6.5	2.5～3.0
600～<700	13.0～14.5	6.5～7	3.0～3.5
≥700	14.5～15.5	7～8	3.3～3.7

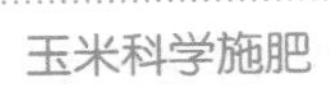

3. 科学施肥

(1) 基追结合施肥建议 一般每亩施优质粗制有机肥料1000～1500千克或精制有机肥料600千克，推荐15-20-10（N-P_2O_5-K_2O）或相近配方。目标产量在450千克/亩以下时，配方肥推荐用量为20～25千克/亩，大喇叭口期追施尿素10～12千克/亩；目标产量为450～600千克/亩时，配方肥推荐用量为30～35千克/亩，大喇叭口期追施尿素12～16千克/亩；目标产量为600～700千克/亩时，配方肥推荐用量为35～40千克/亩，大喇叭口期追施尿素16～19千克/亩；目标产量在700千克/亩（含）以上时，配方肥推荐用量为40～45千克/亩，大喇叭口期追施尿素19～22千克/亩。

(2) 一次性施肥建议 一般每亩施优质粗制有机肥料1000～1500千克/亩或精制有机肥料600千克/亩，推荐26-13-6（N-P_2O_5-K_2O）或相近配方的玉米专用配方肥。目标产量在450千克/亩以下时，配方肥推荐用量为30～40千克/亩，作为基肥或苗期追肥一次性施用；目标产量为450～600千克/亩时，配方肥推荐用量为45～50千克/亩，作为基肥或苗期追肥一次性施用；目标产量为600～700千克/亩时，可以有20%～40%释放期为50～60天的缓控释氮素，配方肥推荐用量为50～55千克/亩，作为基肥或苗期追肥一次性施用；目标产量在700千克/亩以上时，可以有20%～40%释放期为50～60天的缓控释氮素，配方肥推荐用量为55～60千克/亩，作为基肥或苗期追肥一次性施用。

(3) 叶面追肥 可在春玉米3～5叶期叶面喷施600倍含氨基酸水溶肥料或含腐殖酸水溶肥料或高活性有机酸叶面肥料、0.1%～0.2%硫酸锌的混合水溶液；大喇叭口期叶面喷施0.3%～0.5%磷酸二氢钾水溶液，或者叶面喷施600倍活力钾叶面肥料、600倍微量元素水溶肥料混合液。

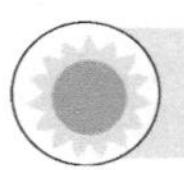

第二节 西北内陆灌溉春玉米科学施肥技术

西北内陆灌溉春玉米区包括新疆全部、甘肃的河西走廊、内蒙古西部等，属大陆性干燥气候，降水稀少，光照充足，昼夜温差大。该地区的玉米多为一年一熟的春玉米，但也有与小麦套种的。该地区的无霜期为130～180天，积温达3000～3500℃，降水量为400～800毫米。

一、北部灌溉春玉米科学施肥

该区域包括内蒙古西部、陕西西北部、宁夏北部、甘肃东部。

1. 施肥原则

根据该地区自然条件和生产实际，应遵循以下施肥原则：有机肥料与无机肥料结合；肥料深施，施肥深度应达10～20厘米，播前表面撒施肥料要做到随撒随耕；氮、磷、钾肥协调供应，缺锌地块要注意锌肥的使用；根据玉米需肥特性施肥，分次施肥，提倡大喇叭口期追施氮肥；充分发挥水肥耦合作用，利用玉米对水肥需求最大效率期同步规律，结合灌水施用氮肥。

2. 施肥量推荐

借鉴2011—2017年农业部玉米科学施肥指导意见及相关测土配方施肥技术研究资料和书籍，提出施肥配方（表5-6），以供参考。

表5-6　北部灌溉春玉米施肥配方

目标产量/（千克/亩）	推荐施肥量/（千克/亩）		
	氮（N）	磷（P_2O_5）	钾（K_2O）
<500	7.5～9.5	5～6	2～2.5
500～<650	9.5～12	6～7	2.5～3.5
650～<800	12～15	7～9	3.5～4.5
≥800	15～17	9～10.5	4～5

3. 科学施肥

该地区推荐施用13-22-10（N-P_2O_5-K_2O）或相近配方的玉米专用配方肥。

（1）基肥　一般施优质粗制有机肥料2000～3000千克/亩或精制有机肥料1000千克/亩，玉米专用配方肥（13-22-10）或相近配方的玉米专用配方肥依据目标产量确定：目标产量在500千克/亩以下时，配方肥推荐用量为25～30千克/亩；目标产量为500～650千克/亩时，配方肥推荐用量为30～40千克/亩；目标产量为650～800千克/亩时，配方肥推荐用量为40～45千克/亩；目标产量在800千克/亩（含）以上时，配方肥推荐用量为45～50千克/亩。

如果施用其他配方肥料，可按该配方进行折算，不足部分用单质肥料补充。

（2）根部追肥　该地区一般追肥用尿素，追施时期一般在大喇叭口期。依据目标产量确定：目标产量在500千克/亩以下时，大喇叭口期追施尿素13～15千克/亩；目标产量为500～650千克/亩时，大喇叭口期追施尿素15～17千克/亩；目标产量为650～800千克/亩时，大喇叭口期追施尿素17～20千克/亩；目标产量在800千克/亩（含）以上时，大喇叭口期追施尿素20～25千克/亩。

（3）叶面追肥 可在春玉米3～5叶期叶面喷施600倍含氨基酸水溶肥料或含腐殖酸水溶肥料或高活性有机酸叶面肥料、0.1%～0.2%硫酸锌的混合水溶液；大喇叭口期叶面喷施0.3%～0.5%磷酸二氢钾水溶液，或者叶面喷施600倍活力钾叶面肥料、600倍微量元素水溶肥料混合液。

二、西北绿洲灌溉春玉米科学施肥

该区域包括甘肃中西部和新疆全部。

1. 施肥原则

根据该地区自然条件和生产实际，应遵循以下施肥原则：基肥为主，追肥为辅；农家肥为主，化肥为辅；氮肥为主，磷肥为辅；穗肥为主，粒肥为辅；实行测土配方施肥，适当减少氮肥用量；依据土壤中钾的状况，高效施用钾肥；注意锌等微量元素配合；提倡秸秆还田，培肥地力；施肥后墒情较差时，及时灌水；提倡膜下滴灌水肥一体化施肥技术；倡导氮肥分次施用，适当增加氮肥的追肥比例；适当增加种植密度，构建合理群体，提高肥料效应。

2. 施肥量推荐

借鉴2011—2017年农业部玉米科学施肥指导意见及相关测土配方施肥技术研究资料和书籍，提出施肥配方（表5-7），以供参考。

表5-7 西北绿洲灌溉春玉米施肥配方

目标产量/（千克/亩）	推荐施肥量/（千克/亩）		
	氮（N）	磷（P_2O_5）	钾（K_2O）
<550	9.5～11.5	5～6	1～1.5
550～<700	11.5～14.5	6～8	1.5～2
700～<800	14.5～16.5	8～9	2～2.5
≥800	16.5～19	9～10.5	2.5～3

3. 科学施肥

该地区推荐施用17-23-6（$N-P_2O_5-K_2O$）或相近配方的玉米专用配

方肥。

（1）基肥　一般每亩施优质粗制有机肥料1000～1500千克或精制有机肥料600千克，玉米专用配方肥（17-23-6）或相近配方的玉米专用配方肥依据目标产量确定：目标产量在550千克/亩以下时，配方肥推荐用量为20～25千克/亩；目标产量为550～700千克/亩时，配方肥推荐用量为25～35千克/亩；目标产量为700～800千克/亩时，配方肥推荐用量为35～40千克/亩；目标产量在800千克/亩（含）以上时，配方肥推荐用量为40～45千克/亩。

如果施用其他配方肥料，可按该配方进行折算，不足部分用单质肥料补充。

（2）根部追肥　该地区一般追肥用尿素，追施时期一般在大喇叭口期。依据目标产量确定：目标产量在550千克/亩以下时，大喇叭口期追施尿素10～15千克/亩；目标产量为550～700千克/亩时，大喇叭口期追施尿素10～15千克/亩；目标产量为700～800千克/亩时，大喇叭口期追施尿素15～20千克/亩；目标产量在800千克/亩（含）以上时，大喇叭口期追施尿素20～25千克/亩。

（3）叶面追肥　可在春玉米3～5叶期叶面喷施600倍含氨基酸水溶肥料或含腐殖酸水溶肥料或高活性有机酸叶面肥料、0.1%～0.2%硫酸锌的混合水溶液；大喇叭口期叶面喷施0.3%～0.5%磷酸二氢钾水溶液，或者叶面喷施600倍活力钾叶面肥料、600倍微量元素水溶肥料混合液。

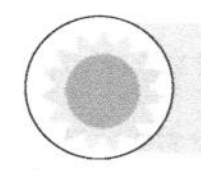

第三节　黄淮海平原夏玉米科学施肥技术

黄淮海夏玉米区包括山东、河南、天津全部，北京和河北大部，山西中南部、陕西关中地区、江苏北部和安徽淮河以北地区，夏玉米全生育期一般在85～115天。

一、华北中北部夏玉米科学施肥

该区域包括山东全部，天津大部分地区，河北、北京中南部，河南中北部，陕西关中平原，山西中南部。

1. 施肥原则

根据该地区自然条件和生产实际，应遵循以下施肥原则：采取氮肥总量控制、分期量调控的措施；根据土壤中钾的状况，合理施用钾肥；注意锌、硼等微量元素配合施用；实施秸秆还田，培肥地力；与高产优质栽培技术相结合，实施化肥深施。

2. 施肥量推荐

借鉴2011—2017年农业部玉米科学施肥指导意见及相关测土配方施肥技术研究资料和书籍，提出施肥配方（表5-8），以供参考。

表5-8 华北中北部夏玉米施肥配方

目标产量/（千克/亩）	推荐施肥量/（千克/亩）		
	氮（N）	磷（P_2O_5）	钾（K_2O）
<400	10~12	2~3	0~3
400~<600	12~14	3~5	3~5
600~<800	14~16	4~6	4~7
≥800	16~18	6~8	5~8

3. 科学施肥

（1）基肥 小麦秸秆全部还田，将氮肥总量的30%~50%作为基肥或苗期追肥，磷、钾肥和锌肥全部作为基肥施用，锌肥与磷肥分开施用。在前茬作物施磷肥较多或土壤速效磷丰富的田块，适当减少磷肥的施用量。根据目标产量，建议基肥或苗期追肥施肥量如下：目标产量在400千克/亩以下时，施用尿素11~13千克/亩、过磷酸钙15~25千克/亩、氯化钾0~5千克/亩；目标产量为400~600千克/亩时，施用尿素13~15千克/亩、过磷酸钙25~40千克/亩、氯化钾0~8千克/亩、硫酸锌1千克/亩；目标产量为600~800千克/亩时，施用尿素15~17千克/亩、过磷酸钙35~50千克/亩、氯化钾6.5~12千克/亩、硫酸锌1~2千克/亩；目标产量在800千克/亩（含）以上时，施用尿素17~20千克/亩、过磷酸钙50~65千克/亩、氯化钾8~13千克/亩、硫酸锌1~2千克/亩。

如果施用其他复合肥料或配方肥料，可按上述配方进行折算，不足部分用单质肥料补充。

（2）根部追肥 该地区一般追肥用尿素，追施时期一般在大喇叭口期和灌浆期。依据目标产量确定：目标产量在400千克/亩以下时，大喇叭口期追施尿素6.5~7.5千克/亩，灌浆期追施尿素4.5~5.5千克/亩；目标产量为400~600千克/亩时，大喇叭口期追施尿素7.5~9.5千克/亩，灌浆期追施尿素5.5千克/亩；目标产量为600~800千克/亩时，大喇叭口期追施尿素 9.5～10 千克/亩，灌浆期追施尿素 5.5～7 千克/亩；目标产量在 800 千克/亩（含）以上时，大喇叭口期追施尿素 10～12 千克/亩，灌浆期追施尿素 7～8 千克/亩。

（3）叶面追肥　可在夏玉米 3～5 叶期叶面喷施 600 倍含氨基酸水溶肥料或含腐殖酸水溶肥料或高活性有机酸叶面肥料、0.1%～0.2% 硫酸锌的混合水溶液；大喇叭口期叶面喷施 0.3%～0.5% 磷酸二氢钾水溶液，或者叶面喷施 600 倍活力钾叶面肥料、600 倍微量元素水溶肥料混合液。

需要注意的是，对于小麦秸秆还田后直接播种的地块，应注意避免秸秆覆盖播种行，防止影响玉米出苗和幼苗生长。如果是还田秸秆翻压后播种，可采取旋耕播种机一次完成秸秆翻压还田和玉米播种。

二、华北南部夏玉米科学施肥

该区域主要包括河南南部，江苏北部及安徽淮河以北地区。

1. 施肥原则

针对该区域夏玉米氮、磷、钾肥施用不平衡，肥料增产效率下降，而有机肥料施用不足，微量元素锌和硼缺乏等问题，提出以下施肥原则：增施有机肥料，秸秆还田；氮肥分期施用，适当减少基肥的施用比例，增加追肥的施用比例；依据土壤中钾的状况，高效施用钾肥；注意锌和硼的配合施用；肥料施用应与农机农艺、合理的密度、节水灌溉等高产优质栽培技术相结合，推广化肥条施、穴施和硝酸铵钙复合肥、缓控释肥技术。

2. 施肥量推荐

借鉴 2011—2017 年农业部玉米科学施肥指导意见及相关测土配方施肥技术研究资料和书籍，提出施肥配方（表 5-9），以供参考。

表 5-9　华北南部夏玉米施肥配方

目标产量/（千克/亩）	推荐施肥量/（千克/亩）		
	氮（N）	磷（P_2O_5）	钾（K_2O）
<400	8～10	3～4	2～3
400～<500	10～12.5	4～5	3～4
500～<600	12.5～15	5～6	4～5
≥600	15～18	6～7	5～6

3. 科学施肥

（1）基肥　玉米当季施优质农家肥 1500 千克/亩或腐熟的饼肥 75 千

克/亩。秸秆直接还田量为100~200千克/亩。将氮肥总量的40%作为基肥或苗期追肥，磷、钾肥和锌肥全部作为基肥施用，锌肥与磷肥分开施用。在前茬作物施磷较多或土壤速效磷丰富的田块，适当减少磷肥的施用量。根据目标产量，建议基肥或苗期追肥施肥量如下：目标产量在400千克/亩以下时，施用尿素7~8.5千克/亩、过磷酸钙25~35千克/亩、氯化钾3~5千克/亩；目标产量为400~500千克/亩时，施用尿素8.5~11千克/亩、过磷酸钙35~40千克/亩、氯化钾5~6.5千克/亩、硫酸锌1千克/亩；目标产量为500~600千克/亩时，施用尿素11~13千克/亩、过磷酸钙40~50千克/亩、氯化钾6.5~8千克/亩、硫酸锌1~2千克/亩；目标产量在600千克/亩（含）以上时，施用尿素13~16千克/亩、过磷酸钙50~60千克/亩、氯化钾8~10千克/亩、硫酸锌1~2千克/亩。

如果施用其他复合肥料或配方肥料，可按上述配方进行折算，不足部分用单质肥料补充。

（2）根部追肥 该地区一般追肥用尿素，追施时期一般在大喇叭口期和抽雄期。依据目标产量确定：目标产量在400千克/亩以下时，大喇叭口期追施尿素6.0~7.5千克/亩，抽雄期追施尿素4.0~5.0千克/亩；目标产量为400~500千克/亩时，大喇叭口期追施尿素7.5~9.5千克/亩，抽雄期追施尿素5.0~6.5千克/亩；目标产量为500~600千克/亩时，大喇叭口期追施尿素9.5~11.5千克/亩，抽雄期追施尿素6.5~7.5千克/亩；目标产量在600千克/亩（含）以上时，大喇叭口期追施尿素11.5~14千克/亩，抽雄期追施尿素7.5~9.5千克/亩。

避免化肥撒施，可采用单行施肥器行间条施或简易钢管肥料深施器穴施。有条件的可采用大型喷施机械，实行水肥一体化作业。

（3）叶面追肥 夏玉米后期通过叶面喷施氮肥，可延长功能叶的寿命，防止脱氮早衰。在孕穗期和灌浆初期各喷1次1%的尿素溶液。在穗期和花粒期各喷1次磷酸二氢钾溶液，每次每亩用磷酸二氢钾150克，加水50千克稀释后喷雾。也可以根据需要，用磷酸二氢钾和尿素配成含氮、磷、钾的营养液进行叶面喷施。

第四节　西南地区玉米科学施肥技术

西南山地丘陵玉米区包括四川、云南、贵州、重庆，陕西南部，广西、湖南、湖北的西部丘陵地区和甘肃的一小部分。种植模式复杂多样，

以春播和夏播为主，兼顾秋播和冬播。积温为4800～5400℃，无霜期达240～330天，玉米生育期一般在105～135天。

一、四川盆地玉米科学施肥

该区域包括四川东部、重庆西部。

1. 施肥原则

针对该区域施肥存在的主要问题：有机肥料施用量较少；氮肥用量普遍偏低，磷、钾肥施用时期和方式不合理；氮、磷、钾肥施用比例不合理；锌肥施用量偏少等。针对以上问题提出以下施肥原则：增施有机肥料；增加追肥比例和次数，适时追肥；针对性地施用锌肥。氮肥一般分基肥、提苗肥和攻苞肥，磷肥、钾肥作为基肥一次施入。在土壤缺锌区域基肥施用硫酸锌1千克/亩。若基肥施用了有机肥料，可酌情减少化肥的用量。钙质紫色土可适当减少钾肥用量。提倡施用配方肥。

2. 施肥量推荐

借鉴2011—2017年农业部玉米科学施肥指导意见及相关测土配方施肥技术研究资料和书籍，提出施肥配方（表5-10），以供参考。

表5-10　四川盆地玉米施肥配方

目标产量/（千克/亩）	推荐施肥量/（千克/亩）		
	氮（N）	磷（P_2O_5）	钾（K_2O）
<400	7.5～10	3.5～4.5	2.5～3.5
400～<500	10～12	4.5～5.5	3.5～4
500～<600	12～14.5	5.5～6.5	4～5
≥600	14.5～17	6.5～7.5	5～6

3. 科学施肥

（1）基肥　玉米当季施优质农家肥500～1000千克/亩。将氮肥总量的30%作为基肥，磷、钾肥和锌肥全部作为基肥施用，锌肥与磷肥分开施用。根据目标产量，建议基肥施肥量如下：目标产量在400千克/亩以下时，施用尿素5～6.5千克/亩、过磷酸钙30～35千克/亩、氯化钾4～6千克/亩；目标产量为400～500千克/亩时，施用尿素6.5～8千克/亩、过磷酸钙35～45千克/亩、氯化钾6～6.5千克/亩、硫酸锌1千克/亩；目标产量为500～600千克/亩时，施用尿素8～9.5千克/亩、过磷酸钙

45～55千克/亩、氯化钾6.5～8千克/亩、硫酸锌1千克/亩；目标产量在600千克/亩（含）以上时，施用尿素9.5～11千克/亩、过磷酸钙55～65千克/亩、氯化钾8～10千克/亩、硫酸锌1千克/亩。

如果施用其他复合肥料或配方肥料，可按上述配方进行折算，不足部分用单质肥料补充。

（2）根部追肥 该地区一般追肥用尿素，追施时期一般在苗期和抽雄期。依据目标产量确定：目标产量在400千克/亩以下时，苗期追施尿素5～6.5千克/亩，抽雄期追施尿素6.5～8.5千克/亩；目标产量为400～500千克/亩时，苗期追施尿素6.5～8千克/亩，抽雄期追施尿素8.5～10.5千克/亩；目标产量为500～600千克/亩时，苗期追施尿素8～9.5千克/亩，抽雄期追施尿素10.5～12.5千克/亩；目标产量在600千克/亩以上时，苗期追施尿素9.5～11千克/亩，抽雄期追施尿素12.5～15千克/亩。

（3）叶面追肥 可在玉米3～5叶期叶面喷施600倍含氨基酸水溶肥料或含腐殖酸水溶肥料或高活性有机酸叶面肥料、0.1%～0.2%硫酸锌的混合水溶液；大喇叭口期叶面喷施0.3%～0.5%磷酸二氢钾水溶液，或者叶面喷施600倍活力钾叶面肥料、600倍微量元素水溶肥料混合液。

二、西南山地丘陵玉米科学施肥

该区域包括陕西南部、四川北部、重庆东部、湖北西部、湖南西部、贵州中东部、广西西部。

1. 施肥原则

针对该区域施肥存在的主要问题：施肥水平低，氮肥施用量普遍偏高，磷、钾肥施用量普遍不足；忽视锌肥的施用等。针对以上问题提出以下施肥原则：增施有机肥料；稳定氮肥的施用量，增施磷、钾肥，轻施苗肥，重施攻苞肥；氮肥一般分基肥、提苗肥和攻苞肥，按3∶2∶5的比例施用，磷肥作为基肥一次施入，钾肥基肥和提苗肥各50%。缺锌区域基肥施用硫酸锌1千克/亩；若基肥施用了有机肥料，可酌情减少化肥的用量；提倡施用配方肥。

2. 施肥量推荐

借鉴2011—2017年农业部玉米科学施肥指导意见及相关测土配方施肥技术研究资料和书籍，提出施肥配方（表5-11），以供参考。

表 5-11　西南山地丘陵玉米施肥配方

目标产量/（千克/亩）	推荐施肥量/（千克/亩）		
	氮（N）	磷（P_2O_5）	钾（K_2O）
<400	7.5~9.5	2.5~3.5	2~2.5
400~<500	9.5~12	3.5~4.5	2.5~3
500~<600	12~14.5	4.5~5.5	3~3.5
≥600	14.5~17	5.5~6.5	3.5~4.5

3. 科学施肥

（1）基肥　玉米当季施优质农家肥500~1000千克/亩。将氮肥总量的30%作为基肥，磷、钾肥和锌肥全部作为基肥施用，锌肥与磷肥分开施用。根据目标产量，建议基肥施肥量如下：目标产量在400千克/亩以下时，施用尿素5~6千克/亩、过磷酸钙25~30千克/亩、硫酸钾2~2.5千克/亩；目标产量为400~500千克/亩时，施用尿素6~8千克/亩、过磷酸钙30~40千克/亩、硫酸钾2.5~3千克/亩、硫酸锌1千克/亩；目标产量为500~600千克/亩时，施用尿素8~9.5千克/亩、过磷酸钙40~45千克/亩、硫酸钾3~3.5千克/亩、硫酸锌1千克/亩；目标产量在600千克/亩（含）以上时，施用尿素9.5~11千克/亩、过磷酸钙45~55千克/亩、硫酸钾3.5~4.5千克/亩、硫酸锌1千克/亩。

如果施用其他复合肥料或配方肥料，可按上述配方进行折算，不足部分用单质肥料补充。

（2）根部追肥　该地区一般追肥用尿素和硫酸钾，追施时期一般在苗期和抽雄期。依据目标产量确定：目标产量在400千克/亩以下时，苗期追施尿素3~4千克/亩、硫酸钾2~2.5千克/亩，抽雄期追施尿素8~10千克/亩；目标产量为400~500千克/亩时，苗期追施尿素4~5千克/亩、硫酸钾2.5~3千克/亩，抽雄期追施尿素10~13千克/亩；目标产量为500~600千克/亩时，苗期追施尿素5~6千克/亩、硫酸钾3~3.5千克/亩，抽雄期追施尿素13~16千克/亩；目标产量在600千克/亩（含）以上时，苗期追施尿素6~7千克/亩、硫酸钾3.5~4.5千克/亩，抽雄期追施尿素16~18千克/亩。

（3）叶面追肥　可在玉米3~5叶期叶面喷施600倍含氨基酸水溶肥料或含腐殖酸水溶肥料或高活性有机酸叶面肥料、0.1%~0.2%硫酸锌的混合水溶液；大喇叭口期叶面喷施0.3%~0.5%磷酸二氢钾水溶液，或者叶面喷施600倍活力钾叶面肥料、600倍微量元素水溶肥料混合液。

三、西南高原玉米科学施肥

该区域包括四川西南部、贵州西部和云南。

1. 施肥原则

针对该区域施肥存在的主要问题：有机肥料用量少，偏施氮肥、磷肥，轻钾肥，很少施中量、微量元素肥等。针对以上问题提出以下施肥原则：增施有机肥料，提倡秸秆还田，培肥地力；依据土壤中钾的状况，合理高效施用钾肥；调整基肥与追肥的比例；依据测土配方施肥结果，肥料施用应与优质高产栽培技术相结合。

2. 施肥量推荐

借鉴2011—2017年农业部玉米科学施肥指导意见及相关测土配方施肥技术研究资料和书籍，提出施肥配方（表5-12），以供参考。

表5-12　西南高原玉米施肥配方

目标产量/（千克/亩）	推荐施肥量/（千克/亩）		
	氮（N）	磷（P_2O_5）	钾（K_2O）
<500	12～14	3～5	2～4
500～<700	13～16	5～7	4～5
≥700	18～20	8～10	5～7

3. 科学施肥

（1）基肥　玉米当季施优质农家肥1000～1500千克/亩。氮肥的40%作为基肥，磷肥、钾肥、硫酸锌作为基肥或种肥一次施用，锌肥与磷肥分开施用。根据目标产量，建议基肥施肥量如下：目标产量在500千克/亩以下时，施用尿素10～12千克/亩、过磷酸钙25～40千克/亩、硫酸钾4～8千克/亩；目标产量为500～700千克/亩时，施用尿素11～14千克/亩、过磷酸钙40～55千克/亩、硫酸钾8～10千克/亩、硫酸锌1千克/亩；目标产量在700千克/亩（含）以上时，施用尿素15.5～17.5千克/亩、过磷酸钙65～80千克/亩、硫酸钾10～14千克/亩、硫酸锌1千克/亩。

如果施用其他复合肥料或配方肥料，可按上述配方进行折算，不足部分用单质肥料补充。

（2）根部追肥　该地区一般追肥用尿素，追施时期一般在苗期和抽雄

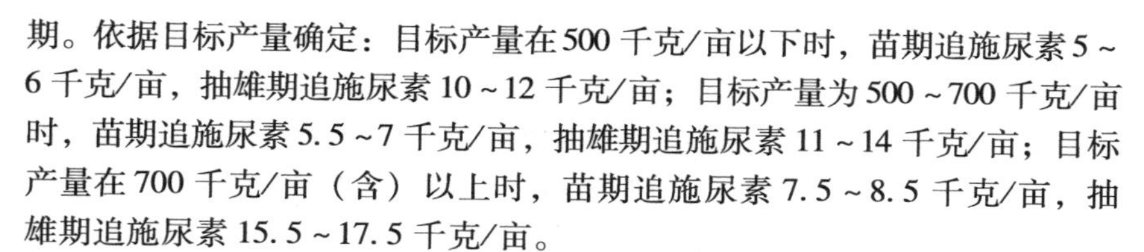

期。依据目标产量确定：目标产量在500千克/亩以下时，苗期追施尿素5～6千克/亩，抽雄期追施尿素10～12千克/亩；目标产量为500～700千克/亩时，苗期追施尿素5.5～7千克/亩，抽雄期追施尿素11～14千克/亩；目标产量在700千克/亩（含）以上时，苗期追施尿素7.5～8.5千克/亩，抽雄期追施尿素15.5～17.5千克/亩。

（3）叶面追肥　可在玉米3～5叶期叶面喷施600倍含氨基酸水溶肥料或含腐殖酸水溶肥料或高活性有机酸叶面肥料、0.1%～0.2%硫酸锌混合水溶液；大喇叭口期叶面喷施0.3%～0.5%磷酸二氢钾水溶液，或者叶面喷施600倍活力钾叶面肥料、600倍微量元素水溶肥料混合液。

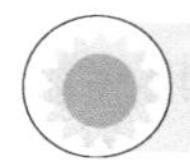

第五节　南方地区甜、糯玉米科学施肥技术

我国南方地区主要包括南方丘陵地区和西南山地丘陵地区。南方丘陵地区主要包括广东、海南、福建、浙江、江西、上海、台湾等省（直辖市），以及江苏、安徽的南部，广西、湖南、湖北的东部，是我国甜、糯玉米种植的主要区域；西南山地丘陵地区包括四川、云南、贵州、重庆，陕西南部，广西、湖南、湖北的西部丘陵地区和甘肃东南部一小部分高原，甜、糯玉米一年四季均有种植。

一、甜、糯玉米的需肥量

甜、糯玉米对氮、磷、钾的吸收总量随产量水平的提高而增多。在多数情况下，甜、糯玉米一生吸收的主要养分以氮最多、钾次之、磷最少。一般正常情况下，每亩甜、糯玉米可施有机肥料2000～3000千克、尿素20～30千克、过磷酸钙40～50千克或磷酸二铵10～15千克、氯化钾10～15千克、硫酸锌1千克。若选用复合肥，也可据此计算。

二、甜、糯玉米的施肥原则

南方地区雨水多，土质瘠薄，保水保肥能力差，在施肥上应注意分次追氮。

1. 施肥要早

与普通玉米相比，甜、糯玉米生育期短，前期生长发育快，因此要侧重施基肥和种肥，提早追肥。甜、糯玉米苗期长势不及普通玉米，整个生育期宜促不易控。此外，施用有机肥料和适当增施磷、钾肥，有助于改善

甜、糯玉米的品质。

2. 养分平衡

甜、糯玉米施肥，一是以有机肥料为主，化肥为辅；二是氮、磷、钾肥施用平衡，先按目标产量定氮肥施用量，再按比例配磷、钾肥；三是微量元素平衡，采取缺啥补啥的原则。

无公害农产品生产要求按《肥料合理使用准则通则》（NY/T496—2010）执行，应以有机肥料为主，并结合施用化肥；不能施用工业废弃物、城市垃圾及污泥；不能施用未经发酵腐熟、未达无公害化处理和重金属超标的有机肥料。

3. 分期追肥

甜、糯玉米因生育期短，需肥时间集中，氮肥分配一般采用底肥20%~30%、拔节肥30%~40%、穗肥30%~40%、壮粒肥0~5%。在施用基肥的基础上，追肥宜于拔节期和大喇叭口期进行。由于鲜穗采收，一般少施或不施壮粒肥。若地力基础较差，或者没有施基肥、种肥，可采用“前重中轻”的分配方式，即拔节期追肥占总追肥量的60%左右，大喇叭口期占40%左右；若土壤较肥沃或施了基肥、种肥，可采用“前轻中重”，即拔节期追肥占总追肥量的40%左右，大喇叭口期占60%左右。

4. 方法合理

追肥时应注意改表土撒施为沟施或穴施；施肥与自然降水或灌溉结合，提高肥效。氮肥分次追施，收获前25天左右停止施氮肥。

三、甜、糯玉米科学施肥的方法

1. 施足底肥

甜、糯玉米的底肥施用量一般占施肥总量的60%~70%。可将全部有机肥料、磷肥、钾肥、锌肥及10千克/亩尿素混合作为底肥一次施入。一般中等肥力地块，每亩可施腐熟有机肥料1000~2000千克、三元复合肥（15-15-15）30~40千克、硫酸锌0.5~2千克，或者腐熟优质农家肥1500~2000千克、过磷酸钙50千克、三元复合肥（15-15-15）15~20千克，堆沤后施用。

春、夏、秋季的玉米有所不同。夏播玉米不宜多施底肥，因为玉米生长期处于高温时期，肥料分解快，养分容易流失。

底肥的施用方法主要在开沟、起垄，或者起垄挖窝时集中施。底肥若数量不多，应开沟条施；底肥若数量较多，可在耕地前将肥料均匀撒施在

地面上，结合耕翻入土。

2. 适量种肥

对于土壤肥力低、底肥用量少或不施底肥的甜、糯玉米，更需要补充种肥，一般每亩用磷酸二铵 10～15 千克。种肥一般穴施或条施即可。底肥充足的可不施种肥。

3. 轻施苗肥

甜、糯玉米的苗肥一般在直播定苗后（3～5 叶期）或移栽后 7～10 天施用。整地不良、基肥不足、幼苗生长弱的应及早追提苗肥，反之，可不追或少追。施肥方法一般采用沟施或穴施，在距植株 10～15 厘米处开沟 5～10 厘米一次施入，覆土盖严。提苗肥一般不超过总用量的 15%，主要用尿素、碳酸氢铵或复合肥，也可泼浇稀薄的粪肥。移栽时若遇干旱，可结合施提苗肥每亩浇施粪水 500～1000 千克。

4. 巧施拔节肥、重施穗肥

甜、糯玉米进入穗期阶段，植株生长旺盛，吸收养分数量最多、强度最大，是甜、糯玉米一生中吸收养分的重要时期。氮的吸收有 2 个高峰：第一次高峰在拔节期至小喇叭口期，若没有施提苗肥，首先应施拔节肥。若定苗后或移栽后 10～15 天施过提苗肥，应视幼苗长势酌情巧施拔节肥，叶色浅则补施，叶色深则少施或不施。一般可在株间穴施或条施，每亩施三元复合肥（15-15-15）8～10 千克、尿素 5～7 千克，也可追施尿素 7～10 千克、氯化钾 7～10 千克，促进甜、糯玉米茎秆的成长。此期追氮量一般占总氮量的 20%～30%，施肥时应注意小苗多施，促进全田平衡生长。

甜、糯玉米小喇叭口至大喇叭口期是决定雌穗大小和粒数多少的关键时期，是玉米水肥临界期，需要猛施穗肥，主要追施氮肥，一般占总施氮量的 30%～50%，可在株行间距植株 10～17 厘米处穴施或条施，同时进行中耕培土。

若在地表撒施，一定要结合灌溉或有效降雨进行，也可采取微喷灌、滴灌水肥一体化技术，以减少肥料损失。有条件的地方可采用中小型中耕施肥机进行施肥作业。

5. 补施粒肥

甜、糯玉米一般采收鲜穗，不施粒肥。但若穗肥不足，发生脱肥，可适当少施粒肥，具体在授粉结束后视玉米长势、长相决定。若施用粒肥，以速效氮肥为主，施肥量不宜过大，一般每亩可追施尿素 3～5 千克，穴施植株根旁；或者用磷酸二氢钾 200～500 克加尿素 500 克兑水 50 千克，叶面喷施1~2次。

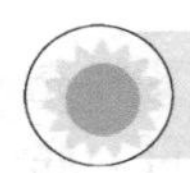

第六节　无公害玉米科学施肥技术

无公害玉米生产的产地要符合《无公害农产品　种植业产地环境条件》（NY/T 5010—2016），整个生产技术包括选择合适的产地、优良的品种、整地、种子处理、施肥、科学防治病虫害和适时收获入仓等，其中，核心技术是肥料的使用和病虫害的防治。施肥要把握平衡，即有机肥料与无机肥料结合，氮、磷、钾肥配合施用。

一、无公害玉米生产产地的环境要求

1. 建立无公害玉米生产基地

无公害玉米生产应选择生态条件良好，远离污染源，并具有可持续生产能力的农业生产区域。通过各种措施促进土壤健康状况的改善，建立无公害玉米生产基地，加强对生产基地监管，把农业标准化的实施和农业产业化发展结合起来，形成科学合理的农业生产力布局，是提高农产品质量安全的重要途径之一，也是增强农产品国际竞争力的重要举措。

2. 无公害玉米产地环境质量及相关标准

（1）环境空气质量　根据各地无公害玉米生产实际情况，大气污染物最高允许浓度是作物在长期或短期接触的情况下，能正常生长发育且不发生急性或慢性伤害、保证人畜等免遭危害的浓度标准，见表5-13。

表5-13　无公害玉米生产环境空气质量要求

项　目	限　值	
	日平均	1小时平均
总悬浮颗粒物（标准状态）/（毫克/米^3）	≤0.30	
二氧化硫（标准状态）/（毫克/米^3）	≤0.15	≤0.50
氮氧化物（标准状态）/（毫克/米^3）	≤0.10	≤0.15
氟化物（标准状态）/（微克/米^3）	≤5	
铅（标准状态）/（微克/米^3）	≤1.5	

注：日平均指任何1天的平均浓度；1小时平均指任何1小时的平均浓度。

（2）灌溉水质标准　根据各地无公害玉米生产实际情况，用于无公害玉米生产灌溉的地面水、地下水和处理过的污水（废水），具体指标可

参考表5-14进行适当调整，否则不允许使用。

表5-14　无公害玉米生产灌溉水质量要求

项　　目	限　　值
pH	5.5~8.5
氯化物/(毫克/升)	≤250
氰化物/(毫克/升)	≤0.5
氟化物/(毫克/升)	≤3.0
总汞/(毫克/升)	≤0.001
镉/(毫克/升)	≤0.005
砷/(毫克/升)	≤0.05
铅/(毫克/升)	≤0.1
铬（六价）/(毫克/升)	≤0.1
石油类/(毫克/升)	1.0

（3）土壤环境质量　用于种植无公害玉米的耕地必须符合表5-15中的要求；应尽量杜绝工业或乡镇企业不合标准的废水、废气和固体废弃物、城镇排污、公路主干道的影响；同时防止农药和化肥、未经处理的人畜粪便等污染。

表5-15　无公害玉米生产土壤环境质量要求

（单位：毫克/千克）

项　　目	限　　值		
	pH≤6.5	pH=6.5~7.5	pH>7.5
镉	≤0.30	≤0.30	≤0.60
总汞	≤0.30	≤0.50	≤1.0
总砷	≤40	≤30	≤25
铅	≤100	≤150	≤150
铬	≤150	≤200	≤250

注：以上项目均按元素计，适用于阳离子交换量大于0.05摩尔（+）/千克；若阳离子交换量小于或等于0.05摩尔（+）/千克，其标准值为表内数值的半数。

二、无公害玉米生产对肥料的要求

1. 无公害玉米生产中允许施用的肥料

无公害玉米生产中允许使用的肥料种类包括有机肥料、无机肥料、微生物肥料、叶面肥料、微量元素肥料、复合（混）肥料、其他肥料等。

（1）有机肥料 就地取材、就地使用的各种有机肥料，由含有大量生物物质的动植物残体、排泄物、生物废物等积制而成，包括堆肥、沤肥、厩肥、沼气肥、绿肥、作物秸秆、泥肥、饼肥等。

（2）无机肥料 矿物经物理或化学工业方式制成的养分呈无机盐形式的肥料，包括矿物钾肥和硫酸钾、矿物磷肥（磷矿粉）、煅烧磷酸盐（钙镁磷肥、脱氟磷肥）、石灰、石膏、硫黄等。

（3）微生物肥料 根据微生物肥料对改善植物营养元素的不同，可分成5类：根瘤菌肥料、固氮菌肥料、磷细菌肥料、硅酸盐细菌肥料、复合微生物肥料。

（4）叶面肥料 以大量元素、微量元素、氨基酸、腐殖酸为主配制成的叶面喷施肥料，喷施于玉米叶片上并能被其吸收利用，包括含微量元素的叶面肥料和含植物生长辅助物质的叶面肥料等。叶面肥料中不得含有化学合成的生长调节剂。

（5）微量元素肥料 微量元素肥料是指以铜、铁、锌、锰、硼、钼等微量元素为主配制的肥料。

（6）复合（混）肥料 复合（混）肥料主要是指以氮、磷、钾中的两种及其以上的肥料按科学配方配制而成的有机和无机复合（混）肥料。

（7）其他肥料 有机食品、绿色食品生产允许使用的其他肥料。

在无公害玉米生产中，应适当控制使用硝态氮肥料的用量，适当控制以不当方式或大量使用任何一种单质化肥。禁止使用未经国家或省级农业部门登记的肥料。

2. 无公害玉米生产用肥料的施用要求

肥料使用的原则是：使用化肥必须满足植物对营养元素的需要，使足够数量的有机物质返回土壤，以保持或增加土壤肥力及土壤生物活性。所有有机肥料或无机肥料，尤其是富含氮的肥料，对环境和植物（营养、味道、品质和植物抗性）不产生不良后果方可施用。

（1）AA级绿色食品肥料施用要求 AA级绿色食品肥料施用要求是：禁止施用任何化学合成肥料，必须施用农家肥；在以上肥料不能满足AA级绿色食品生产需要时，允许施用商品肥料；禁止施用城市的垃圾和污泥、医院的粪便垃圾和含有毒物质（如毒气、病原微生物、重金属等）的垃圾；可采用秸秆还田、过腹还田、直接翻压还田、覆盖还田等形式，增加土壤肥力；利用覆盖、翻压、堆沤等方式合理利用绿肥。绿肥应在盛花期翻压，翻压深度为15厘米左右，盖土要严，翻后耙匀，压青后15～20天才能进行播种或移苗；腐熟的沼气液、残渣及人、畜粪尿可用作追肥，严禁施用未腐熟的人粪尿；饼肥优先用于水果、作物等，严禁施用未腐熟的饼肥；微生物肥料可用于拌种，也可作为基肥和追肥施用。微生物肥料中微生物菌剂、复合微生物肥料、生物有机肥中的有效活菌数分别应符合《农用微生物菌剂》（GB 20287—2006）、《复合微生物肥料》（NY/T 798—2015）、《生物有机肥》（NY 884—2012）的技术要求；叶面肥料质量应符合《含有机质叶面肥料》（GB/T 17419—2018）或《微量元素叶面肥料》（GB/T 17420—1998）的技术要求。

（2）A级绿色食品肥料施用要求　AA级绿色食品生产允许施用的肥料；在以上肥料不能满足A级绿色食品生产需要的情况下，允许施用掺合肥（有机氮和无机氮之比不超过1∶1）；在前面两项的肥料不能满足生产需要时，允许化学肥料（氮、磷、钾肥）与有机肥料混合施用，但有机氮与无机氮之比不超过1∶1。化学肥料也可与有机肥、复合微生物肥配合施用。禁止将硝态氮肥与有机肥料或与复合微生物肥配合施用；对前面所提到的两种掺合肥，对农作物最后一次追肥必须在收获前30天进行。

另外，对农家肥堆制标准也进行了严格规定。生产绿色食品的农家肥制作堆肥，必须高温发酵，以杀灭各种寄生虫卵、病原菌和杂草种子，使之达到无害化卫生标准。农家肥原则上就地生产就地使用。商品肥料及新型肥料必须通过国家有关部门的登记及生产许可，质量指标应达到国家有关标准的要求。

同时规定，因施肥造成土壤污染、水源污染，或者影响农作物生长，农产品达不到食品安全卫生标准时，要停止使用该肥料，并向专门管理机构报告。

三、无公害春玉米科学施肥技术规程

无公害春玉米施肥与一般春玉米施肥相似，但各种肥料用量以高产、优质、无公害、环境友好为目标，选用腐熟无害化处理的有机肥料、生物有机肥料、有机无机复合肥料、长效缓释肥料、有机活性水溶肥料进行施用，各地在具体应用时，可根据当地春玉米测土配方推荐用量进行调整。这里以东北半湿润春玉米无公害生产为例。

1. 施肥原则

根据该地区自然条件和生产实际，应遵循以下施肥原则：一是增加有机肥料的施用量，加大秸秆还田力度；二是推广应用高产耐密品种，适当增加玉米的种植密度，提高玉米产量，充分发挥肥料效果；三是深松打破犁底层，促进根系发育，提高水肥利用效率；四是减少单质化肥用量，选择缓控释肥料，适当增施磷酸二铵作为种肥；五是没有实行秸秆还田的地方，底肥增加腐熟无害化处理的有机肥料、生物有机肥料、有机无机复合肥料、长效缓释肥料等肥料用量；六是叶面用肥尽量选用有机活性水溶肥料。

2. 施肥量推荐

施肥量推荐参考农业农村部专家组推荐的东北半湿润无公害春玉米施肥配方，见表5-16。

表5-16　东北半湿润无公害春玉米施肥配方

目标产量/（千克/亩）	推荐施肥量/（千克/亩）		
	氮（N）	磷（P_2O_5）	钾（K_2O）
<550	8~10	3~4	2~3
550~<700	10~12	4~5	3~4
700~<800	12~14	5~6	4~5
≥800	14~16	6~7	4~5

3. 无公害春玉米科学施肥

（1）基肥

1）基追结合施肥。一般每亩底施生物有机肥料150~200千克，或优质粗制有机肥料2000~3000千克，或精制有机肥料1000千克。同时根据目标产量配施有机型复合肥或增效肥料：

① 目标产量在550千克/亩以下时，每亩施复合有机型玉米专用肥（15-18-12）20~25千克，或腐殖酸高效缓释复混肥（24-16-5）12~16千克，或腐殖酸涂层长效肥（15-5-10）22~27千克。如果没有复混肥料，可每亩施包裹型尿素6~8千克、缓释型磷酸二铵10千克、硫酸钾4~5千克。

② 目标产量为550~700千克/亩时，每亩施复合有机型玉米专用肥（15-18-12）24~31千克，或腐殖酸高效缓释复混肥（24-16-5）15~19千克，或腐殖酸涂层长效肥（15-5-10）26~33千克。如果没有复混肥料，可每亩施包裹型尿素8~10千克、缓释型磷酸二铵12千克、硫酸钾5~6千克。

③ 目标产量为700～800千克/亩时，每亩施复合有机型玉米专用肥（15-18-12）31～35千克，或腐殖酸高效缓释复混肥（24-16-5）19～22千克，或腐殖酸涂层长效肥（15-5-10）33～37千克。如果没有复混肥料，可每亩施包裹型尿素9～11千克、缓释型磷酸二铵14千克、硫酸钾6～7千克。

④ 目标产量在800千克/亩（含）以上时，每亩施复合有机型玉米专用肥（15-18-12）35～40千克，或腐殖酸高效缓释复混肥（24-16-5）22～25千克，或腐殖酸涂层长效肥（15-5-10）37～41千克。如果没有复混肥料，可每亩施包裹型尿素10～12千克、缓释型磷酸二铵15千克、硫酸钾6～8千克。

2）一次性施肥建议。一般每亩底施生物有机肥料150～200千克，或优质粗制有机肥料2000～3000千克，或精制有机肥料1000千克。同时根据目标产量配施有机型复合肥或增效肥料：

① 目标产量在550千克/亩以下时，每亩施复合有机型玉米专用肥（29-13-10）27～33千克，或腐殖酸高效缓释复混肥（24-16-5）33～40千克，或腐殖酸涂层长效肥（15-5-10）29～35千克。

② 目标产量为550～700千克/亩时，每亩施复合有机型玉米专用肥（29-13-10）33～41千克/亩，作为基肥或苗期追肥一次性施用。

③ 目标产量为700～800千克/亩时，要求有30%释放期为50～60天的缓控释氮素，每亩施复合有机型玉米专用肥（29-13-10）41～47千克/亩，作为基肥或苗期追肥一次性施用。

④ 产量水平800千克/亩（含）以上，要求有30%释放期为50～60天的缓控释氮素，每亩施复合有机型玉米专用肥（29-13-10）47～53千克/亩，作为基肥或苗期追肥一次性施用。

（2）追肥　一次性施肥后生育期不再追肥，基追结合施肥一般在大喇叭口期追施1次肥料：目标产量在550千克/亩以下时，大喇叭口期每亩追施增效尿素或稳定性尿素10～13千克；目标产量为550～700千克/亩时，大喇叭口期每亩追施增效尿素或稳定性尿素13～16千克；目标产量为700～800千克/亩时，大喇叭口期每亩追施增效尿素或稳定性尿素16～18千克；目标产量在800千克/亩（含）以上时，大喇叭口期每亩追施增效尿素或稳定性尿素18～21千克。

（3）叶面追肥　一般在春玉米3～5叶期和大喇叭口期叶面喷施水溶性肥料。

1）春玉米3~5叶期。叶面喷施600倍含锌微量元素型氨基酸水溶肥料或含腐殖酸水溶肥料或高活性有机酸叶面肥料混合水溶液。

2）大喇叭口期。叶面喷施600倍活力钾叶面肥料、600倍微量元素水溶肥料混合液。

四、无公害夏玉米科学施肥技术规程

无公害夏玉米施肥与一般夏玉米施肥相似，但各种肥料用量以高产、优质、无公害、环境友好为目标，选用有机无机复合肥料、长效缓释肥料、有机活性水溶肥料进行施用，各地在具体应用时，可根据当地夏玉米测土配方推荐用量进行调整。这里以华北中北部无公害夏玉米生产为例。

1. 施肥原则

根据该地区自然条件和生产实际，应遵循以下施肥原则：一是实施小麦秸秆还田，培肥地力；二是与高产优质栽培技术相结合，实施化肥深施；三是采取氮肥总量控制，分期量调控的措施；四是根据土壤中钾的状况，合理施用钾肥，注意锌、硼等微量元素肥配合施用；五是没有实行秸秆还田的地方，底肥增加腐熟无害化处理的有机肥料、生物有机肥料、有机无机复合肥料、长效缓释肥料等肥料用量；六是叶面用肥尽量选用有机活性水溶肥料。

2. 施肥量推荐

施肥量推荐参考农业农村部专家组推荐的华北中北部无公害夏玉米施肥配方，见表5-17。

表5-17　华北中北部无公害夏玉米施肥配方

目标产量/（千克/亩）	推荐施肥量/（千克/亩）		
	氮（N）	磷（P_2O_5）	钾（K_2O）
<400	10~12	2~3	0~3
400~<600	12~14	3~5	3~5
600~<800	14~16	4~6	4~7
≥800	16~18	6~8	5~8

3. 无公害夏玉米科学施肥

（1）基肥　小麦秸秆全部还田，将氮肥总量的30%~50%作为基肥或苗期追肥，磷、钾肥和锌肥全部作为基肥施用，锌肥与磷肥分开施用。在前茬作物施磷较多或土壤速效磷丰富的田块，适当减少磷肥的用量。根据目标产量，建议基肥或苗期追肥施肥量如下：

1）目标产量在400千克/亩以下时，每亩可施生物有机肥料100千克、包裹型尿素或增效尿素10～12千克、腐殖酸过磷酸钙15～20千克、大粒钾肥0～5千克，深施。

2）目标产量为400～600千克/亩时，每亩可施生物有机肥料100千克、包裹型尿素或增效尿素12～14千克、腐殖酸过磷酸钙25～30千克、大粒钾肥0～8千克/亩、硫酸锌1千克，深施。

3）目标产量为600～800千克/亩时，每亩可施生物有机肥料150千克、包裹型尿素或增效尿素14～16千克、腐殖酸过磷酸钙35～40千克、大粒钾肥6.5～12千克、硫酸锌1～2千克，深施。

4）目标产量在800千克/亩（含）以上时，每亩可施生物有机肥料150千克、包裹型尿素或增效尿素16～19千克、腐殖酸过磷酸钙40～55千克、大粒钾肥8～13千克、硫酸锌1～2千克，深施。

（2）根部追肥　该地区一般追肥用增效尿素或稳定性尿素，追施时期一般在大喇叭口期和灌浆期。依据目标产量确定：

1）目标产量在400千克/亩以下时，大喇叭口期每亩追施增效尿素或稳定性尿素6～7千克，灌浆期每亩追施增效尿素或稳定性尿素4～5千克。

2）目标产量为400～600千克/亩时，大喇叭口期每亩追施增效尿素或稳定性尿素7～9千克，灌浆期每亩追施增效尿素或稳定性尿素5千克。

3）目标产量为600～800千克/亩时，大喇叭口期每亩追施增效尿素或稳定性尿素9～10千克，灌浆期每亩追施增效尿素或稳定性尿素5～6.5千克。

4）目标产量在800千克/亩（含）以上时，大喇叭口期每亩追施增效尿素或稳定性尿素9.5～11千克，灌浆期每亩追施增效尿素或稳定性尿素6.5～7.4千克。

（3）根外追肥　主要是在苗期、大喇叭口期进行叶面追肥。

1）夏玉米苗高0.5厘米时，叶面喷施螯合态高活性叶面肥、含腐殖酸水溶肥、含氨基酸水溶肥等其中一种至两种，稀释500～1000倍，喷液量为50千克。

2）夏玉米苗高10厘米时，叶面喷施氨基酸螯合态含锌、硼、锰叶面肥或微量元素水溶肥等，稀释500～1000倍，喷液量为50千克。

3）夏玉米大喇叭口期时，酌情选择大量元素水溶肥、螯合态高活性叶面肥、生物活性钾肥等其中一种或两种，稀释500～1000倍进行叶面喷施。

参考文献

[1] 陈新平，吴良泉，张福锁. 中国三大粮食作物区域大配方与施肥建议［M］. 北京：中国农业出版社，2016.

[2] 薛世川，彭正萍. 玉米科学施肥技术［M］. 北京：金盾出版社，2006.

[3] 刘振刚. 春玉米测土配方施肥技术［M］. 北京：中国农业出版社，2011.

[4] 张君伟. 夏玉米测土配方施肥技术［M］. 北京：中国农业出版社，2011.

[5] 严程明，张承林. 玉米水肥一体化技术图解［M］. 北京：中国农业出版社，2015.

[6] 郭斌. 玉米滴灌水肥一体化栽培技术［M］. 北京：科学普及出版社，2016.

[7] 谭金芳，韩燕来，等. 华北小麦-玉米一体化高效施肥理论与技术［M］. 北京：中国农业大学出版社，2012.

[8] 李少昆，王振华，高增贵，等. 北方春玉米田间种植手册［M］. 2版. 北京：中国农业出版社，2014.

[9] 李少昆，石洁，崔彦宏，等. 黄淮海夏玉米田间种植手册［M］. 2版. 北京：中国农业出版社，2014.

[10] 李少昆，杨祁峰，王永宏，等. 北方旱作玉米田间种植手册［M］. 2版. 北京：中国农业出版社，2014.

[11] 李少昆，王克如，赖军臣，等. 西北灌溉玉米田间种植手册［M］. 2版. 北京：中国农业出版社，2013.

[12] 李少昆，刘永红，李晓，等. 西南玉米田间种植手册［M］. 2版. 北京：中国农业出版社，2014.

[13] 李少昆，刘永红，李晓，等. 南方地区甜、糯玉米田间种植手册［M］. 2版. 北京：中国农业出版社，2014.

[14] 宋志伟，等. 粮经作物测土配方与营养套餐施肥技术［M］. 北京：中国农业出版社，2016.

[15] 宋志伟，吕春和，姚枣香. 玉米规模化生产与经营［M］. 北京：中国农业出版社，2015.

[16] 宋志伟，张德君. 粮经作物水肥一体化实用技术［M］. 北京：化学工业出版社，2018.

[17] 张翠翠，史凤琴. 现代玉米生产实用技术［M］. 北京：中国农业科学技术出版社，2011.

[18] 崔德杰，金圣爱. 安全科学施肥实用技术［M］. 北京：化学工业出版社，2012.

[19] 崔德杰，杜志勇. 新型肥料及其应用技术［M］. 北京：化学工业出版社，2017.
[20] 陈清，陈宏坤. 水溶性肥料生产与施用［M］. 北京：中国农业出版社，2016.
[21] 鲁剑巍，曹卫东. 肥料使用技术手册［M］. 北京：金盾出版社，2010.
[22] 马国瑞，侯勇. 肥料使用技术手册［M］. 北京：中国农业出版社，2012.
[23] 宋志伟，等. 农业生产节肥节药技术［M］. 北京：中国农业出版社，2017.
[24] 张洪昌，段继贤，赵春山. 肥料安全施用技术指南［M］. 2版. 北京：中国农业出版社，2014.
[25] 高祥照，申朓，郑义，等. 肥料实用手册［M］. 北京：中国农业出版社，2002.
[26] 姚素梅. 肥料高效施用技术［M］. 北京：化学工业出版社，2014.

ISBN：978-7-111-56074-6

定价：29. 80 元

ISBN：978-7-111-61560-6

定价：49. 80 元

ISBN：978-7-111-56755-4

定价：25. 00 元

ISBN：978-7-111-56754-7

定价：25. 00 元

ISBN：978-7-111-61989-5

定价：65. 00 元

ISBN：978-7-111-55670-1

定价：59. 80

ISBN：978-7-111-56476-8

定价：39. 80 元

ISBN：978-7-111-61850-8

定价：29. 80 元

ISBN：978-7-111-60237-8

定价：39. 80 元

ISBN：978-7-111-60727-4

定价：39. 80 元